普通高等教育人工智能专业系列教材

深度学习基础与案例教程

主编　迟殿委　贾泽豪
副主编　徐红梅　黄茵茵　刘梦瑶

机械工业出版社

本书主要介绍深度学习基础理论及案例实战，共 11 章内容，从人工智能基础，到深度学习算法原理，再到深度学习项目实战，逻辑清晰，由浅入深，内容层次分明，从简单的线性模型引出非线性的深度学习模型。深度学习模型部分主要讲解卷积神经网络、循环神经网络、Transformer 模型、生成对抗网络、迁移学习等。本书在介绍理论内容时配有公式推导和详细的阐述，便于读者理解。在项目实战方面，本书每个算法理论都对应一个案例进行巩固，并在最后两章结合深度学习的两大领域——自然语言处理与计算机视觉，选取电影评论情感分析与图像分类作为全书的综合实战项目，对全书内容进行总结。本书基于 TensorFlow 框架开发，代码简洁明了，每个项目实战案例都配有完整的项目实现代码，并对代码进行了详细的注解。

本书可以作为高等院校人工智能相关专业本科生、研究生的入门教材，也可作为相关工程技术人员的参考书。

本书配有教学大纲、电子课件等资源，需要的教师可登录 www.cmpedu.com 免费注册，审核通过后下载，或联系编辑索取（微信：13146070618，电话：010-88379739）。

图书在版编目（CIP）数据

深度学习基础与案例教程 / 迟殿委，贾泽豪主编. -- 北京：机械工业出版社，2025.7. --（普通高等教育人工智能专业系列教材）. -- ISBN 978-7-111-78636-8

I.TP181

中国国家版本馆 CIP 数据核字第 2025QR7851 号

机械工业出版社（北京市百万庄大街 22 号　邮政编码 100037）
策划编辑：解　芳　　　　　　　　　责任编辑：解　芳　王　荣
责任校对：颜梦璐　李可意　景　飞　责任印制：单爱军
唐山三艺印务有限公司印刷
2025 年 8 月第 1 版第 1 次印刷
184mm×260mm・16.75 印张・434 千字
标准书号：ISBN 978-7-111-78636-8
定价：69.90 元

电话服务　　　　　　　　　　　网络服务
客服电话：010-88361066　　　　机　工　官　网：www.cmpbook.com
　　　　　010-88379833　　　　机　工　官　博：weibo.com/cmp1952
　　　　　010-68326294　　　　金　书　网：www.golden-book.com
封底无防伪标均为盗版　　　　机工教育服务网：www.cmpedu.com

前言

深度学习作为机器学习的一个重要分支,近年来在人工智能领域取得了显著的突破和进展。凭借强大的表示学习和特征学习能力,深度学习在图像识别、语音识别、自然语言处理等多个领域取得了超越传统方法的性能表现。随着大数据、高性能计算和算法理论的不断发展,深度学习的应用范围和影响力也在不断扩大,目前已经被广泛应用于各个领域。为了满足社会对相关人才的需求,亟待提高学生对深度学习及其技术的理解和掌握能力,提升模型综合应用能力。

本书首先对人工智能基础进行概述,由浅入深地介绍深度学习的基础知识,以简单的线性模型作为切入点,逐步过渡到非线性的神经网络。本书对深度学习几大经典算法进行了细致的讲解,包括用于处理图像数据的卷积神经网络,用于处理序列数据的循环神经网络和 Transformer 模型。除深度学习领域的经典算法外,本书还详细阐述了深度学习中的几种处理问题的思路,包括迁移学习、生成对抗网络,帮助读者建立解决问题的思维模式。最后,本书结合讲解过的深度学习技术与实际生活中的场景,提供两个综合案例来进行巩固提升。第一个案例是电影评论情感分析,涉及循环神经网络和文本语义处理等知识的综合应用。第二个案例是图像分类,涉及卷积神经网络及图像处理、数据可视化、模型的部署等知识的综合应用。

本书特点鲜明,算法理论与实战相结合。在每个算法理论讲解完成后,都会通过一个案例对算法理论进行巩固,并为案例提供了详细的解析步骤,从而加深读者对理论的理解。最后,通过两个综合实战对全书内容进行总结,涵盖深度学习的两大领域,即自然语言处理与计算机视觉。

本书的第 1~7 章主要由迟殿委编写,第 8 章主要由徐红梅、黄茵茵、刘梦瑶编写,第 9~11 章主要由贾泽豪编写,教材课件制作和文档资料整理由刘丽贞负责,刘衍琦、黄琪、孔德昱、黄甜甜、杜广勋参与了项目代码调试和整理工作。迟殿委对全文进行了统一的内容校对与格式编辑。

本书基于 TensorFlow 框架编写深度学习经典算法,环境搭建步骤清晰、简洁,易于上手,重点放在算法理解和应用。本书配套了全部源代码、电子课件、教学大纲等教学资源,可以作为高等院校人工智能相关专业教材或教参用书,也可以作为工程师的参考用书。

感谢各位读者对本书的关注和实践。在编写过程中,由于技术的快速发展,书中可能存在一些不足之处。我们诚挚地欢迎读者们提出宝贵的反馈意见,以帮助我们不断完善和改进教材内容及案例。

编 者

目录

前言
第1章　人工智能基础 ………………… 1
 1.1　人工智能简介 ……………………… 1
  1.1.1　人工智能的背景 …………… 1
  1.1.2　人工智能的历史 …………… 2
  1.1.3　人工智能的定义 …………… 3
 1.2　人工智能的特征 …………………… 5
 1.3　人工智能参考框架 ………………… 6
 1.4　人工智能研究内容 ………………… 7
  1.4.1　研究领域 …………………… 7
  1.4.2　人工智能算法及分类 ……… 8
 1.5　人工智能研究方向 ………………… 10
  1.5.1　知识图谱 …………………… 10
  1.5.2　自然语言处理 ……………… 10
  1.5.3　人机交互 …………………… 13
  1.5.4　计算机视觉 ………………… 14
 1.6　思考与练习 ………………………… 15
第2章　机器学习与深度
    学习入门 ……………………… 17
 2.1　机器学习简介 ……………………… 17
  2.1.1　什么是机器学习 …………… 17
  2.1.2　机器学习的发展史 ………… 17
  2.1.3　机器学习的分类 …………… 18
 2.2　机器学习的基础理论 ……………… 21
  2.2.1　机器学习三要素与核心 …… 21
  2.2.2　机器学习开发流程 ………… 22
  2.2.3　15种经典机器学习算法 …… 29
  2.2.4　机器学习常用术语 ………… 30
 2.3　深度学习简介 ……………………… 37
  2.3.1　什么是深度学习 …………… 37
  2.3.2　深度学习开发框架 ………… 38
  2.3.3　TensorFlow框架介绍 ……… 38

 2.4　人工智能、机器学习、深度
    学习的关系 ……………………… 39
 2.5　思考与练习 ………………………… 40
第3章　线性模型 ……………………… 41
 3.1　线性回归算法 ……………………… 41
  3.1.1　线性回归简介 ……………… 41
  3.1.2　回归算法的评价指标 ……… 43
 3.2　梯度下降法 ………………………… 43
  3.2.1　算法理解 …………………… 43
  3.2.2　随机梯度下降法理论 ……… 44
  3.2.3　案例：波士顿房价预测实战 … 45
 3.3　过拟合 ……………………………… 47
  3.3.1　过拟合产生的原因 ………… 47
  3.3.2　常见线性回归正则化方法 … 47
  3.3.3　案例：波士顿房价预测正
     则化实战 …………………… 48
 3.4　逻辑斯谛回归 ……………………… 49
  3.4.1　逻辑斯谛回归算法 ………… 49
  3.4.2　案例：求职录用情况
     回归实战 …………………… 51
 3.5　SVM ………………………………… 59
  3.5.1　SVM算法概述 ……………… 59
  3.5.2　案例：面部识别应用实战 … 62
 3.6　思考与练习 ………………………… 72
第4章　神经网络基础 ………………… 73
 4.1　神经网络简介 ……………………… 73
  4.1.1　神经网络理论 ……………… 73
  4.1.2　发展历史及现状 …………… 74
  4.1.3　发展趋向及前沿问题 ……… 76
  4.1.4　神经网络的学习方法 ……… 77
  4.1.5　神经网络的研究趋势 ……… 78

4.2 感知机 ……………………………… 79
 4.2.1 单层感知机 ……………………… 79
 4.2.2 多层感知机 ……………………… 80
4.3 全连接神经网络 ……………………… 80
 4.3.1 全连接神经网络与
   多层感知机 ……………………… 80
 4.3.2 全连接神经网络的结构 …………… 81
4.4 BP 神经网络 ………………………… 81
 4.4.1 梯度下降法 ……………………… 82
 4.4.2 反向传播算法 …………………… 83
 4.4.3 案例：基于 BP 神经网络模型的
   房价预测实战 …………………… 85
4.5 Dropout 正则化 ……………………… 87
4.6 批标准化 ……………………………… 88
 4.6.1 批标准化的实现方式 …………… 88
 4.6.2 批标准化的使用方式 …………… 89
 4.6.3 案例：手写数字识别
   分类实战 ………………………… 90
4.7 思考与练习 …………………………… 93

第 5 章 卷积神经网络 …………………… 94

5.1 卷积神经网络简介 …………………… 94
 5.1.1 什么是卷积神经网络 …………… 94
 5.1.2 卷积神经网络的基本模型 ……… 98
 5.1.3 卷积神经网络典型的
   应用开发流程 …………………… 99
5.2 AlexNet 模型 ………………………… 100
 5.2.1 AlexNet 模型简介 ……………… 100
 5.2.2 AlexNet 的特点 ………………… 100
 5.2.3 AlexNet 的网络结构 …………… 102
 5.2.4 案例：基于 AlexNet 的 Cifar10
   分类实战 ………………………… 102
5.3 VGGNet 模型 ………………………… 108
 5.3.1 VGGNet 模型简介 ……………… 108
 5.3.2 VGG16 的网络架构 …………… 109
 5.3.3 案例：基于 VGG16 的 Cifar10
   分类实战 ………………………… 110
5.4 ResNet 模型 …………………………… 116
 5.4.1 ResNet 模型简介 ……………… 116
 5.4.2 残差学习 ………………………… 116

 5.4.3 ResNet 的网络结构 …………… 117
 5.4.4 案例：基于 ResNet 的 Cifar10
   分类实战 ………………………… 117
5.5 DenseNet 模型 ………………………… 124
 5.5.1 DenseNet 模型简介 …………… 124
 5.5.2 DenseNet 的结构 ……………… 124
 5.5.3 案例：基于 DenseNet 的猫狗图像
   分类实战 ………………………… 126
5.6 思考与练习 …………………………… 133

第 6 章 循环神经网络 …………………… 135

6.1 循环神经网络简介 …………………… 135
 6.1.1 什么是循环神经网络 …………… 135
 6.1.2 循环神经网络的结构 …………… 136
 6.1.3 案例：基于循环神经网络的文本
   情感分析实战 …………………… 138
6.2 LSTM 模型 …………………………… 145
 6.2.1 LSTM 简介 ……………………… 145
 6.2.2 LSTM 结构 ……………………… 146
 6.2.3 Bi-LSTM ………………………… 149
 6.2.4 案例：基于 LSTM 的文本情感
   分析实战 ………………………… 149
6.3 思考与练习 …………………………… 155

第 7 章 Transformer 模型 ……………… 157

7.1 自注意力机制 ………………………… 157
7.2 自编码器 ……………………………… 160
 7.2.1 自编码器简介 …………………… 160
 7.2.2 最简单的自编码器 ……………… 161
 7.2.3 案例：基于自编码器的 MNIST
   数据集重建实战 ………………… 162
7.3 Transformer 机制及应用 ……………… 166
 7.3.1 Transformer 机制 ……………… 166
 7.3.2 Transformer 模型的应用及
   研究进展 ………………………… 171
 7.3.3 案例：Transformer 编码器的
   简单实现 ………………………… 174
7.4 思考与练习 …………………………… 179

第 8 章 生成对抗网络 …………………… 181

8.1 生成对抗网络简介 …………………… 181
 8.1.1 GAN 模型 ……………………… 181

8.1.2 案例：基于 GAN 的手写数字
识别实战 ·················· 183
8.2 DCGAN ························ 189
8.2.1 DCGAN 模型 ············ 189
8.2.2 案例：基于 DCGAN 的手写数字
数据生成 ················ 191
8.3 CGAN ························· 195
8.3.1 CGAN 模型 ············· 195
8.3.2 案例：基于 CGAN 的手写数字
数据生成 ················ 195
8.4 思考与练习 ···················· 203

第 9 章 迁移学习 ···················· 205
9.1 迁移学习简介 ················· 205
9.1.1 迁移学习的背景 ········· 205
9.1.2 迁移学习的理论 ········· 206
9.1.3 迁移学习的分类 ········· 207
9.1.4 迁移学习的实现方法 ····· 208
9.1.5 应用、挑战及意义 ······· 208
9.1.6 案例：基于迁移学习的 Cifar10
分类实战 ················ 209
9.2 迁移学习的应用 ··············· 222
9.2.1 迁移学习在深度学习中的
应用 ···················· 222
9.2.2 迁移学习在强化学习中的
应用 ···················· 225
9.3 思考与练习 ···················· 226

第 10 章 综合实战——电影评论
情感分析 ···················· 228
10.1 文本分类综述 ················ 228
10.1.1 背景 ·················· 228
10.1.2 文本分类的概念 ········ 228
10.2 项目实现过程 ················ 230
10.2.1 词嵌入向量 ············ 230
10.2.2 IMDb 数据集及处理 ···· 231
10.2.3 使用 RNN 进行情感分析··· 234
10.2.4 使用 LSTM 进行情感分析·· 237
10.3 思考与练习 ·················· 240

第 11 章 综合实战——图像分类 ··· 241
11.1 项目需求和数据集 ··········· 241
11.1.1 项目需求 ·············· 241
11.1.2 数据集 ················ 241
11.2 项目实现过程 ················ 241
11.2.1 导入数据包 ············ 241
11.2.2 处理数据 ·············· 243
11.2.3 搭建神经网络 ·········· 248
11.2.4 设置优化器、损失函数 ··· 251
11.2.5 存取模型、断点续训 ···· 251
11.2.6 保存参数 ·············· 252
11.2.7 可视化 ················ 252
11.2.8 预测测试集 ············ 258
11.2.9 打包程序 ·············· 259
11.3 思考与练习 ·················· 260

参考文献 ···························· 261

第 1 章 人工智能基础

当今世界，人工智能已成为新的生产力，其深刻影响已渗透到人们日常生活的方方面面。本章旨在探究人工智能的基础，剖析人工智能的本质及其理论基础。通过对人工智能的定义、机器学习的原理、数据表示与处理等基础概念的阐述，逐步理解人工智能的根基，并从中探寻其应用的边界与可能性。作为人工智能领域的入门篇章，本章将为读者介绍人工智能的基础知识，为深入探索人工智能技术奠定坚实的基础。

第 1 章 人工智能基础

1.1 人工智能简介

在数字化时代的今天，人工智能已经成为推动科技创新和社会变革的关键引擎之一，正在以前所未有的速度和广度影响着人类社会的方方面面，为人们带来了更多可能性和机遇。

1.1.1 人工智能的背景

人工智能的概念诞生于 1956 年，经过半个多世纪的发展，受智能算法、计算速度、存储水平等多方面因素的影响，人工智能技术与应用经历了多次高潮和低谷。

自 2006 年以来，以深度学习为代表的机器学习算法在机器视觉和语音识别等领域取得了巨大成功，识别准确性大幅提升，再次引起了学术界和产业界的广泛关注。同时，云计算、大数据等技术的发展不仅提升了运算速度，降低了计算成本，还为人工智能的发展提供了丰富的数据资源，助力训练出更智能化的算法模型。人工智能的发展模式也在不断演进。从追求"用计算机模拟人工智能"的阶段逐步向以机器与人结合而成的增强型混合智能系统转变。这些系统通过机器、人、网络的结合形成新的群体智能系统，为人类社会带来了新的机遇。

作为新一轮产业变革的核心驱动力，人工智能不仅催生了新技术和新产品，还在传统行业发挥强大的赋能作用，引发了经济结构的重大变革，实现了社会生产力的整体跃升。

人工智能的应用解放了人类的劳动力，越来越多简单、重复和危险的任务交由人工智能系统完成。这不仅减少了人力投入，提高了工作效率，还能够比人类更快、更准确地完成任务。人工智能在教育、医疗、养老、环境保护、城市管理、司法服务等领域的广泛应用，大幅提高了公共服务的精准度，全面提升了人们的生活品质。此外，人工智能还能够帮助人类准确感知、预测和预警基础设施和社会安全运行的重大态势，及时把握群体认知和心理变化，主动做出决策反应，显著提高了社会治理能力和水平，同时保障了公共安全。

1.1.2 人工智能的历史

人工智能的发展经过了多次高潮和低谷，如图 1-1 所示，其发展大致分为三个阶段。

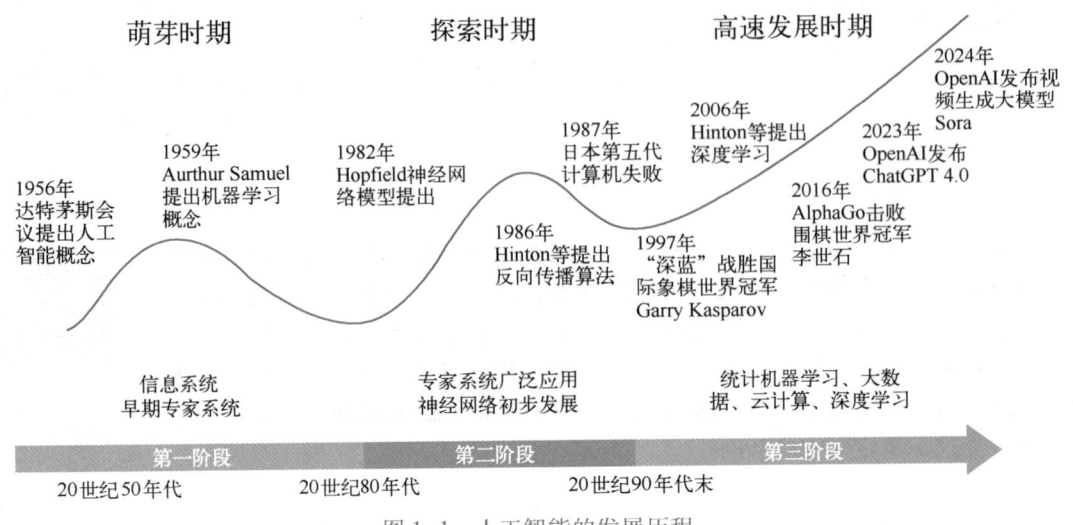

图 1-1 人工智能的发展历程

1. 第一阶段（20 世纪 50 年代—20 世纪 80 年代）

这一阶段，人工智能处于萌芽时期。随着抽象数学推理和可编程数字计算机的出现，人们开始将人类智能的思维过程转化为计算机程序，旨在实现人工智能的目标。同时，随着计算任务的复杂性不断增加，人工智能的发展也逐渐遇到了瓶颈。很多问题的解决过程需要耗费大量的时间和空间，但是由于计算资源有限，早期的计算机无法满足解决复杂问题的需求。

1956 年，"人工智能"这个词首次出现在达特茅斯会议上，标志着其作为一个研究领域的正式诞生。六十多年来，人工智能的发展潮起潮落，其基本思想可大致划分为三个流派：符号主义（Symbolism）、联结主义（Connectionism）和行为主义（Behaviourism）。这三个流派从不同方面抓住了智能的特征，在"制造"人工智能方面都取得了里程碑式的成就。

1959 年，Arthur Samuel 提出了机器学习，机器学习将传统的制造智能演化为通过学习能力来获取智能，推动人工智能进入了第一次繁荣期。20 世纪 70 年代末，专家系统的出现，实现了人工智能从理论研究走向实际应用的转变，从一般思维规律探索走向专门知识应用的重大突破，将人工智能的研究推向了新高潮。然而，机器学习的模型仍然是"人工"的，也有很大的局限性。随着专家系统应用的不断深入，专家系统自身存在的知识获取难、知识领域窄、推理能力弱、实用性差等问题逐步暴露。从 1976 年开始，人工智能的研究进入长达 6 年的萧瑟期。

2. 第二阶段（20 世纪 80 年代—20 世纪 90 年代末）

在这一阶段，专家系统得到快速发展，数学模型也出现了重大突破，但由于专家系统在知识获取、推理能力等方面的不足，以及开发成本高等原因，人工智能的发展又一次进入低谷期。

20 世纪 80 年代中期，随着美国、日本立项支持人工智能研究，以及以知识工程为主导的机器学习方法的发展，出现了具有更强可视化效果的决策树模型和突破早期感知机局限的多层人工神经网络，由此迎来了人工智能的又一次繁荣期。然而，当时的计算机难以模拟复杂度高及规模大的神经网络,仍有一定的局限性。

1987年,由于美国取消了人工智能预算,日本第五代计算机项目失败并退出市场,专家系统进展缓慢,人工智能的发展又进入了萧瑟期。

3. 第三阶段(20世纪90年代末至今)

随着大数据的积聚、理论算法的革新、计算能力的提升,人工智能在很多应用领域取得了突破性进展,又迎来了一个繁荣期。

1997年,IBM"深蓝"(Deep Blue)战胜国际象棋世界冠军Garry Kasparov。这是一次具有里程碑意义的挑战,它代表了基于规则的人工智能的成功。

2006年,在Hinton和他的学生的推动下,深度学习开始备受关注,为后来人工智能的发展带来了重大影响。

从2010年开始,人工智能进入爆发式的发展阶段,其最主要的驱动力是大数据时代的到来,运算能力及机器学习算法得到提高。人工智能快速发展,产业界也开始不断涌现出新的研发成果。

2011年,IBM Waston在综艺节目《危险边缘》中战胜了最高奖金得主和连胜纪录保持者。

2012年,谷歌大脑通过模仿人类大脑,在没有人类指导的情况下,利用非监督深度学习方法从大量视频中成功学习到识别出一只猫的能力。

2014年,微软公司推出了一款实时口译系统,可以模仿说话者的声音并保留其口音;同年,微软公司发布全球第一款个人智能助理"微软小娜"。

2014年,亚马逊发布智能音箱产品Echo和个人助手Alexa。

2016年,谷歌DeepMind开发的AlphaGo机器人在围棋比赛中击败了世界冠军李世石。

2017年,苹果公司在原来个人助理Siri的基础上推出了智能私人助理Siri和智能音箱HomePod。

2022年,OpenAI发布ChatGPT 3.5,该模型相比于之前的版本有更大的规模,拥有更多的参数和更广泛的训练数据。这使得它在语言理解和生成方面具有更高的能力,可以处理更加复杂和多样化的任务和语境。

2023年,OpenAI发布ChatGPT 4.0,能够同时处理文本数据与图像数据,具有更高的可靠性与更强的理解能力。

2024年,OpenAI发布视频生成大模型Sora,Sora能够根据文本描述,生成长达60 s的视频,其中包含精细复杂的场景、生动的角色表情以及复杂的镜头运动。

2024年,我国《政府工作报告》中,"人工智能+"作为新的发展战略被正式提出。《政府工作报告》强调,要"深化大数据、人工智能等研发应用,开展'人工智能+'行动,打造具有国际竞争力的数字产业集群"。这一战略不仅凸显了人工智能在数字经济创新发展中的重要性,更揭示了其与新质生产力之间的紧密联系。

1.1.3 人工智能的定义

人工智能作为一门前沿交叉学科,其定义一直存有不同的观点。《人工智能:一种现代方法》中将已有的人工智能定义分为四类:像人一样思考的系统、像人一样行动的系统、理性地思考的系统、理性地行动的系统。维基百科定义"人工智能就是机器展现出的智能",即只要是某种机器,具有某种或某些"智能"的特征或表现,都应该算作"人工智能"。《大英百科全书》则限定人工智能是数字计算机或者数字计算机控制的机器人在执行智能生物体才有的一些任务上的能力。百度百科定义人工智能是"研究、开发用于模拟、延伸和扩展人的智能的理论、方法、技术及应用系统的一门新的技术科学",将其视为计算机科学的一个分支,指出其研究包括机器人、语言识别、图像识别、自然语言处理和专家系统等。

人工智能的定义对人工智能学科的基本思想和内容做出了解释,即围绕智能活动而构造的人工系统。人工智能是知识的工程,是机器模仿人类利用知识完成一定行为的过程。根据人工智能是否能真正实现推理、思考和解决问题,可以将人工智能分为弱人工智能和强人工智能。

1. 弱人工智能(Artificial Narrow Intelligence,ANI)

弱人工智能是指具有有限范围内智能表现的人工智能系统,无法真正实现推理和解决问题的智能机器,这些机器表面看是智能的,但是并不真正拥有智能,也不会有自主意识。这些系统针对特定任务或问题领域进行设计和训练,其表现可能优秀,但仍受限于特定任务的范围。迄今为止,人工智能系统都还是实现特定功能的专用智能,而不是像人类智能那样能够不断适应复杂的新环境并不断涌现出新的功能,因此都还是弱人工智能。弱人工智能系统通常通过模式识别和数据分析等技术来实现,其目标是执行特定的任务,而不是模仿人类的智能或具有全面的认知能力。例如,语音助手、推荐系统和自动驾驶汽车都属于弱人工智能的范畴,它们能够在特定的领域内展现出智能行为,但缺乏跨领域的智能和自我意识。目前的主流研究仍集中于弱人工智能,并取得了显著进步,如在语音识别、图像处理和物体分割、机器翻译等方面取得了重大突破,甚至可以接近或超越人类水平。

2. 强人工智能(Artificial General Intelligence,AGI)

强人工智能指的是一种具有与人类相当或超越人类的智能水平的人工智能系统。这种智能系统不仅能够像人类一样处理复杂的任务,还能够理解、学习和推理,是真正有思维的智能机器,并且认为这样的机器是有知觉和自我意识的,这类机器可分为类人(机器的思考和推理类似人的思维)与非类人(机器产生了和人完全不一样的知觉和意识,使用和人完全不一样的推理方式)两大类。从一般意义来说,达到人类水平的、能够自适应地应对外界环境挑战的、具有自我意识的人工智能称为"通用人工智能""强人工智能"或"类人智能"。强人工智能不仅在哲学上存在巨大争论(涉及思维与意识等根本问题的讨论),在技术上的研究也具有极大的挑战性。强人工智能当前鲜有进展,美国私营部门的专家及国家科技委员会比较支持的观点是,至少在未来几十年内难以实现。虽然目前的人工智能技术还远未达到这种水平,但强人工智能代表了人工智能领域的未来发展方向和最终目标。

能否靠符号主义、联结主义和行为主义这三个流派的经典路线设计制造出强人工智能,其中一种主流看法是:即使有更高性能的计算平台和更大规模的大数据助力,也还只是量变,不会产生质变,人类对自身智能的认识还处在初级阶段,在人类真正理解智能机理之前,不可能制造出强人工智能。理解大脑产生智能的机理是脑科学的终极性问题,绝大多数脑科学专家都认为这是一个数百年乃至数千年,甚至永远都解决不了的问题。

通向强人工智能还有一条"新"路线,这里称为"仿真主义"。这条新路线通过制造先进的大脑探测工具从结构上解析大脑,再利用工程技术手段构造出模仿大脑神经网络基元及结构的仿脑装置,最后通过环境刺激和交互训练仿真大脑实现类人智能,简言之,"先结构,后功能"。虽然这项工程也十分困难,但都是有可能在数十年内解决的工程技术问题,而不像"理解大脑"这个科学问题那样遥不可及。

仿真主义可以说是符号主义、联结主义和行为主义之后的第四个流派，和前三个流派有着千丝万缕的联系，也是前三个流派通向强人工智能的关键一环。经典计算机是数理逻辑的开关电路实现，采用冯·诺依曼体系结构，可以作为逻辑推理等专用智能的实现载体。但是靠经典计算机不可能实现强人工智能。要按仿真主义的路线"仿脑"，就必须设计制造全新的软硬件系统，这就是"类脑计算机"，或者更准确地称为"仿脑机"。"仿脑机"是"仿真工程"的标志性成果，也是"仿脑工程"通向强人工智能之路的重要里程碑。

1.2 人工智能的特征

（1）由人类设计，为人类服务，本质为计算，基础为数据

人工智能系统的设计与应用必须以人为中心。这些系统是由人类设计、构建并控制的机器，它们运行在人类设计的程序逻辑和软件算法上，通过人类开发的硬件载体如芯片等进行操作。人工智能系统的本质在于计算，通过对数据的采集、处理、分析和挖掘，形成有意义的信息流和知识模型，从而为人类提供延伸人类能力的服务。这种服务的目标是模拟人类的智能行为，使人们能够更有效地处理复杂的任务和问题。

人工智能系统应该体现服务人类的特点，而不是取代或伤害人类。这意味着在设计和应用人工智能时，必须考虑人类的利益和福祉。人工智能系统应该被设置成为有利于人类的工具，为人们提供支持和辅助，而不是成为对人类构成威胁的实体。因此，在开发和应用人工智能技术时，必须谨慎考虑伦理和社会影响，确保其不会被滥用或误用，而是为人类社会的发展和进步做出积极贡献。

（2）能感知环境，能产生反应，能与人交互，能与人互补

人工智能系统应当具备感知外界环境的能力，这可以通过传感器等器件来实现。类似于人类的感知器官，这些传感器使得人工智能系统能够接收来自环境的各种信息。通过对外界输入的感知和理解，人工智能系统能够做出适当的反应，包括输出文字、语音、表情和动作等，甚至可以通过控制执行机构来影响环境或与人类进行互动。人与机器之间的交互可以通过各种方式实现，如按钮、键盘、鼠标、屏幕、手势、体态、表情、力反馈以及虚拟现实和增强现实等技术。这些交互方式使得人与机器之间的沟通变得更加自然和有效，使得人工智能系统能够更好地"理解"人类，并与人类进行合作和互补。

通过与人类共同协作，人工智能系统可以帮助人类完成那些对人类来说不擅长或不喜欢，但是机器可以胜任的工作。这种协作使得人类能够更专注于需要创造性、洞察力、想象力、灵活性、多变性甚至感情等特质的工作，从而提高工作效率和生活质量。这种互补性的合作关系将推动人类社会朝着更加智能化、创新化和人性化的方向发展。

（3）有适应特性，有学习能力，有演化迭代，有连接扩展

在理想情况下，人工智能系统应当具备自适应特性和学习能力，这意味着它能够根据环境、数据或任务的变化而自动调节参数或更新优化模型。通过这种能力，人工智能系统能够适应不断变化的现实环境，并且在这一基础上通过与云、端、人、物等各种数字化连接不断扩展。这种连接的扩展使得人工智能系统能够与各种客体和主体进行交互和演化，从而具备适应性、鲁棒性、灵活性和扩展性，能够更好地应对多变的环境和需求。

随着与云、端、人、物的连接不断加深，人工智能系统可以不断学习和演化，从而产生更加

丰富和广泛的应用。这种演化迭代过程使得人工智能系统能够更好地服务于各行各业，为人类社会的发展和进步提供更多可能性。这种具备自适应性和学习能力的人工智能系统将成为未来各个领域的重要助力，为人类创造更加智能化、高效率、可持续的生活和工作环境。

1.3 人工智能参考框架

当前阶段，人工智能领域尚未建立起完备的参考框架。基于人工智能的发展状况和应用特征，从人工智能信息流动的角度出发，力图搭建较为完整的人工智能主体框架，描述人工智能系统总体工作流程，不受具体应用所限，适用于通用的人工智能领域。人工智能参考框架如图1-2所示。

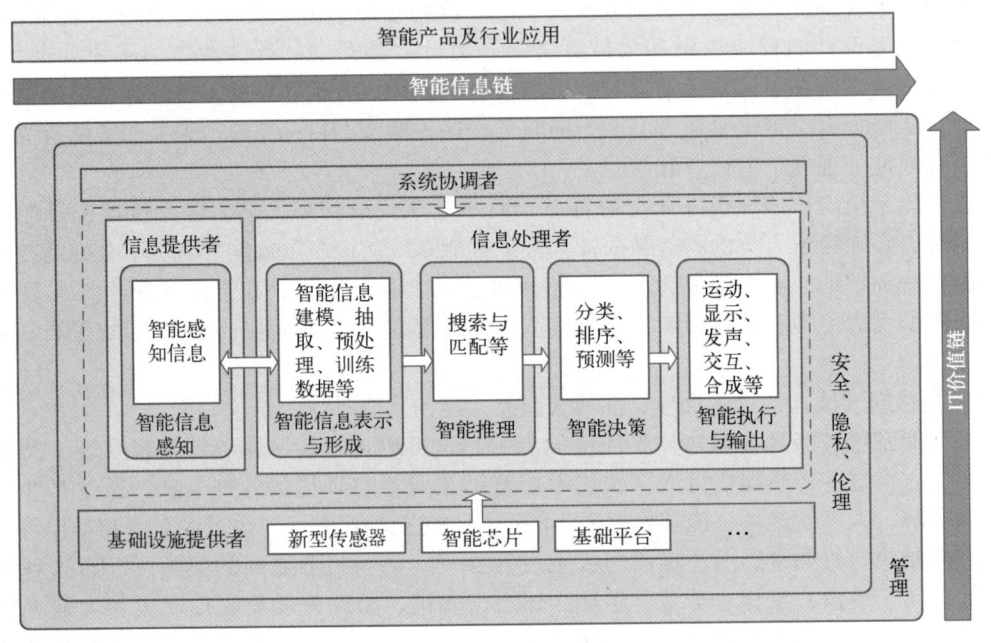

图1-2 人工智能参考框架

人工智能参考框架提供了基于"角色—活动—功能"的层级分类体系，从"智能信息链"（水平轴）和"IT价值链"（垂直轴）两个维度阐述了人工智能系统框架。"智能信息链"反映从智能信息感知、智能信息表示与形成、智能推理、智能决策、智能执行与输出的一般过程。在这个过程中，智能信息是流动的载体，经历了"数据—信息—知识—智慧"的凝练过程。"IT价值链"反映从人工智能的底层基础设施、信息（提供和处理技术实现）到系统的产业生态过程，体现人工智能为信息技术产业带来的价值。人工智能系统主要由基础设施提供者、信息提供者、信息处理者和系统协调者4个角色组成。此外，还有其他非常重要的框架构件如安全、隐私、伦理和管理，以及智能产品及行业应用。

（1）基础设施提供者

基础设施提供者为人工智能系统提供计算能力支持，实现与外部世界的沟通，并通过基础平台实现支撑。计算能力由智能芯片（CPU、GPU、ASIC、FPGA 等硬件加速芯片）等硬件系统开发商提供；与外部世界的沟通由新型传感器制造商提供；基础平台包括分布式计算框架提供商及网络提供商提供平台保障和支持，即包括云存储和计算、互联互通网络等。

（2）信息提供者

信息提供者在人工智能领域是智能信息的来源。通过知识信息感知过程由数据提供商提供智能感知信息，包括原始数据资源和数据集。原始数据资源的感知涉及图形、图像、语音、文本的识别，还涉及传统设备的物联网数据，包括已有系统的业务数据如力、位移、液位、温度、湿度等感知数据。

（3）信息处理者

信息处理者是指人工智能领域中的技术和服务提供商。信息处理者的主要活动包括智能信息表示与形成、智能推理、智能决策及智能执行与输出。智能信息处理者通常是算法工程师及技术服务提供商，通过计算框架、模型及通用技术，例如一些深度学习框架和机器学习算法模型等，这些框架能够对相应的功能进行支撑。

（4）系统协调者

系统协调者提供人工智能系统必须满足的整体要求，包括政策、法律、资源和业务需求，以及为确保系统符合这些需求而进行的监控和审计活动。由于人工智能是多学科交叉领域，需要系统协调者定义和整合所需的应用活动，使其在人工智能领域的垂直系统中运行。系统协调者的作用之一是配置和管理人工智能参考框架中的其他角色来执行一个或多个功能，并维持人工智能系统的运行。

（5）安全、隐私、伦理

安全、隐私、伦理覆盖了人工智能领域的其他 4 个主要角色，对每个角色都有重要的影响。同时，安全、隐私、伦理处于管理角色的覆盖范围之内，与全部角色和活动都建立了相关联系。在安全、隐私、伦理模块，需要通过不同的技术手段和安全措施，构筑全方位、立体的安全防护体系，保护人工智能领域参与者的安全和隐私。

（6）管理

管理角色承担系统管理活动，包括软件调配、资源管理等内容，管理的功能是监视各种资源的运行状况，应对出现的性能或故障事件，使得各系统组件透明且可观。

（7）智能产品及行业应用

智能产品及行业应用指人工智能系统的产品和应用，是对人工智能整体解决方案的封装，将智能信息决策产品化、实现落地应用，其应用领域主要包括智能制造、智能交通、智能家居、智能医疗、智能安防等。

1.4　人工智能研究内容

1.4.1　研究领域

1. 知识表示

知识表示是指将关于世界的知识以适合计算机程序处理的形式进行表示和存储的过程。这些知识可以是关于事实、规则、概念、关系等各种形式的信息。知识表示的目的是使计算机能够理解和推理出解决问题所需的信息，从而实现智能行为。知识表示方法包括符号表示法、连接机制表示法。

- 符号表示法：用各种包含具体含义的符号，以各种不同的方式和顺序组合起来表示知识的一类方法。例如，一阶谓词逻辑、产生式等。
- 连接机制表示法：把各种物理对象以不同的方式及顺序连接起来，并在其间互相传递及加工各种包含具体意义的信息，以此来表示相关的概念及知识。例如，神经网络等。

2. 机器感知

机器感知是指让计算机系统通过传声器（俗称话筒或麦克风）、摄像头、键盘、传感器等感知设备，以类似于人类感官的方式，收集和获取外部环境中的各种信息和数据。这些感知数据可以是声音、图像、文本、传感器数据等多种形式。机器感知涉及多个领域的技术和方法，包括语音识别、机器视觉、自然语言处理、传感器技术等。通过这些技术，计算机可以对外部环境进行感知和理解，识别出语音、物体、人物、文字等，从而实现对环境的感知和理解。

3. 机器思维

机器思维是指使计算机系统能够模拟和执行类似于人类思维过程的能力。这种能力包括理解问题、推理、解决问题、学习和决策等。机器思维的目标是让计算机系统具备像人类一样的智能和思考能力，从而能够自主地执行复杂的任务和解决各种问题。

4. 机器学习

机器学习（Machine Learning）是人工智能领域的一个重要分支，它是指让计算机系统从数据中学习并不断改进性能的一种方法和技术。简而言之，机器学习的目标是让计算机系统通过学习数据中的模式和规律，从而能够自动地做出预测、决策和行动。在机器学习中，计算机系统通过使用各种算法和模型来分析和处理数据，从而发现数据中的模式和规律。这些模式和规律可以用于预测、分类、聚类、优化等任务。机器学习广泛应用于各个领域，包括但不限于回归预测、医疗诊断、金融预测、智能推荐系统等。随着数据量的不断增加和算法的不断改进，机器学习在解决各种复杂问题和实现智能化应用方面发挥着越来越重要的作用。

5. 机器行为

机器行为指的是计算机系统通过对外部环境的感知、推理和决策，以及对这些信息的处理和反馈，从而实现类似于人类行为的活动和动作。机器行为可以包括各种形式的动作和交互，如运动、操作、语言交流、决策等。

1.4.2　人工智能算法及分类

人工智能的核心技术是机器学习。机器学习是一门涉及多个领域的交叉学科，包括统计学、系统辨识、优化理论、计算机科学、脑科学等，其研究旨在让计算机系统模拟人类学习行为，获取新的知识或技能，并不断改善自身性能。基于数据的机器学习是现代智能技术的重要方法之一，通过分析观测数据来寻找规律，从而对未来数据或无法观测的数据进行预测。根据不同的学习模式、学习方法和性质，机器学习可进行多种分类。

1. 根据学习模式分类

监督学习：监督学习是一种利用已标记的有限训练数据集的学习方法，通过某种学习策略或方法建立一个模型，以实现对新数据或实例的标记（分类）或映射。在监督学习中，训练样本的分类标签是已知的，这些标签的准确度和代表性直接影响着学习模型的性能。典型的监督学习算法包括回归和分类，它们在自然语言处理、信息检索、文本挖掘、手写体识别、垃圾邮件检测等领域得到了广泛应用。

无监督学习：无监督学习是一种利用无标记的有限数据，描述隐藏在未标记数据中的结构或规律的学习方法。在无监督学习中，不需要训练样本和人工标注数据，这使得该方法能够更好地压缩数据存储、减少计算量、提升算法速度，并避免了由正负样本不平衡引起的分类错误问题。无监督学习的典型算法包括单类密度估计、单类数据降维、聚类等，它们在经济预测、异常检测、数据挖掘、图像处理、模式识别等领域发挥着重要作用，例如组织大型计算机集群、社交网络分析、市场分割、天文数据分析等应用场景。

2. 根据学习方法分类

传统机器学习：传统机器学习从一系列观测样本出发，旨在揭示那些无法通过原理分析获得的规律，以便准确地预测未来数据的行为或趋势。这种学习方法包括了多种算法，如逻辑斯谛回归、隐马尔可夫方法、支持向量机、k 近邻、人工神经网络、AdaBoost 算法、贝叶斯方法以及决策树方法等。传统机器学习方法在有效性和模型可解释性之间取得了平衡，为解决有限样本学习问题提供了框架。它们主要应用于有限样本情况下的模式分类、回归分析、概率密度估计等领域，并在自然语言处理、语音识别、图像识别、信息检索和生物信息等领域得到了广泛应用。

深度学习：深度学习是一种建立深层结构模型的学习方法，其中包括深度置信网络、卷积神经网络、受限玻尔兹曼机和循环神经网络等典型算法。深度学习又称为深度神经网络，指的是层数超过 3 层的神经网络。它作为机器学习领域的新兴分支，由 Hinton 等人于 2006 年提出。深度学习起源于多层神经网络，其核心思想是将特征表示和学习合二为一。与传统机器学习相比，深度学习放弃了可解释性，专注于学习的效果。经过多年的研究，已经提出了许多深度神经网络模型，其中卷积神经网络和循环神经网络是两类典型模型。卷积神经网络主要应用于空间分布数据，而循环神经网络则在神经网络中引入了记忆和反馈，常用于时间分布数据。深度学习框架是实现深度学习的基础底层框架，通常包含主流的神经网络算法模型，并提供稳定的深度学习API。这些框架支持在服务器和 GPU、TPU 间进行分布式学习，有些甚至具备在移动设备、云平台等多种平台上运行的能力，从而为深度学习算法带来前所未有的速度和实用性。目前，主流的开源算法框架包括 TensorFlow、Caffe/Caffe2、CNTK、MXNet、Paddle Paddle、Torch/PyTorch、Theano 等。

3. 根据学习性质分类

迁移学习：迁移学习是指当在某些领域无法取得足够多的数据进行模型训练时，利用另一领域数据获得的关系进行的学习。迁移学习可以把已训练好的模型参数迁移到新的模型指导新模型训练，可以更有效地学习底层规则、减少数据量。目前的迁移学习技术主要在变量有限的小规模应用中使用，如基于传感器网络的定位、文字分类和图像分类等。未来迁移学习将被广泛应用于解决更有挑战性的问题，如视频分类、社交网络分析、逻辑推理等。

主动学习：主动学习通过一定的算法查询最有用的未标记样本，并交由专家进行标记，然后用查询到的样本训练分类模型来提高模型的精度。主动学习的特点是在学习过程中，算法能够选择性地获取最有益的数据样本进行标注，以提高学习效率。相较于传统的被动学习方式，主动学习可以显著减少标注成本，并且在数据标注困难或代价昂贵的情况下尤为有用。在主动学习中，学习算法通过分析当前的模型状态或不确定性度量来选择哪些样本进行标注。通常情况下，算法会选择那些对当前模型参数影响最大或者不确定性最高的样本进行标注，以期望通过这些标注来降低模型的不确定性或提高模型的性能。

演化学习：演化学习是一种启发式优化方法，其灵感源自生物进化的过程。在演化学习中，借鉴了生物进化的概念，通过模拟进化的过程来优化解决问题的方法或模型。这种方法通过生成、评估和迭代改进解决方案的过程，逐步改进和优化模型或算法，以解决复杂的优化问题。演化学习的基本思想是通过模拟自然界中的遗传、变异和选择过程，从初始种群中生成一组个体（解决方案），然后利用交叉、变异等操作产生新的个体，并根据其适应度（解决方案的优劣程度）进行选择，形成下一代种群。随着进化的进行，优秀的解决方案在种群中逐渐占据主导地位，最终得到一个较优的解决方案。

1.5 人工智能研究方向

1.5.1 知识图谱

知识图谱本质上是结构化的语义知识库，是一种由节点和边组成的图数据结构，如图1-3所示。知识图谱以符号形式描述物理世界中的概念及其相互关系，其基本组成单位是"实体-关系-实体"三元组，以及实体及其相关"属性-值"对。不同实体之间通过关系相互连接，构成网状的知识结构。在知识图谱中，每个节点表示现实世界的"实体"，每条边为实体与实体之间的"关系"。通俗地讲，知识图谱就是把所有不同种类的信息连接在一起而得到的一个关系网络，提供了从"关系"的角度去分析问题的能力。

知识图谱可用于反欺诈、不一致性验证、组团欺诈等公共安全保障领域，需要用到异常分析、静态分析、动态分析等数据挖掘方法。特别地，知识图谱在搜索引擎、可视化展示和精准营销方面有很大的优势，已成为业界的热门工具。但是，知识图谱的发展还面临很多的挑战，如数据的噪声问题，即数据本身有错误或者数据存在冗余。随着知识图谱应用的不断深入，还有一系列关键技术需要突破。

1.5.2 自然语言处理

自然语言处理是计算机科学领域与人工智能领域中的一个重要方向，研究能实现人与计算机之间用自然语言进行有效通信的各种理论和方法，涉及的领域较多，主要包括机器翻译、语义理解和问答系统等。

1. 机器翻译

机器翻译是指利用计算机技术实现从一种自然语言到另外一种自然语言的翻译过程，如图1-4所示。基于统计的机器翻译方法突破了之前基于规则和实例翻译方法的局限性，翻译性能取得巨大提升。基于深度神经网络的机器翻译在日常口语等一些场景的成功应用已经显现出了巨大的潜力。随着上下文的语境表征和知识逻辑推理能力的发展，自然语言知识图谱不断扩充，机器翻译将会在多轮对话翻译及篇章翻译等领域取得更大进展。

第1章 人工智能基础

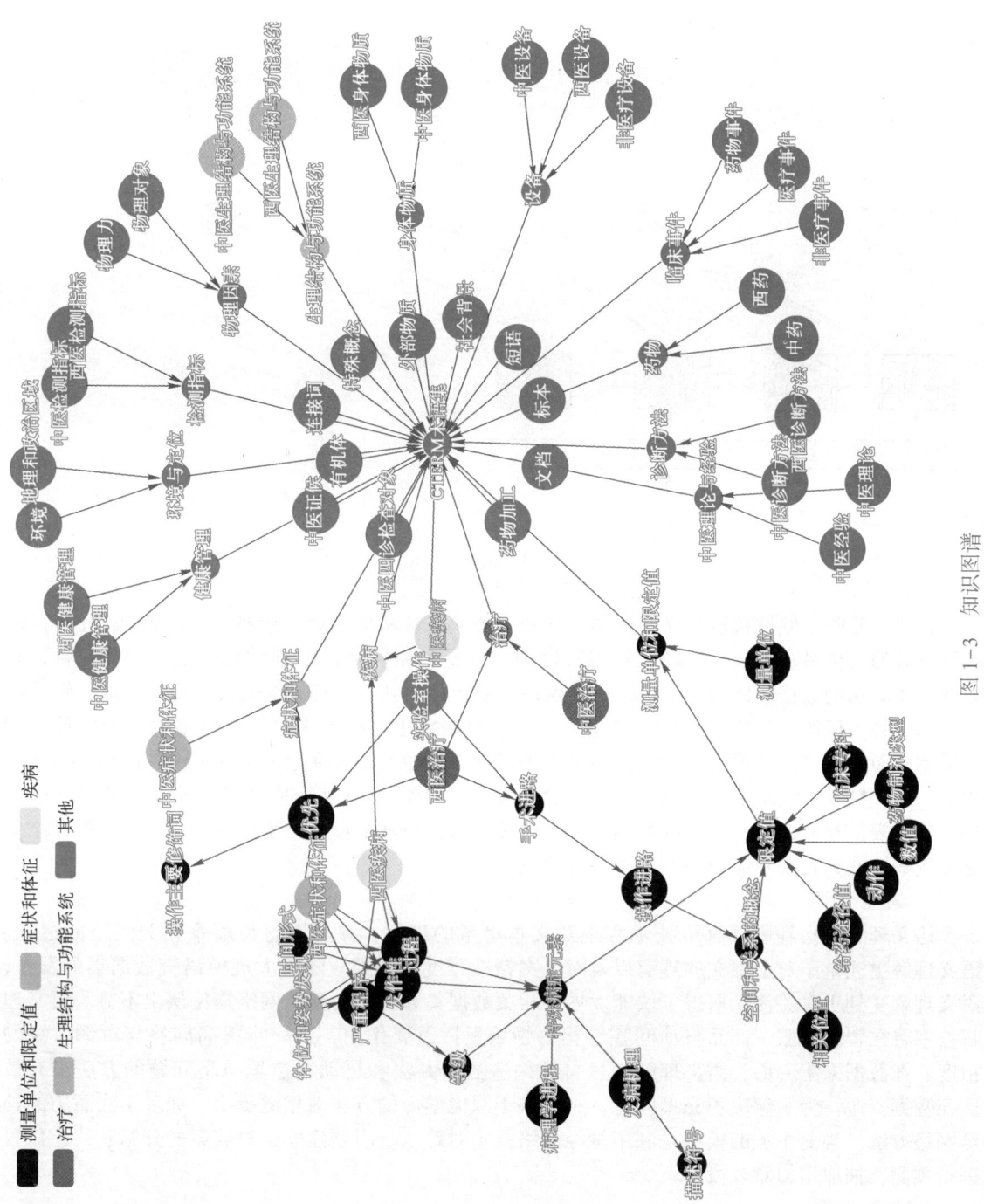

图1-3 知识图谱

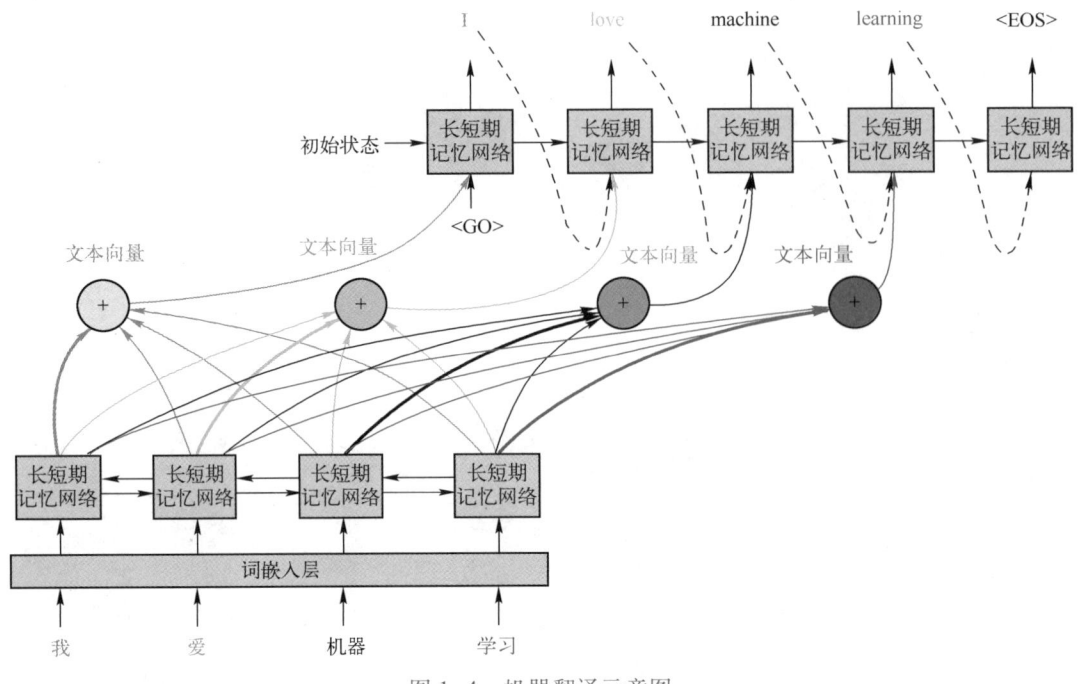

图 1-4　机器翻译示意图

目前，非限定领域机器翻译中性能较佳的一种是统计机器翻译，包括训练及解码两个阶段。训练阶段的目标是获得模型参数，解码阶段的目标是利用所估计的参数和给定的优化目标，获取待翻译语句的最佳翻译结果。统计机器翻译主要包括语料预处理、词对齐、短语抽取、短语概率计算、最大熵调序等步骤。基于神经网络的端到端翻译方法不需要针对双语句子专门设计特征模型，而是直接把源语言句子的词串送入神经网络模型，经过神经网络的运算，得到目标语言句子的翻译结果。在基于端到端的机器翻译系统中，通常采用递归神经网络或卷积神经网络对句子进行表征建模，从海量训练数据中抽取语义信息，与基于短语的统计翻译相比，其翻译结果更加流畅自然，在实际应用中取得了较好的效果。

2. 语义理解

语义理解是指利用计算机技术实现对文本篇章的理解，并且回答与篇章相关问题的过程。语义理解更注重于对上下文的理解以及对答案精准程度的把控。随着大规模语言数据集的发布，语义理解受到更多关注，取得了快速发展，相关数据集和对应的神经网络模型层出不穷。语义理解技术将在智能客服、产品自动问答等相关领域发挥重要作用，进一步提高问答与对话系统的精度。在数据采集方面，语义理解通过自动构造数据方法和自动构造填空型问题的方法来有效扩充数据资源。为了解决填充型问题，一些基于深度学习的方法被相继提出，如基于注意力的神经网络方法。当前主流的模型是利用神经网络技术对篇章、问题建模，对答案的开始和终止位置进行预测，抽取出篇章片段。

3. 问答系统

问答系统分为开放领域的对话系统和特定领域的问答系统。问答系统技术是指让计算机像人类一样用自然语言与人交流的技术。人们可以向问答系统提交用自然语言表达的问题，系统会返回关联性较高的答案。这些系统可以基于事先定义的知识库、语料库或者机器学习模型来理解用户提问的意图，并从中提取相关信息以给出准确的答案。问答系统通常涉及自然语言处理、信息检索、知识图谱、机器学习等多个领域的技术。问答系统在各种领域都有广泛的应用，包括智能助理、智能搜索、在线客服机器人、教育培训、医疗健康等。智能助理如 Siri、Alexa 和 Google Assistant 可以回答用户的各种问题，并执行相关任务；智能搜索如 Google Search 和百度搜索可以根据用户提出的查询问题返回相关信息；在线客服机器人可以帮助用户解决常见问题和提供服务支持。随着大语言模型的流行，ChatGPT 等聊天问答系统已经能够做到连贯、流畅、准确地回答用户提出的问题，这标志着自然语言处理上升到新的高度。

自然语言处理面临四大挑战：一是在词法、句法、语义、语用和语音等不同层面存在不确定性；二是新的词汇、术语、语义和语法导致未知语言现象的不可预测性；三是数据资源的不充分使其难以覆盖复杂的语言现象；四是语义知识的模糊性和错综复杂的关联性难以用简单的数学模型描述，语义计算需要参数庞大的非线性计算。

1.5.3 人机交互

人机交互主要研究人和计算机之间的信息交换，主要包括人到计算机和计算机到人的两部分信息交换，是人工智能领域的重要的外围技术。人机交互是与认知心理学、人机工程学、多媒体技术、虚拟现实技术等密切相关的综合学科。传统的人与计算机之间的信息交换主要依靠交互设备进行，主要包括键盘、鼠标、操纵杆、数据服装、眼动跟踪器、位置跟踪器、数据手套、压力笔等输入设备，以及打印机、绘图仪、显示器、头盔式显示器、音箱等输出设备。人机交互除了传统的文本交互与图形交互外，还包括语音交互、情感交互、体感交互及脑机交互等，以下对后四种与人工智能关联密切的典型交互手段进行介绍。

1. 语音交互

语音交互是一种高效的交互方式，是人以自然语音或机器合成语音同计算机进行交互的综合性技术，结合了语言学、心理学、工程和计算机技术等领域的知识。语音交互不仅要对语音识别和语音合成进行研究，还要对人在语音通道下的交互机理、行为方式等进行研究。语音交互过程包括四部分：语音采集、语音识别、语义理解和语音合成。语音采集完成音频的录入、采样及编码，语音识别完成语音信息到机器可识别的文本信息的转化，语义理解根据语音识别转换后的文本字符或命令完成相应的操作，语音合成完成文本信息到声音信息的转换。作为人类沟通和获取信息最自然便捷的手段，语音交互比其他交互方式具备更多优势，能为人机交互带来根本性变革，是大数据和认知计算时代未来发展的制高点，具有广阔的发展前景和应用前景。

2. 情感交互

情感是一种高层次的信息传递，而情感交互是一种交互状态，它在表达功能和信息时传递情感，勾起人们的记忆或内心的情愫。传统的人机交互无法理解和适应人的情绪或心境，缺乏情感理解和表达能力，计算机难以具有类似人一样的智能，也难以通过人机交互做到真正的和谐与自然。情感交互就是要赋予计算机类似于人一样的观察、理解和生成各种情感的能力，最终使计算机像人一样能进行自然、亲切和生动的交互。情感交互已经成为人工智能领域中的热点方向，旨在让人机交互变得更加自然。目前，在情感交互信息的处理方式、情感描述方式、情感数据获取和处理过程、情感表达方式等方面还面临诸多技术挑战。

3. 体感交互

体感交互是个体不需要借助任何复杂的控制系统，以体感技术为基础，直接通过肢体动作与周边数字设备装置和环境进行自然的交互。依照体感方式与原理的不同，体感技术主要分为三类：惯性感测、光学感测以及光学联合感测。体感交互通常由运动追踪、手势识别、运动捕捉、面部表情识别等一系列技术支撑。与其他交互手段相比，体感交互技术无论是硬件还是软件方面都有了较大的提升，交互设备向小型化、便携化、使用方便化等方面发展，大幅降低了对用户的约束，使得交互过程更加自然。目前，体感交互在游戏娱乐、医疗辅助与康复、全自动三维建模、辅助购物、眼动仪等领域有了较为广泛的应用。

4. 脑机交互

脑机交互又称为脑机接口，指不依赖于外围神经和肌肉等神经通道，直接实现大脑与外界信息传递的通路。脑机接口系统检测中枢神经系统活动，并将其转化为人工输出指令，能够替代、修复、增强、补充或者改善中枢神经系统的正常输出，从而改变中枢神经系统与内外环境之间的交互作用。脑机交互通过对神经信号解码，实现脑信号到机器指令的转化，一般包括信号采集、特征提取和命令输出三个模块。从脑电信号采集的角度，一般将脑机接口分为侵入式和非侵入式两大类。除此之外，脑机接口还有其他常见的分类方式：按照信号传输方向，可以分为脑到机、机到脑和脑机双向接口；按照信号生成的类型，可分为自发式脑机接口和诱发式脑机接口；按照信号源的不同，可以分为基于脑电的脑机接口、基于功能性核磁共振的脑机接口以及基于近红外光谱分析的脑机接口。

1.5.4 计算机视觉

计算机视觉是使用计算机模仿人类视觉系统的科学，让计算机拥有类似人类提取、处理、理解和分析图像以及图像序列的能力。自动驾驶、机器人、智能医疗等领域均需要通过计算机视觉技术从视觉信号中提取并处理信息。随着深度学习的发展，预处理、特征提取与算法处理渐渐融合，形成端到端的人工智能算法技术。根据解决的问题，计算机视觉可分为计算成像学、图像理解、三维视觉、动态视觉和视频编解码五大类。

1. 计算成像学

计算成像学是探索人眼结构、相机成像原理以及其延伸应用的科学。在相机成像原理方面，计算成像学不断促进现有可见光相机的完善，使得现代相机更加轻便，适用于不同场景。同时计算成像学也推动着新型相机的产生，使相机超出可见光的限制。在相机应用科学方面，计算成像学可以提升相机的能力，从而通过后续的算法处理使得在受限条件下拍摄的图像更加完善，例如图像去噪、去模糊、暗光增强、去雾霾等，以及实现新的功能，例如全景图、软件虚化、超分辨率等。

2. 图像理解

图像理解是通过用计算机系统解释图像，实现类似人类视觉系统理解外部世界的一门科学。通常根据理解信息的抽象程度可分为三个层次：浅层理解，包括图像边缘、图像特征点、纹理元素等；中层理解，包括物体边界、区域与平面等；高层理解，根据需要抽取的高层语义信息，可大致分为识别、检测、分割、姿态估计、图像文字说明等。目前，高层图像理解算法已逐渐广泛应用于人工智能系统，如刷脸支付、智慧安防、图像搜索等。

3. 三维视觉

三维视觉是研究如何通过视觉获取三维信息（三维重建）以及如何理解所获取的三维信息的科学。三维重建可以根据重建的信息来源，分为单目图像重建、多目图像重建和深度图像重建等。三维信息理解，即使用三维信息辅助图像理解或者直接理解三维信息。三维信息理解可分为：浅层，如角点、边缘、法向量等；中层，如平面、立方体等；高层，如物体检测、识别、分割等。三维视觉技术可以广泛应用于机器人、无人驾驶、智慧工厂、虚拟/增强现实等方向。

4. 动态视觉

动态视觉即分析视频或图像序列，模拟人处理时序图像的科学。通常动态视觉问题可以定义为寻找图像元素，如像素、区域、物体在时序上的对应，以及提取其语义信息的问题。动态视觉研究被广泛应用在视频分析以及人机交互等方面。

5. 视频编解码

视频编解码是视频处理领域中的核心技术，它涵盖了视频的压缩、编码、解码以及相关的算法和标准。这一技术旨在通过减少视频数据的大小，以便于存储和传输，同时保持视频的质量和可观看性。视频编码是将连续的视频信号转换为数字数据的过程，它利用视频中的冗余信息（如时间冗余、空间冗余和视觉冗余）进行压缩。编码过程中，会采用一系列算法和技术，如预测编码（包括帧内预测和帧间预测）、变换编码、量化和熵编码等，以有效减少数据量。这些算法和技术旨在保留视频中的重要信息，同时去除不必要的细节和冗余。视频解码是编码的逆过程，它将压缩后的视频数据恢复为原始的视频信号。解码器会根据编码时采用的算法和标准，对接收到的压缩数据进行处理，以重建出原始的视频内容。解码过程需要确保恢复出的视频质量与原始视频尽可能接近。

1.6 思考与练习

1. 选择题

1）下列选项中，属于强人工智能的内容是（　　）。
　A. 语音助手　　　　　　　　　　　B. 自动驾驶汽车
　C. 推荐系统　　　　　　　　　　　D. 有知觉和自我意识的人工智能

2）以下（　　）负责提供计算能力支持、实现与外部世界的沟通，以及通过基础平台实现支撑。
　A. 信息提供者　　　　　　　　　　B. 基础设施提供者
　C. 信息处理者　　　　　　　　　　D. 系统协调者

3）下列（　　）方法属于无监督学习。
　A. 序列预测　　　　　　　　　　　B. 垃圾邮件检测
　C. 手写体识别　　　　　　　　　　D. 聚类

4）以下（　　）不属于人工智能的特征。
　A. 由人类设计，为人类服务，本质为计算，基础为数据
　B. 能感知环境，能产生反应，能与人交互，能与人互补

C. 具有自主能力，能够产生自我意识
D. 有适应特性，有学习能力，有演化迭代，有连接扩展

2. 问答题

1) 简述强人工智能和弱人工智能的区别。
2) 简述人工智能的特征。
3) 简述什么是监督学习和无监督学习。

第 2 章 机器学习与深度学习入门

本章内容分为三部分。第一部分主要介绍机器学习基本概念、机器学习的发展史、机器学习分类。第二部分主要介绍机器学习的三要素与核心、开发流程、经典算法和常用术语。从传统的机器学习到最新的机器学习，已经在人工智能、自然语言处理、图像识别、医学、金融等领域得到广泛的应用，成为当今信息技术发展中的热点和趋势之一。在第二部分将会详细探讨机器学习的开发流程和经典算法。第三部分主要介绍深度学习。深度学习是个复杂性、专业性很强的技术领域，它应用到了许多的开发框架。在探索深度学习的初级阶段，理解并使用深度学习开发框架是第一个重要的学习任务，所以本部分将详细介绍 TensorFlow 开发框架，为后续的知识学习打下坚实的基础。

第 2 章 机器学习与深度学习入门

2.1 机器学习简介

2.1.1 什么是机器学习

机器学习是人工智能的一个分支。人工智能的研究历史有着一条从以"推理"为重点，到以"知识"为重点，再到以"学习"为重点的自然、清晰的脉络。显然，机器学习是实现人工智能的一条途径，即以机器学习为手段解决人工智能中的问题。机器学习已发展为一门多领域交叉学科，涉及概率论、统计学、逼近论、凸分析、计算复杂性理论等多门学科。机器学习理论主要是设计和分析让计算机可以自动"学习"的算法。机器学习算法是一类从数据中自动分析获得规律，并利用规律对未知数据进行预测的算法。因为学习算法中涉及了大量的统计学理论，机器学习与推断统计学联系尤为密切，也被称为统计学习理论。算法设计方面，机器学习理论关注可以实现的、行之有效的学习算法。很多推论问题是无规律可循的，所以部分的机器学习研究是开发容易处理的近似算法。

机器学习已广泛应用于数据挖掘、计算机视觉、自然语言处理、生物特征识别、搜索引擎、医学诊断、检测信用卡欺诈、证券市场分析、DNA 序列测序、语音和手写识别、战略游戏和机器人等领域。

简单地说，机器学习是一门从数据中研究算法的科学学科，是根据已有的数据，进行算法的选择，并基于算法和数据结构构建模型，最终对未来进行预测。

2.1.2 机器学习的发展史

1. 起源阶段（20 世纪 50 年代—20 世纪 70 年代）

机器学习的起源可以追溯到 20 世纪 50 年代，当时人们开始探索使用计算机模拟人类学习的过程。早期的机器学习算法包括感知器算法和决策树等。

2. 知识表达期（20世纪80年代）

在这个阶段，研究者们主要关注如何有效地表示和管理知识。这期间的代表性工作包括专家系统的开发和基于规则的推理系统。

3. 联结主义期（20世纪80年代中期—20世纪90年代）

随着神经网络和并行分布式处理技术的发展，联结主义开始受到关注。神经网络模型被用于解决一些复杂的模式识别问题。

4. 统计学习期（20世纪90年代末至今）

随着大数据的兴起和计算能力的增强，统计学习方法逐渐成为主流。支持向量机（SVM）、随机森林（Random Forest）和深度学习等技术相继涌现。

5. 崛起（21世纪10年代至今）

深度学习作为机器学习的一个分支，在21世纪10年代经历了快速发展。通过深度神经网络模型，可以处理复杂的非线性关系，取得了在图像识别、语音识别、自然语言处理等领域的突破性进展。

6. 自适应期（21世纪20年代）

随着自动化技术的发展，机器学习系统变得越来越智能和自适应。强化学习和元学习等技术的发展使得机器可以从与环境的交互中学习和改进。

2.1.3 机器学习的分类

根据算法类型，机器学习可以分为四类，即监督学习（Supervised Learning）、半监督学习（Semi-Supervised Learning）、无监督学习（Unsupervised Learning）和强化学习（Reinforcement Learning）。

为了便于理解，用灰色圆点代表没有标签的数据，其他颜色的圆点代表不同类别的有标签数据。监督学习、半监督学习、无监督学习、强化学习的示意图如图2-1所示。

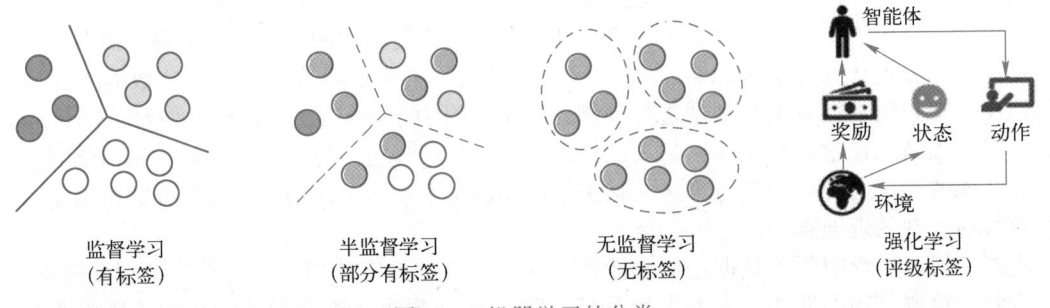

图2-1 机器学习的分类

1. 监督学习

监督学习使用标记过的数据进行训练。所谓标记过的数据，指的是包含已知输入和输出的原始数据。其中输入数据中的每个变量都称为一个特征（Feature）值，而输出数据则是针对这些输入数据的输出的期望值，也称标签（Label）值。在监督学习中，计算机使用输入的数据计算输出值，然后对比标签值计算误差，通过迭代寻找最佳模型参数。监督学习通常用于基于历史数据的未来事件预测，主要解决两类问题，即回归（Regression）和分类（Classification）。在天气预报中使用历史数据预测未来几天的温度、湿度和降雨量等就是典型的回归问题，其输出的数据是连续的。而分类问题的输出是不连续的离散值，例如，使用历史数据判断航班是否晚点是一个二元分类问题，其输出值只有"是"和"非"两种可能。在实际情况中，有些场景既可以看作回归问题，也可以看作分类问题，如天气预报中将利用回归计算得到的温度值转换为"炎热"和"凉爽"的分类问题。

简单来说，监督学习是给算法一个数据集，并且给定正确答案。机器通过数据来学习正确答案的计算方法。

举个例子：准备一些猫和狗的照片，想让机器学会如何识别猫和狗。使用监督学习的时候，需要给这些照片打上标签，如图2-2所示。

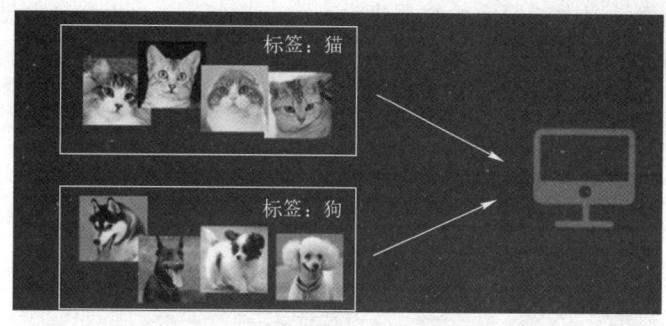

图 2-2　给照片打上标签

给照片打的标签就是"正确答案"，机器通过大量学习，就可以学会在新照片中认出猫和狗，如图2-3所示。

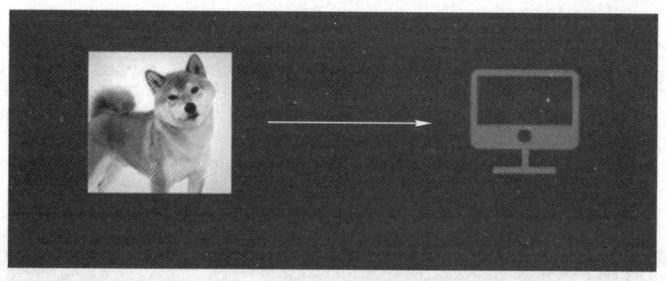

图 2-3　机器学习过程

这种通过大量人工打标签来帮助机器学习的方式就是监督学习。这种学习方式的效果非常好，但是成本也非常高。

常用的监督学习算法包括 K 近邻算法（K-Nearest Neighbors，KNN）、线性回归（Linear Regression）、逻辑斯谛回归（Logistic Regression）、支持向量机（Support Vector Machine，SVM）、朴素贝叶斯（Naive Bayes）、决策树（Decision Tree）、随机森林（Random Forest）、神经网络（Neural Network）和卷积神经网络（Convolutional Neural Network，CNN）等。

2．半监督学习

半监督学习与监督学习的应用场景相同，主要面向分类和回归。但半监督学习使用的原始数据只有一部分有标签。因为无标签数据的获取成本更低，在实际场景中，用户会倾向于使用少量的标签数据与大量的无标签数据进行训练。例如，在图像识别领域，先在大量含有特定物体的原始图像中挑选部分图像进行手工标注，然后就可以使用半监督学习对数据集进行训练，得到能够从图像中准确识别物体的模型。

3. 无监督学习

与监督学习不同，无监督学习所使用的原始数据的输出部分没有标签，也就是说，在训练的时候并不知道期望的输出是什么。所以，无监督学习并不像监督学习那样会预测输出结果，而是解决输入数据的聚类（Clustering）和特征关联（Correlation）问题，目标是通过训练来发现输入数据中存在的共性特征，或者发现特征值之间的关联关系。其中，聚类算法根据对象属性进行分组。

简单来说，无监督学习中，给定的数据集没有"正确答案"，所有的数据都是一样的。无监督学习的任务是从给定的数据集中挖掘出潜在的结构。

举个例子：把一些猫和狗的照片输入机器，不给这些照片打任何标签，如图2-4所示，希望机器能够将这些照片分类。

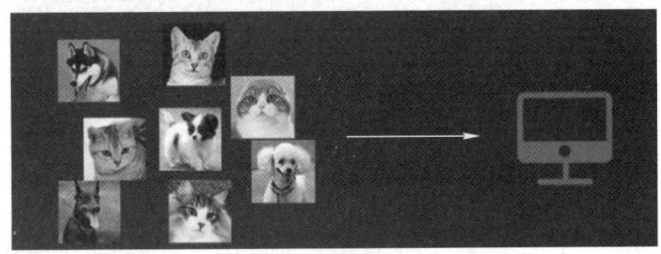

图2-4 数据输入机器

通过学习，机器会把这些照片分为两类，一类都是猫的照片，另一类都是狗的照片。虽然跟上面的监督学习看上去结果差不多，但是有着本质的差别。无监督学习中，虽然照片分为了猫和狗，但是机器并不知道哪个是猫，哪个是狗。对于机器来说，相当于分成了A、B两类，如图2-5所示。

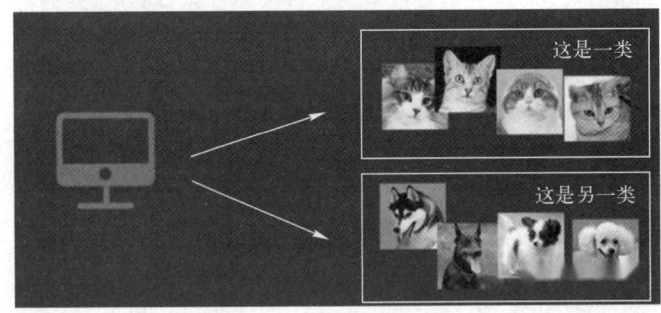

图2-5 无监督学习分类

常用的无监督学习算法包括K均值聚类（K-means Clustering）、主成分分析（Principal Component Analysis，PCA）等。

4. 强化学习

强化学习（Reinforcement Learning，RL）是一种机器学习方法，侧重于训练智能体通过与环境交互来学习最佳策略，以最大化累积奖励。强化学习主要由智能体、环境、状态、动作、奖励组成。智能体执行了某个动作后，环境将会转换到一个新的状态，对于该新的状态会给出奖励信号（正奖励或者负奖励）。随后，智能体根据新的状态和环境反馈的奖励，按照一定的策略执行新的动作。上述过程是智能体和环境通过状态、动作、奖励进行交互的方式。

智能体通过强化学习，可以知道自己处在什么状态下，应该采取什么样的动作使得自身获得最大奖励。由于智能体与环境的交互方式和人类与环境的交互方式类似，可以认为强化学习是一套通用的学习框架，可用来解决通用人工智能的问题。因此，强化学习也被称为通用人工智能的机器学习方法。

强化学习面向决策链问题，在不断变化的状态下，强化学习的目的是确定当前状态下的最佳决策。由于当前的决策往往无法立刻被验证和评估，所以强化学习往往没有大量的原始数据，计算机需要进行大量的试错学习，基于错误发现哪些动作能产生最大的回报，再根据规则找到生成最佳结果的最优路径。强化学习的目标是学习最好的策略，通常用于机器人、自动驾驶、游戏和棋类等，最典型的场景就是打游戏。2019年1月25日，AlphaStar（Google 研发的人工智能程序，采用了强化学习的训练方式）战胜了"星际争霸"的职业选手"TLO"和"MANA"。

2.2 机器学习的基础理论

2.2.1 机器学习三要素与核心

按照统计机器学习的观点，任何一个机器学习方法都是由模型（Model）、策略（Strategy）和算法（Algorithm）三个要素构成的，具体可理解为机器学习模型在一定的优化策略下使用相应求解算法来达到最优目标的过程。

1）机器学习的第一个要素是模型。机器学习中的模型就是要学习的决策函数或者条件概率分布，一般用假设空间（Hypothesis Space）F 来描述所有可能的决策函数或条件概率分布。当模型是一个决策函数时，如线性模型的线性决策函数，F 可以表示为若干决策函数的集合，$F=\{f|Y=f(X)\}$，其中 X 和 Y 为定义在输入空间和输出空间中的变量。当模型是一个条件概率分布时，如决策树是定义在特征空间和类空间中的条件概率分布，F 可以表示为条件概率分布的集合，$F=\{P|P=Y|X\}$，其中 X 和 Y 为定义在输入空间和输出空间中的随机变量。

2）机器学习的第二个要素是策略。简单来说，就是在假设空间的众多模型中，机器学习需要按照什么标准选择最优模型。对于给定模型，模型输出 $f(X)$ 和真实输出 Y 之间的误差可以用一个损失函数（Loss Function），也就是 $L(Y, F(X))$ 来度量。不同的机器学习任务都有对应的损失函数，回归任务一般使用均方误差，分类任务一般使用对数损失函数或者交叉熵损失函数等。

3）机器学习的最后一个要素是算法。这里的算法有别于所谓的"机器学习算法"，在没有特别说明的情况下，"机器学习算法"实际上指的是模型。作为机器学习三要素之一的算法，指的是学习模型的具体优化方法。当机器学习的模型和损失函数确定时，机器学习就可以具体地形式化为一个最优化问题，可以通过常用的优化算法，比如随机梯度下降法、牛顿法、拟牛顿法等进行模型参数的优化求解。

当一个机器学习问题的模型、策略和算法都确定了,相应的机器学习方法也就确定了,因而这三者也叫"机器学习三要素"。

机器学习的目的在于训练模型,使其对已知数据和未知数据都能有较好的预测能力。当模型对已知数据预测效果很好但对未知数据预测效果很差的时候,就出现了机器学习的核心问题之一:过拟合(Over-fitting)。

先来看一下监督机器学习的核心思想。总的来说,所有监督机器学习都可以用如下公式来概括:

$$\min\left(\frac{1}{n}\sum_{i=1}^{n}L(y_i,f(x_i,\theta)) + \lambda\phi_\theta\right)$$

上面的公式就是监督机器学习中的损失函数计算公式,其中 min 表示最小操作化,其目标是找到能够最小化整体损失的参数值;θ 表示权重;函数 f 为监督机器学习模型;函数 L 为损失函数;λ 是正则化项的权重,用来控制正则化项对总损失的贡献程度的超参数;ϕ_θ 关于模型参数的正则化项;n 为样本数量。

所以,监督机器学习的核心任务无非就是正则化参数的同时最小化误差。各类机器学习模型的差别无非就是通过不同的方式改变经验误差项,即人们常说的损失函数。当函数 L 是均方差损失时,机器学习模型便是线性回归;而当损失函数为合页损失(Hinge Loss)时,则是 SVM 分类算法。

综上所述,误差项很重要,它能改变模型形式,在训练模型时要最大限度地把它变小。在有些情况下,机器学习模型存在过拟合的现象,使得模型性能较低,因此正则化在此情况下显得尤为重要,正则化可以使得模型摆脱过拟合,提高模型性能。

所以,再回到前面提到的监督机器学习的核心任务:正则化参数的同时最小化经验误差。通俗来讲,就是训练集误差小,测试集误差也小,模型有着较好的泛化能力。

2.2.2 机器学习开发流程

机器学习开发流程如图 2-6 所示。

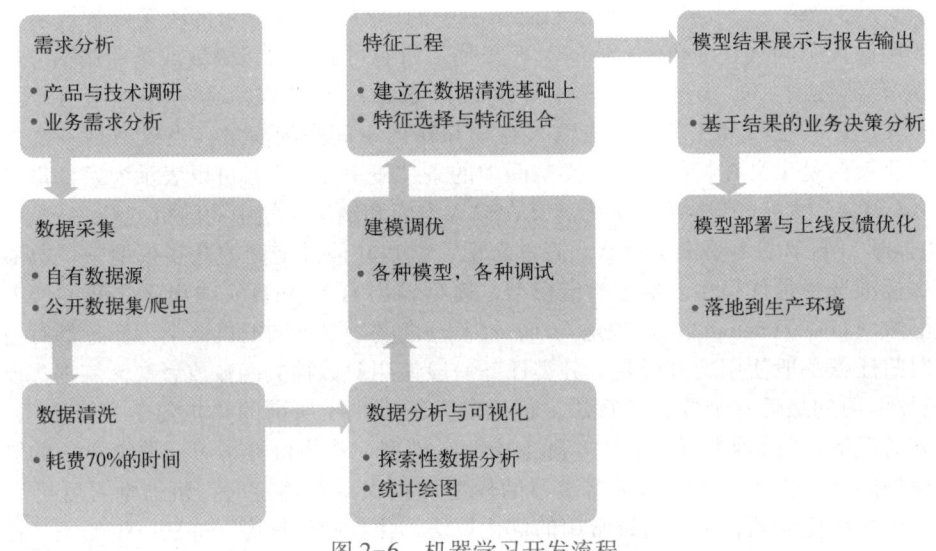

图 2-6 机器学习开发流程

1. 需求分析

很多算法工程师可能认为需求分析没有技术含量，因而不太重视项目启动前的需求分析工作。这对于一个项目而言其实是非常危险的。

需求分析的主要目的是为项目确定方向和目标，为整个项目的顺利开展制订计划和设立里程碑。需要明确机器学习目标，输入是什么，目标输出是什么，是回归任务还是分类任务，关键性能指标都有哪些，是结构化的机器学习任务还是基于深度学习的图像和文本任务，市面上项目相关的产品都有哪些，对应的 SOTA（State Of The Art）模型有哪些，相关领域的前沿研究和进展都到什么程度了，项目有哪些有利条件和风险。这些都需要在需求分析阶段认真考虑。

2. 数据采集

一个机器学习项目要开展下去，最关键的资源就是数据。

在数据资源相对丰富的领域，比如电商、直播以及短视频等行业，企业一般会有自己的数据源，业务部门提出相关需求后，数据工程师可直接根据需求从数据库中提取数据。但对于本身数据资源就贫乏或者数据隐私性较强的行业，比如医疗行业，一般很难获得大量数据，并且医疗数据的标注也比较专业化，高质量的医疗标注数据尤为难得。

对于这种情况，可以先获取一些公开数据集或者竞赛数据集进行算法开发。还有一种情况是目标数据在网页端，比如想了解杭州二手房价格信息，找出影响杭州二手房价格的关键因素，这时候可能需要使用像爬虫一类的数据采集技术获取相关数据。

数据来源：

1）用户访问行为数据。

2）业务数据。

3）外部第三方数据（爬虫等）。

数据存储：

1）需要存储的数据，包括原始数据、预处理后数据、模型结果。

2）存储设施，如 MySQL、HDFS、HBase、Solr、Elasticsearch、Kafka、Redis 等。

机器学习可用公开数据集：

在实际工作中，可以使用业务数据进行机器学习开发，但是在学习过程中，如果没有业务数据，此时可以使用公开的数据集进行开发，常用数据集下载地址如下。

http://archive.ics.uci.edu/datasets

https://aws.amazon.com/cn/public-datasets/

https://www.kaggle.com/competitions

http://www.kdnuggets.com/datasets/index.html

https://tianchi.aliyun.com/dataset/

http://www.pkbigdata.com/common/cmptIndex.html

3. 数据清洗

由于公开数据集和一些竞赛数据集非常"干净"，有的甚至可以直接用于模型训练，所以一些机器学习初学者认为只需专注于模型与算法设计就可以了，其实不然。在生产环境下，拿到的数据都会比较"脏"，以至于需要花大量时间清洗数据，甚至数据清洗和特征工程要占用项目70%以上的时间。大部分机器学习模型所处理的都是特征，特征通常是输入变量所对应的可用于模型的数值表示。

大部分情况下，收集得到的数据需要经过清洗后才能够为算法所使用，数据清洗主要包括以下几个部分：

1）数据过滤。
2）处理数据缺失。
3）处理可能的异常、错误或者异常值。
4）合并多个数据源。
5）数据汇总。

4. 数据分析与可视化

数据清洗完后，一般不建议直接对数据进行训练，因为这时候对于要训练的数据还是非常陌生的。数据都有哪些特征？是否有很多类别特征？目标变量分布如何？各自变量与目标变量的关系是否需要可视化展示？数据中各变量缺失值的情况如何？怎样处理缺失值？上述问题都需要在探索性数据分析（Exploratory Data Analysis，EDA）和数据可视化过程中找到答案。

5. 建模调优

数据初步分析完后，对数据就会有一个整体的认识，一般就可以开始训练机器学习模型了。但建模通常并不顺利，训练完一个基线（Baseline）模型之后，需要花大量时间进行模型调参和优化。

另外，结合业务的精细化特征工程工作比模型调参更能改善模型表现。建模调优与特征工程之间本身是个交互性的过程，在实际工作中可以一边进行调参，一边进行特征设计，交替进行，相互促进，共同改善模型表现。在调优过程中同时包括对模型的评估，即调优的模型是否更优秀。评估的指标主要有精确率、召回率、F1值等，在代码中，评估指标的调用见表2-1。

表2-1 评估指标的代码调用

指　　标	描　　述	代 码 调 用
Precision	精确率	from sklearn.metrics import precision_score
Recall	召回率	from sklearn.metrics import recall_score
F1	F1值	from sklearn.metrics import f1_score
Confusion matrix	混淆矩阵	from sklearn.metrics import confusion_matrix
ROC	ROC曲线	from sklearn.metrics import roc
AUC	ROC曲线下的面积	from sklearn.metrics import auc

常见的评估指标计算如下。

（1）混淆矩阵

混淆矩阵（Confusion Matrix）是评价分类模型性能的工具之一，特别适用于二分类和多分类问题。它通过展示模型预测结果与实际结果的对比，帮助理解模型的分类效果及错误类型。

混淆矩阵包括四个部分。

真正例（True Positive，TP）：实际为正类且预测为正类的样本数。

真负例（True Negative，TN）：实际为负类且预测为负类的样本数。

假正例（False Positive，FP）：实际为负类但预测为正类的样本数。
假负例（False Negative，FN）：实际为正类但预测为负类的样本数。
混淆矩阵见表2-2所示。

表2-2 混淆矩阵

		预测值	
		正 例	负 例
真实值	正例	真正例（TP）	假负例（FN）
	负例	假正例（FP）	真负例（TN）

通过混淆矩阵，可以计算出一些常用的其他指标。

(2) 准确率

准确率是指分类正确的样本占总样个数的比例，准确率的计算公式如下。

$$\text{Accuracy} = \frac{TP+TN}{TP+FN+FP+TN}$$

准确率的局限性：准确率是分类问题中最简单也是最直观的评价指标，但存在明显的缺陷，当不同种类的样本比例非常不均衡时，占比大的类别往往成为影响准确率的最主要因素。比如，当负样本占99%时，分类器把所有样本都预测为负样本，也可以得到99%的准确率，换句话说总体准确率高，并不代表类别比例小的部分准确率高。

(3) 精确率

精确率，也称为查准率，表示被预测为正类的样本中，实际为正类的比例。它衡量了预测结果的准确性，即预测的正类中有多少是实际的正类，精确率的计算公式如下。

$$\text{Precision} = \frac{TP}{TP+FP}$$

(4) 召回率

召回率，也称为查全率或灵敏度，表示实际为正类的样本中，被正确预测为正类的比例。它衡量了模型发现正类样本的能力，召回率的计算公式如下。

$$\text{Recall} = \frac{TP}{TP+FN}$$

召回率和精确率是既矛盾又统一的两个指标，为了提高精确率的值，分类器需要尽量在更有把握时才把样本预测为正样本，但此时往往会因为过于保守而漏掉很多没有把握的正样本，导致召回率的值降低。

(5) F1值

F1值是精确率和召回率的调和平均值，正常的平均值平等对待所有的值，而调和平均值给予较低的值更高的权重，因此，只有当召回率和精确率都很高时，分类器才能得到较高的F1值。

F1值的计算公式为：

$$F1 = \frac{2 \times \text{Precision} \times \text{Recall}}{\text{Precision}+\text{Recall}}$$

F1值对那些具有相近的精确率和召回率的分类器更为有利。但这并不一定能符合期望，在某些情况下，更关心的是精确率，而另一些情况下，可能关心的是召回率。精确率与召回率的权衡是很值得思考的问题。

(6) ROC 曲线

二值分类器是机器学习领域中最常见也是应用最广泛的分类器。评价二值分类器的指标很多，比如精确率、召回率、F1 值、P-R 曲线（以精确率为纵坐标，召回率为横坐标的曲线）等，但这些指标或多或少只能反映模型在某一方面的性能，相比而言，ROC 曲线则有很多优点，经常作为评估二值分类器最重要的指标之一。ROC 曲线是 Receiver Operating Characteristic Curve 的简称，中文名为"受试者工作特征曲线"。

ROC 曲线的横坐标为假阳性率（FPR），纵坐标为真阳性率（TPR），FPR 和 TPR 的计算方法分别为

$$FPR = \frac{FP}{FP+TN}, \quad TPR = \frac{TP}{TP+FN}$$

接下来通过代码实现 ROC 曲线的计算与绘制。

1) 创建数据集。代码如下：

```
import pandas as pd

column_name = ['真实标签','模型输出概率']
datasets = [['p',0.9],['p',0.8],['n',0.7],['p',0.6],
    ['p',0.55],['p',0.54],['n',0.53],['n',0.52],
    ['p',0.51],['n',0.505],['p',0.4],['p',0.39],
    ['p',0.38],['n',0.37],['n',0.36],['n',0.35],
    ['p',0.34],['n',0.33],['p',0.30],['n',0.1]]
data = pd.DataFrame(datasets,index = [i for i in range(1,21,1)],columns=column_name)
print(data)
```

2) 绘制 ROC 曲线。代码如下：

```
import matplotlib.pyplot as plt

#计算各种概率情况下对应的（假阳性率，真阳性率）
points = {0.1:[1,1],0.3:[0.9,1],0.33:[0.9,0.9],0.34:[0.8,0.9],0.35:[0.8,0.8],
    0.36:[0.7,0.8],0.37:[0.6,0.8],0.38:[0.5,0.8],0.39:[0.5,0.7],0.40:[0.4,0.7],
    0.505:[0.4,0.6],0.51:[0.3,0.6],0.52:[0.3,0.5],0.53:[0.2,0.5],0.54:[0.1,0.5],
    0.55:[0.1,0.4],0.6:[0.1,0.3],0.7:[0.1,0.2],0.8:[0,0.2],0.9:[0,0.1]}
X = []
Y = []
for value in points.values():
    X.append(value[0])
    Y.append(value[1])
```

```
plt.scatter(X,Y,c = 'r',marker = 'o')
plt.plot(X,Y)
plt.xlim(0,1)
plt.ylim(0,1)
plt.xlabel('FPR')
plt.ylabel('TPR')
plt.show()
```

绘制的 ROC 曲线如图 2-7 所示。

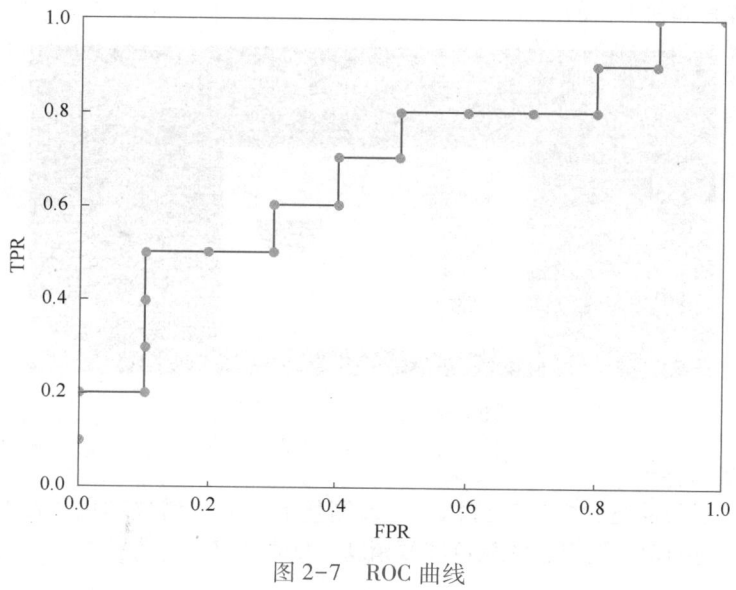

图 2-7 ROC 曲线

AUC 指 ROC 曲线下的面积大小,该值能够量化地反映基于 ROC 曲线衡量出的模型性能,AUC 越大说明分类器越可能把真正的正样本排在前面,分类性能越好。

ROC 曲线相比 P-R 曲线,当正负样本的分布发生变化时,ROC 曲线的形状能够保持基本不变,而 P-R 曲线的形状一般会发生剧烈的变化,这个特点让 ROC 曲线能够尽量降低不同测试集带来的干扰,更加客观地衡量模型本身的性能。

6. 特征工程

特征工程是机器学习的关键一步,涉及从原始数据中提取、转换和创建新的特征,以便于提高机器学习模型的性能和准确性,数据和特征决定了机器学习的上限,而模型和算法则是逼近这个上限。因此,特征工程就变得尤为重要了。

7. 模型结果展示与报告输出

经过一定的特征工程和模型调优之后,一般会有一个阶段性的最优模型结果,模型对应的关键性能指标都会达到最优状态。这时候需要通过一定的方式展示模型,并对模型的业务含义进行解释。如果需要给上级领导和业务部门做决策参考,一般还需要输出一份有价值的分析报告。

8. 模型部署与上线反馈优化

输出一份分析报告并不是一个机器学习项目的最终目的，将模型部署到生产环境并能切实产生收益才是机器学习的最终价值所在。

例如，如果新上线的推荐算法能让用户的广告点击率上升 0.5%，为企业带来的收益也是巨大的。该阶段更多的是需要进行工程方面的一些考量，是以 Web 接口的形式提供给开发部门，还是以脚本的形式嵌入到软件中，后续如何收集反馈并提供产品迭代参考，这些都是需要在模型部署和上线之后考虑的。

假设任务是通过酒精度和颜色来区分啤酒和红酒，如图 2-8 所示，下面详细介绍一下机器学习中每一个步骤是如何工作的。

图 2-8 区分啤酒和红酒

（1）数据收集与存储

首先需要购买不同种类的啤酒和红酒，以及测量颜色的光谱仪和用于测量酒精度的设备。然后，把购买的所有酒都标记出它的颜色和酒精度，见表 2-3。

表 2-3 标记数据特征

颜　色	酒　精　度	种　类
610	5	啤酒
599	13	红酒
693	14	红酒
…	…	…

这一步非常重要，因为数据的数量和质量直接决定了预测模型的好坏。

（2）数据预处理

在这个例子中，数据是很规范的，但是在实际情况中，收集到的数据会有很多问题，所以会涉及数据清洗等工作。

当数据本身没有什么问题后，将数据分成 3 个部分，如图 2-9 所示，包括训练集（60%）、验证集（20%）、测试集（20%），测试集用于后面的验证和评估工作。

（3）模型选择

研究人员和数据科学家多年来创造了许多模型。根据不同的数据特征选择不同的模型，有些模型非常适合图像数据，有些模型非常适合序列（如文本或音乐）。

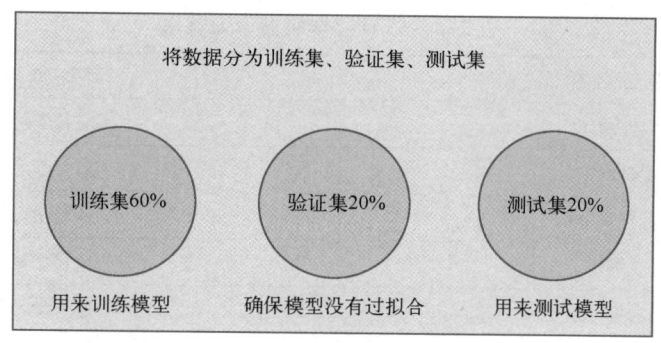

图 2-9　数据划分

在上述的例子中，由于只有 2 个特征，即颜色和酒精度，因此可以使用一个小的线性模型，这是一个相当简单的模型。

（4）模型训练

许多人认为模型训练是机器学习过程中最重要的部分，然而事实并非如此。数据的数量和质量以及模型的选择往往比实际的训练过程更为关键。将原始数据分为训练集和测试集（交叉验证），并利用训练集进行模型训练，这个过程实际上不需要人为干预，机器可以独立完成。整个过程类似于解算术题，因为机器学习的本质是将问题转化为数学问题，并通过解决这些数学问题来得出结论。

（5）模型评估

一旦训练完成，就可以评估模型是否有用，这是之前预留的验证集和测试集发挥作用的地方。在这个过程中可以看到模型是如何对未知的数据进行预测的，也体现出模型的性能好坏。

（6）参数调整

调整机器学习模型的参数主要是为了优化模型的性能，使其在给定的任务上表现更好。通过调整参数，可以改善模型在训练数据上的拟合程度，从而提高其预测准确性和性能，同时帮助减少模型过拟合现象，提高其在未知数据上的泛化能力。这一过程也有助于更深入地理解模型的工作原理及各参数对模型行为的影响。此外，优化参数可以使模型在给定计算资源下更有效地运行，减少训练时间、内存占用或计算成本等。通过尝试不同的参数组合，还可以进行对比实验，了解哪些参数对模型性能的影响更大，从而为进一步的研究和优化提供指导。总之，调整模型参数是优化模型性能、提高泛化能力、节省资源和深入理解模型的重要手段。

（7）预测

上述 6 个步骤都是为了优化机器学习模型的性能而服务的，这也是机器学习的核心价值所在。通过这些步骤成功地调整和训练模型后，便可以对新的数据进行准确的预测。例如，获得一瓶新酒时，只需输入其颜色和酒精度，机器便能够自动判断这是一瓶啤酒还是红酒。

2.2.3　15 种经典机器学习算法

15 种经典机器学习算法见表 2-4。

表 2-4　15 种经典机器学习算法

算法名称	训练方式
线性回归	监督学习
逻辑回归	监督学习
线性判别分析	监督学习
决策树	监督学习
朴素贝叶斯	监督学习
k 近邻	监督学习
学习向量量化	监督学习
支持向量机	监督学习
随机森林	监督学习
AdaBoost	监督学习
高斯混合模型	无监督学习
限制玻尔兹曼机	无监督学习
k 均值聚类	无监督学习
最大期望算法	无监督学习
主成分分析算法	无监督学习

2.2.4　机器学习常用术语

机器学习是一门专业性很强的技术，它大量地应用了数学和统计学中的知识，因此总会有一些专业性词汇，这些词汇影响着人们对技术的学习。因此，理解这些词汇是首要任务。本节将介绍机器学习中常用的术语，为后续的知识学习打下坚实的基础。

（1）模型

模型是机器学习中的核心概念。可以把它看作一个"处理器"，你向它输入数据，它就会帮你输出预测结果。整个机器学习的过程都将围绕模型展开，训练出一个最优质的"处理器"，让它尽量精准地输出结果，这就是机器学习的目标。

（2）数据集

数据集（Data Set），从字面意思很容易理解，它表示一个承载数据的集合，如果说"模型"是"处理器"的话，那么数据集就是负责给它充能的"能量电池"。简单地说，如果缺少了数据集，那么模型就没有存在的意义了。数据集可划分为"训练集"和"测试集"，它们分别在机器学习的"训练阶段"和"预测输出阶段"起着重要的作用。

（3）样本，特征

样本指的是数据集中的数据，一条数据被称为"一个样本"，通常情况下，样本会包含多个特征值用来描述数据，比如现在有一组描述人体形态的数据"180，70，25"，如果单看数据会非常茫然，但是用"特征"描述后就会变得容易理解，见表 2-5。

表 2-5 样本与特征

身高/cm	体重/kg	年　　龄
180	70	25

由表 2-5 可知，数据集的构成是"一行一样本，一列一特征"。特征值可以理解为数据的相关性，每一列的数据都与这一列的特征值相关。

（4）向量

向量是机器学习的关键术语。向量在线性代数中有着严格的定义。向量也称欧几里得向量、几何向量、矢量，指具有大小和方向的量，可以把它理解为带箭头的线段。箭头所指代表向量的方向，线段长度代表向量的大小。与向量对应的量叫作数量（物理学中称标量），数量只有大小，没有方向。

在机器学习中，模型算法的运算均基于线性代数运算法则，比如行列式、矩阵运算、线性方程等。其实对于这些运算法则学习起来并不难，它们都有着一定运算规则，只需套用即可，可参考向量运算法则。向量的计算可采用 NumPy 来实现。

向量的基本运算的代码如下：

```python
import numpy as np

# 构建向量数组
a = np.array([-1,2])
b = np.array([3,-1])

# 加法
a_b = a + b

# 数乘
a2 = a * 2
b3 = b * (-3)

# 减法
b_a = a - b
print(a_b,a2,b3,b_a)
```

控制台输出结果如下所示：

[2 1] [-2 4] [-9 3] [-4 3]

简而言之，数据集中的每一个样本都是一条具有向量形式的数据。

（5）矩阵

矩阵也是一个常用的数学术语，可以把矩阵看成由向量组成的二维数组。数据集就是以二维矩阵的形式存储数据的，可以把它形象地理解为"一行一样本，一列一特征"的表现形式，见表 2-6。

表 2-6 数据特征描述

样本序号	A 特征	B 特征	C 特征	D 特征	E 结果
1	x1	x2	x3	x4	y1
2	x1	x2	x3	x4	y2
3	x1	x2	x3	x4	y3
4	x1	x2	x3	x4	y4
5	x1	x2	x3	x4	y5
6	x1	x2	x3	x4	y6

如果用二维矩阵表示的话，其格式如下所示。

$$\begin{array}{c} \quad\ A\ \ \ B\ \ \ C\ \ \ D\ \ \ E \\ \begin{matrix}1\\2\\\vdots\\6\end{matrix}\begin{pmatrix} x_1 & x_2 & x_3 & x_4 & y_1 \\ x_1 & x_2 & x_3 & x_4 & y_2 \\ \vdots & \vdots & \vdots & \vdots & \vdots \\ x_1 & x_2 & x_3 & x_4 & y_6 \end{pmatrix}\end{array}$$

（6）假设函数，损失函数，优化方法

机器学习在构建模型的过程中会应用大量的数学函数，正因为如此，很多初学者对此感到困难，从编程角度来看，这些函数就相当于模块中内置好的方法，只需要调用相应的方法就可以达成想要的目的。而要说难点，首先要理解应用场景，然后根据实际的场景去调用相应的方法，这才是更应该关注的问题。

假设函数和损失函数是机器学习中的两个概念，它并非某个模块下的函数方法，而是根据实际应用场景确定的一种函数形式，就像解决数学中的应用题一样，根据题意写出解决问题的方程组。下面分别来看一下它们的含义。

1) 假设函数。假设函数可表述为 $y=f(x)$，其中 x 表示输入数据，y 表示输出的预测结果，这个结果需要不断优化才会达到预期的结果，否则会与实际值偏差较大。

2) 损失函数。损失函数又叫目标函数，简写为 $L(x)$，这里的 x 是假设函数得出的预测结果 "y"，如果 $L(x)$ 的返回值越大，就表示预测结果与实际偏差越大，越小则证明预测值越来越"逼近"真实值，这才是机器学习最终的目的。因此损失函数就像一把度量尺，让你知道"假设函数"预测结果的优劣，从而制定相应的优化策略。

3) 优化方法。"优化方法"可以理解为假设函数和损失函数之间的沟通桥梁。通过 $L(x)$ 可以得知假设函数输出的预测结果与实际值的偏差值，当该值较大时就需要对其做出相应的调整，这个调整的过程叫作"参数优化"，而如何实现优化呢？这也是机器学习过程中的难点。为了解决这一问题，数学家们早就给出了相应的解决方案，比如梯度下降、牛顿法与拟牛顿法、共轭梯度法等。

对于优化方法的选择，要根据具体的应用场景来选择应用哪一种最合适，因为每一种方法都有自己的优劣势，所以只有合适的才是最好的。

假设函数、损失函数和优化方法的关系如图 2-10 所示。

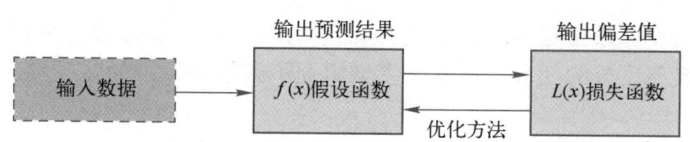

图 2-10　假设函数、损失函数和优化方法的关系

（7）拟合，过拟合，欠拟合

拟合是机器学习中的重要概念，也可以说，机器学习的研究对象就是让模型能更好地拟合数据。

1）拟合。形象地说，"拟合"就是把平面坐标系中一系列散落的点，用一条光滑的曲线连接起来，因此拟合也被称为"曲线拟合"。拟合曲线一般用函数进行表示，但是由于拟合曲线会存在许多种连接方式，因此就会出现多种拟合函数。通过研究、比较来确定一条最佳的"曲线"也是机器学习中一项重要的任务。拟合曲线如图 2-11 所示。

2）过拟合。过拟合（Overfitting）是机器学习模型训练过程中经常遇到的问题，所谓过拟合，通俗来讲就是模型的泛化能力较差，也就是模型在训练样本中表现优越，但是在验证数据以及测试数据集中却表现不佳。过拟合曲线如图 2-12 所示。

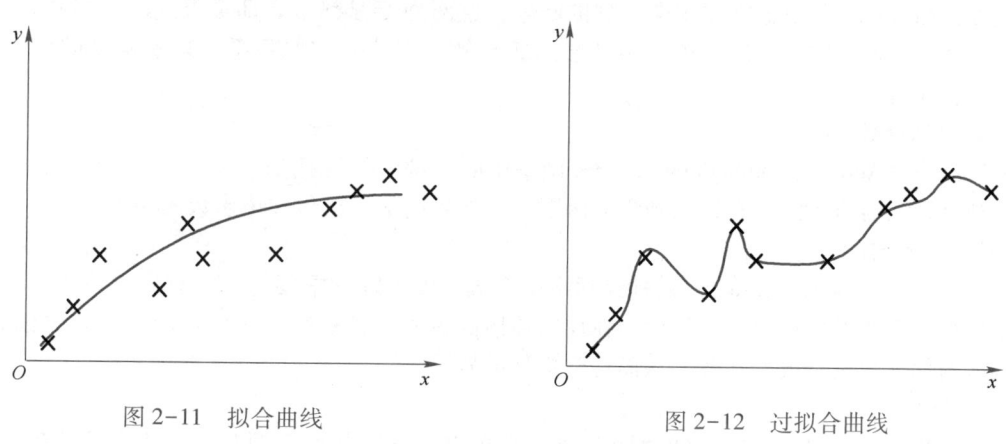

图 2-11　拟合曲线　　　　　　　图 2-12　过拟合曲线

举个简单的例子，假设正在训练一个模型来识别狗的照片。如果只用金毛犬的照片来进行训练，那么该模型就只会吸收金毛犬的相关特征。让这个训练好的模型去识别一张"泰迪犬"的照片时，结果可能会出乎意料，因为该模型可能会认为"泰迪犬"并不是一只狗。这突显了数据的重要性，因为模型的训练直接受限于所使用的数据集。因此，确保训练数据的多样性和代表性对于模型的泛化能力至关重要。

3）欠拟合。欠拟合（Underfitting）恰好与过拟合相反，它指的是"曲线"不能很好地"拟合"数据。在训练和测试阶段，欠拟合模型表现均较差，无法输出理想的预测结果。欠拟合曲线如图 2-13 所示。

造成欠拟合的主要原因是没有选择好合适的特征值，比如使用一次函数 $y=x+2$ 去拟合 $y=\log_2 x$，如图 2-14 所示。

总之，过拟合可以理解为模型把非目标物识别成了目标物，想要识别的物品的一些没那么明显的特征，因为输入了过多的训练数据或者训练轮数过多而被认为是目标物的特有特征。欠拟合则是由于模型的训练数据过少、算法有缺陷等原因导致的。欠拟合可以理解为最终输出的模型不能完成希望模型完成的任务，也就是模型识别不到想要识别的目标物。

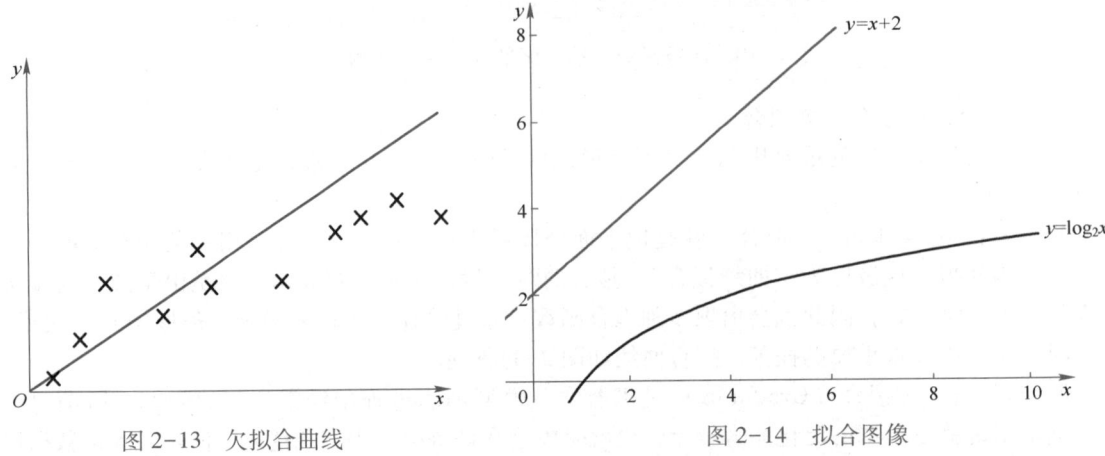

图 2-13　欠拟合曲线　　　　　　　图 2-14　拟合图像

欠拟合和过拟合是机器学习中会遇到的问题，这两种情况都不是期望看到的，因此要避免。关于如何处理类似问题，在后续内容中还会陆续讲解，本节只需要熟悉并理解常见的机器学习术语和概念即可。

(8) 激活函数

激活函数（Activation Function）是神经网络中的一种函数（例如 ReLU 或 Sigmoid），将前一层所有神经元激活值的加权和输入到激活函数中，然后向下一层传递该函数的输出值。

(9) 反向传播

反向传播（Backpropagation）是神经网络中完成梯度下降的重要算法。首先，在前向传播的过程中计算每个节点的输出值。然后，在反向传播的过程中计算每个参数对应的误差的偏导数，根据误差的偏导数调整模型参数，从而达到更好的效果。

(10) 基线

基线（Baseline）是用来对比模型表现的简单模型，可以帮助模型开发者量化模型在特定问题上的预期表现。

(11) 批量

批量是模型训练中一个迭代（指一次梯度更新）使用的样本集。

(12) 批量大小

批量大小（Batch Size）是一个批量中样本的数量。例如，SGD 的批量大小为 1，mini-batch 的批量大小通常在 10～1000 之间。批量大小通常在训练与推理的过程中确定，然而 TensorFlow 不允许动态批量大小。

(13) 二元分类器

二元分类器（Binary Classification）用于解决分类任务，输出两个互斥（不相交）类别中的一个。例如，一个评估邮件信息并输出"垃圾邮件"或"非垃圾邮件"的机器学习模型就是一个二元分类器。

（14）标定层

标定层（Calibration Layer）是一种调整后期预测的结构，通常用于解释预测偏差。调整后的预期和概率必须匹配一个观察标签集的分布。

（15）候选采样

候选采样（Candidate Sampling）是一种优化训练时间的技术，使用 softmax 等函数计算所有正标签的概率，同时只计算一些随机取样的负标签的概率。

（16）检查点

检查点（Checkpoint）是在特定的时刻标记模型变量状态的数据结构。检查点通常包括模型的参数（如权重和偏置），优化器状态以及其他相关的训练信息。在训练模型的过程中，通过保存检查点，可以在需要时恢复训练状态。

（17）类别

所有同类属性的目标值作为一个标签，每个标签作为一个类别（Class）。

（18）类别不平衡数据集

类别不平衡数据集（Class-imbalanced Data Set）中，两个类别的数据的分布频率有很大的差异。

（19）分类模型

分类模型（Classification Model）是机器学习模型的一种，将数据分离为两个或多个离散类别。例如，一个自然语言处理分类模型可以将一句话归类为法语、西班牙语或意大利语。分类模型与回归模型（Regression Model）成对比。

（20）分类阈值

分类阈值（Classification Threshold）是应用于模型的预测分数以分离正类别和负类别的一种标量值标准。当需要将逻辑回归的结果映射到二元分类模型中时，就需要使用分类阈值。

（21）混淆矩阵

混淆矩阵（Confusion Matrix）是一种用于评估分类模型性能的工具，特别是在有监督学习中。它通过一个矩阵形式展示了分类模型的预测结果与真实结果之间的关系，从而帮助我们了解模型的准确性、精确率、召回率等性能指标。

（22）连续特征

连续特征（Continuous Feature）是拥有无限个取值点的浮点特征，和离散特征（Discrete Feature）相反。

（23）收敛

收敛（Convergence）指训练过程达到的某种状态，其中训练损失和验证损失在经过了确定的迭代次数后，在每一次迭代中，改变很小或完全不变。换句话说，对当前数据继续训练而无法再提升模型的表现水平的时候，就称模型已经收敛。在深度学习中，损失值下降之前，有时候经过多次迭代依然保持常量或者接近常量，会造成模型已经收敛的错觉。

（24）凸函数

机器学习中，凸函数（Convex Function）一般指的是下凸函数，一种形状大致呈字母 U 形或碗形的函数。然而，在退化情形中，凸函数的形状就像一条线。

（25）交叉熵

交叉熵（Cross-entropy）是多类别分类问题中对对数损失函数的推广，量化两个概率分布之间的区别。交叉熵对比了模型的预测结果和数据的真实标签，随着预测越来越准确，交叉熵的值越来越小，如果预测完全正确，交叉熵的值就为0。因此，训练分类模型时，可以使用交叉熵作为损失函数。交叉熵是信息论中一种常用的度量方式，常用于衡量两个概率分布之间的差异。在机器学习中，交叉熵常用于衡量真实概率分布与预测概率分布之间的差异，用于评估分类模型的性能。

（26）决策边界

决策边界（Decision Boundary）是指在机器学习中，用来区分不同类别的样本的分界线或者分界面。对于分类问题，模型会尝试找到一个决策边界来将不同类别的样本区分开来。

在二维特征空间中，决策边界可以是直线、曲线或者更复杂的形状。例如，在二分类问题中，决策边界可以是一条直线，将特征空间分为两个部分，每个部分对应一个类别。在多分类问题中，决策边界则是多个分界线的组合，用来将不同类别的样本进行区分。

决策边界的位置和形状取决于所使用的分类算法以及特征空间中样本的分布情况。训练模型的目标就是要找到一个合适的决策边界，使得模型能够正确地将不同类别的样本划分开来，并且在未知样本上也能够做出准确的分类。

（27）深度模型

深度模型（Deep Model）通常指深度学习模型，是人工神经网络的一种变体，它们包含多个层次（或称为"深度"）的神经元，用于处理和学习复杂的数据模式。深度模型通过这些多层结构可以提取数据的高阶特征，从而在许多任务上表现出色，如图像识别、语音识别、自然语言处理等。

（28）密集特征

密集特征（Dense Feature）指大多数取值为非零的一种特征，通常用取浮点值的张量（Tensor）表示，和稀疏特征（Sparse Feature）相反。

（29）正则化

正则化（Regularization）是指在训练模型的过程中，为了防止过拟合而对模型参数进行限制或约束的一种技术。过拟合是指模型在训练数据上表现良好，但在未知数据上表现不佳的情况，这可能是因为模型过于复杂或参数过多，导致学习到训练数据中的噪声而失去泛化能力。正则化的目的是通过引入额外的信息或惩罚，来避免模型学习到过多的细节和噪声，从而提高模型的泛化能力。

（30）动态模型

动态模型（Dynamic Model）是以连续更新的方式在线训练的模型，即数据被连续不断地输入模型。

（31）早期停止法

早期停止法（Early Stopping）是一种正则化方法，在训练损失完成下降之前停止模型训练过程。当验证数据集（Validation Data Set）的损失开始上升的时候，即泛化表现变差的时候，就该使用早期停止法了。

（32）嵌入

机器学习中的嵌入（Embedding）通常指的是将高维的数据表示转换为低维空间的方法，以便更好地表达数据的特征和关系。这种转换可以应用于不同类型的数据，如文本、图像和音频等，以便机器学习算法更有效地处理和分析。

(33) 集成

集成（Ensemble）指对多个模型预测的综合考虑。

(34) 评估器

在机器学习和统计学中，评估器（Estimator）是用于评估模型性能的工具或方法。评估器通过一系列度量指标来衡量模型在不同任务上的表现，从而帮助了解模型的质量和改进方向。

(35) 特征列

特征列（Feature Column）是具有相关性的特征的集合，比如用户可能居住的所有可能的国家的集合。一个样本的一个特征列中可能会有一个或者多个特征。

(36) 特征集

特征集（Feature Set）是机器学习模型训练的时候使用的特征群。比如，邮政编码，面积要求和物业状况可以组成一个简单的特征集，使模型能预测房价。

(37) 泛化

泛化（Generalization）指模型利用新的没见过的数据而不是用于训练的数据做出正确的预测的能力。

(38) 广义线性模型

广义线性模型（Generalized Linear Model）是一类扩展了经典线性回归模型的统计模型，它能够处理和建模各种不同类型的数据，包括但不限于连续数据、二元数据、计数数据等。广义线性模型统一了许多常见的回归模型，如线性回归、逻辑回归和泊松回归。

(39) 梯度

梯度（Gradient）是所有变量的偏导数的向量。在机器学习中，梯度是模型函数的偏导数向量。梯度指向最陡峭的上升路线。

(40) 梯度截断

在应用梯度之前先修饰数值，梯度截断（Gradient Clipping）有助于确保数值稳定性，防止梯度爆炸出现。

(41) 梯度下降（Gradient Descent）

梯度下降（Gradient Descent）指利用损失函数计算模型误差，并通过计算模型中权重参数与偏置参数的梯度，对模型的权重参数与偏置参数进行更新，从而最小化损失函数。

2.3 深度学习简介

2.3.1 什么是深度学习

深度学习是机器学习的一个分支，它试图模拟人类大脑处理数据的方式，通过多层次的神经网络结构来学习数据的抽象表示。这些神经网络被称为深度神经网络，因为它们通常由很多层次组成，每一层都会逐步将输入数据转换成更抽象的表示。

深度学习已经在图像识别、语音识别、自然语言处理等领域取得了巨大成功。它的核心思想是通过大量的数据和计算资源来训练神经网络模型，使其能够自动发现数据中的模式和规律，从而实现各种复杂的任务。

在深度学习中，常用的神经网络结构包括卷积神经网络（CNN）、循环神经网络（RNN）、长短期记忆（LSTM）网络等。这些网络结构可以被用于不同类型的数据和任务，从而推动深度学习在各个领域的广泛应用。

2.3.2　深度学习开发框架

1）TensorFlow：由 Google 开发的开源深度学习框架，提供了灵活的架构和丰富的工具，支持从研究到生产的整个深度学习工作流程。

2）PyTorch：由 Facebook（现更名为 Meta）开发的开源深度学习框架，以动态计算图为特色，易于学习和使用，并且具有良好的 Python 集成性。

3）Keras：一个高级神经网络 API，可以运行在 TensorFlow、Theano 和 CNTK 等后端上，使快速搭建和测试深度学习模型变得更加容易。

4）MXNet：由 Apache 软件基金会支持的开源深度学习框架，拥有优秀的可扩展性和性能，并且支持多种编程语言。

5）Caffe：开发的轻量级深度学习框架，适用于快速实现卷积神经网络。

6）Theano：一个 Python 库，用于定义、优化和评估数学表达式，特别适用于深度学习模型的快速原型设计。

7）Torch：一个基于 Lua 编程语言的科学计算框架，提供了广泛的数值算法和机器学习算法，包括深度学习。

2.3.3　TensorFlow 框架介绍

TensorFlow 是一款由 Google 开源的人工智能框架，是目前应用最广泛的深度学习框架之一。TensorFlow 可以在多种硬件平台上运行，包括 CPU、GPU 和 TPU（Tensor Processing Unit，Google 专门为加速机器学习任务设计的芯片）。它支持从移动设备到大型分布式系统的多种部署环境。TensorFlow 拥有丰富的工具和扩展库，如 TensorFlow Extended（TFX）用于生产环境的机器学习流水线，TensorFlow Lite 用于移动和嵌入式设备，TensorFlow.js 用于在浏览器中进行机器学习，以及 TensorBoard 用于可视化和调试。

除了深度学习领域，TensorFlow 还支持多种机器学习模型，包括神经网络、线性回归、聚类等。它允许用户使用高级 API 如 Keras，也可以直接使用低级 API 构建和训练自定义模型。

TensorFlow 通过张量、计算图、变量、损失函数和优化器等核心概念来表示、训练和部署各种类型的深度学习模型，包括以下几个核心概念。

（1）张量

张量（Tensor）是 TensorFlow 的基本数据单元，可以看作多维数组。在 TensorFlow 中，所有数据都是以张量的形式进行存储和传递。

（2）计算图

TensorFlow 中的计算过程可以表示为一个计算图（Computational Graph），每个节点表示一个操作，每个边表示数据的流动。TensorFlow 通过构建这样的计算图来完成模型的训练和预测。

（3）变量

TensorFlow 中的变量（Variable）可以看作一种特殊的张量，用于保存模型的参数。在训练模型过程中，变量的值会发生变化。在 TensorFlow 中，通常使用变量来存储模型中需要学习的参数。

（4）会话

TensorFlow 中的会话（Session）用于执行图上的操作，通过对计算图进行计算，最终得到模型的输出结果。在 TensorFlow 中，需要先创建一个会话对象，然后利用会话对象来执行计算图上的操作。

（5）损失函数

TensorFlow 中的损失函数（Loss Function）用于衡量模型的预测结果与真实结果的差距。在训练模型时，希望通过最小化损失函数来优化模型的参数。

（6）优化器

TensorFlow 中的优化器（Optimizer）用于根据损失函数的结果来更新模型的参数。常见的优化算法有梯度下降、Adam 等。

TensorFlow 包括以下几个主要功能。

（1）灵活性和可扩展性

TensorFlow 提供了一个灵活的体系结构，它支持多种编程语言，可以在不同的硬件平台上运行（如 CPU、GPU、TPU 等），从而满足各种应用场景的需求。

（2）符号式计算图

TensorFlow 使用符号式计算图来描述模型，将计算过程表示为数据流图。这种方式使得 TensorFlow 能够对模型进行优化、并行化和分布式训练，从而提高了模型的性能和效率。

（3）自动微分

TensorFlow 提供了自动微分功能，可以自动计算模型的梯度，从而实现反向传播算法，用于训练神经网络模型。

（4）丰富的工具和库

TensorFlow 提供了丰富的工具和库，包括 TensorFlow Lite（用于移动设备上的部署）、TensorFlow.js（用于在浏览器中运行模型）、TensorFlow Serving（用于模型部署和服务化）等，使得开发者能够轻松地将模型部署到不同的环境中。

（5）社区支持和生态系统

TensorFlow 拥有庞大的开发者社区和丰富的生态系统，有大量的教程、文档和示例代码可供开发者学习和参考，同时也有许多第三方库和工具与 TensorFlow 兼容，提供了更多的功能和选项。

2.4 人工智能、机器学习、深度学习的关系

人工智能、机器学习和深度学习是三个密切相关但各自独立的概念，彼此之间有层次和包含关系，如图 2-15 所示。

机器学习是人工智能的一个重要分支，它使计算机能够通过学习数据和模式来自动改进和优化算法。机器学习的核心在于让计算机从数据中学习规律和模式，并利用这些知识和模式进行预测、决策，以及自主学习特定知识和技能。机器学习算法

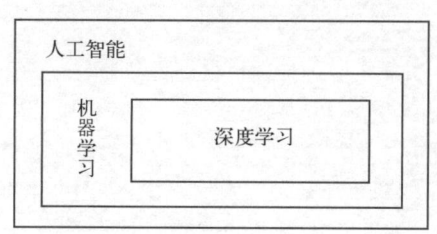

图 2-15 人工智能、机器学习和深度学习的关系

包括但不限于聚类、分类、决策树、朴素贝叶斯、神经网络和深度学习等,这些算法通过建立数学模型来解决最优化问题。

深度学习是一种机器学习方法,从图 2-15 中可以知道,它属于机器学习的一部分。深度学习模仿人脑的工作原理,通过构建和训练多层神经网络来处理和解释复杂的数据,其核心组成部分是神经网络,由许多人工神经元组成,这些神经元通过学习算法来调整它们之间的连接权重。

2.5 思考与练习

1. 选择题

1)机器学习的主要目标是(　　)。
A. 实现人工智能中的推理能力　　　　B. 分析大数据并提取规律
C. 开发人工智能的硬件系统　　　　　D. 推断统计学的理论研究

2)根据统计机器学习的观点,以下(　　)不是机器学习的三要素之一。
A. 模型　　　　　　　　　　　　　　B. 策略
C. 算法　　　　　　　　　　　　　　D. 特征选择

3)在处理一个二分类问题时,针对不平衡的数据集,(　　)更适合作为主要参考。
A. 准确率　　　　　　　　　　　　　B. 召回率
C. 精确率　　　　　　　　　　　　　D. F1 值

4)(　　)最适合用于衡量模型的预测结果与真实标签之间的差异。
A. 反向传播　　　　　　　　　　　　B. 激活函数
C. 交叉熵　　　　　　　　　　　　　D. 凸函数

5)在机器学习开发流程中涉及模型训练调优的是(　　)。
A. 需求分析　　　　　　　　　　　　B. 数据清洗
C. 建模调优　　　　　　　　　　　　D. 特征工程

2. 问答题

1)监督学习和无监督学习分别是什么?
2)什么是过拟合?
3)预处理的操作通常包括哪几个方面?

第 3 章 线性模型

线性模型是一类模型的统称,它包括线性回归模型、逻辑斯谛回归模型(简称逻辑回归模型)、支持向量机、岭回归等模型,在生物、医疗,工业、农业、金融、地质、工程技术等领域得到广泛应用。线性模型常用于解决机器学习中的分类问题和预测问题。线性模型也具有良好的解释性和计算效率,适用于数据噪声较小、特征间相关性不高的情况。此外,通过引入特征转换和核技巧,线性模型可以扩展到处理非线性问题,例如多项式回归或核方法在支持向量机中的应用。本章主要讲解线性回归模型、逻辑斯谛回归模型、支持向量机的原理和算法实战,以及模型过拟合时,解决过拟合的方法。

第 3 章 线性模型

3.1 线性回归算法

3.1.1 线性回归简介

机器学习算法可以定义为,通过经验以提高计算机程序在某些任务上性能的算法。为了使这个定义更加具体,这里展示一个简单的机器学习示例:线性回归(Linear Regression)。介绍更多有助于理解机器学习特性的概念时,会反复回顾这个示例。

顾名思义,线性回归解决回归问题。换言之,目标是建立一个系统,将向量 x 作为输入,y 作为输出。线性回归的输出是其输入的线性函数。令 $\hat{y}$ 表示模型对 y 的预测值。定义输出为

$$\hat{y} = w^\mathrm{T} x$$

式中,w 是参数(Parameter)向量。

参数是控制系统行为的值。在这种情况下,w 是系数,和特征 x 相乘之后全部相加起来,可以将 w 看作一组决定每个特征如何影响预测的权重。如果特征 x 对应的权重 w 是正的,那么特征的值增加,预测值 $\hat{y}$ 也会增加。如果特征 x 对应的权重 w 是负的,那么特征的值增加,预测值 $\hat{y}$ 会减小。如果特征权重很大,那么它对预测值会有很大的影响;如果特征权重是零,那么它对预测值没有影响。

度量模型性能的一种方法是计算模型在数据集上的均方误差(Mean Squared Error,MSE)。如果 $\hat{y}$ 表示模型在测试集上的预测值,m 表示样本数量,那么均方误差表示为

$$\mathrm{MSE} = \frac{1}{m} \sum_{i=1}^{m} (\hat{y}_i - y_i)^2$$

当 $\hat{y}_i = y_i$ 时,发现误差降为 0。

所以，当预测值和目标值之间的欧几里得距离增加时，误差也会增加。

为了构建一个机器学习模型，需要设计一个算法，通过观察数据集(x, y)获得经验，改进权重w以减小 MSE。一种直观的方式是最小化数据集上的 MSE。最小化 MSE，可以简单地求解其导数为 0 的情况，目标是找到使数据集的均方误差最小的权重：

$$\nabla_w \text{MSE} = 0$$
$$\Rightarrow \nabla_w \frac{1}{m} \sum_{i=1}^{m} (\hat{y}_i - y_i)^2 = 0$$
$$\Rightarrow \frac{1}{m} \nabla_w \sum_{i=1}^{m} (\hat{y}_i - y_i)^2 = 0$$
$$\Rightarrow \nabla_w (xw-y)^T (xw-y) = 0$$
$$\Rightarrow \nabla_w (w^T x^T xw - 2w^T x^T y + y^T y) = 0$$
$$\Rightarrow 2x^T xw - 2x^T y = 0$$
$$\Rightarrow w = (x^T x)^{-1} x^T y$$

式中，∇_w表示对于向量w的梯度操作符，它表示一个多元函数对于向量w的偏导数。

通过最后的式子给出解的系统方程被称为正规方程（Normal Equation），它构成了一个简单的机器学习算法。图 3-1 展示了线性回归算法的使用示例。

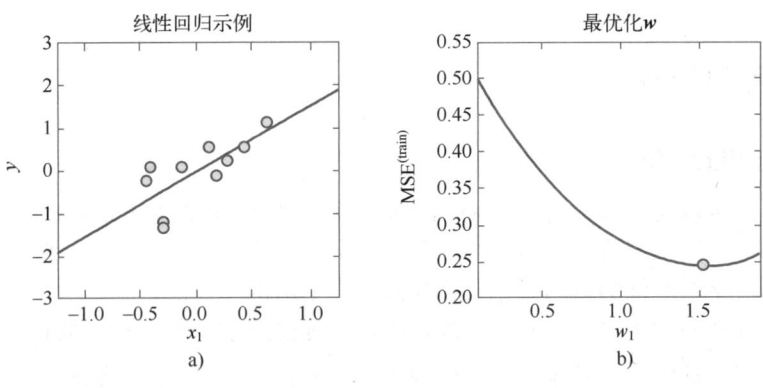

图 3-1 线性回归算法

图 3-1 中，训练集包括 10 个数据点，每个数据点包含一个特征。因为只有一个特征，权重向量w也只有一个要学习的参数w_1（如图 3-1b 所示）。从图 3-1a 中可以观察到线性回归学习w_1，从而使得直线$y=w_1 x_1$能够尽量接近穿过所有的训练点。图 3-1b 中标注的点表示由正规方程学习到的w_1，发现它可以最小化训练集上的均方误差。

值得注意的是，线性回归通常用来指稍微复杂一些，附加额外参数（截距项b）的模型，模型变为如下形式：

$$\hat{y} = w^T x + b$$

因此从参数到预测的映射仍是一个线性函数，而从特征到预测的映射是一个仿射函数。扩展到仿射函数意味着模型预测的曲线仍然看起来像一条直线，只是这条直线没必要经过原点。除了通过添加偏置参数b，还可以使用仅含权重的模型，但是x需要增加一项永远为 1 的元素。相应地，权重参数就要增加一列，这一列参数也可以在计算上取代偏置参数进行更新，从而最小化损失函数。

截距项 **b** 通常被称为仿射变换的偏置（Bias）参数。这个术语的命名源自该变换的输出在没有任何输入时会偏移 **b**。

线性回归是一种极其简单且有局限的学习算法，它提供了一个说明学习算法如何工作的例子。在本章线性回归实战应用的小节中，将会介绍一些设计学习算法的基本原则，并说明如何使用这些原则来构建更复杂的学习算法。

3.1.2 回归算法的评价指标

一般评价回归算法的指标有均方误差、均方根误差（RMSE）、平均绝对比例误差（MAPE）等。均方根误差是均方误差的算术平方根，能够更好地描述预测结果与真实值的偏离程度，其单位与数据集单位一致，该值越低，模型越稳定。

为了验证预测模型的精确度和拟合效果，一般采用 MAPE 作为评价指标。MAPE 反映了所有样本的误差绝对值占实际值的比例，该指标越接近 0，说明得到的模型越准确，其计算公式如下所示：

$$\text{MAPE} = \frac{1}{m} \sum_{i=1}^{m} \frac{|\hat{y}_i - y_i|}{|y_i|}$$

3.2 梯度下降法

梯度下降法是一种一阶最优化算法，通常也称为最陡下降法。要使用梯度下降法找到一个函数的局部极小值，必须向函数上当前点对应梯度（或者是近似梯度）的反方向的规定步长距离点进行迭代搜索。如果向梯度正方向进行迭代搜索，则会接近函数的局部极大值点，这个过程被称为梯度上升。

随机梯度下降（Stochastic Gradient Descent，SGD）是梯度下降的一种，本小节将主要介绍随机梯度下降法。

随机梯度下降法通过不停地判断和选择当前目标下的最优路径，从而在最短路径下达到最优的结果，继而提高大数据的计算效率。

3.2.1 算法理解

在机器学习中，随机梯度下降法的概念类似于下山的故事，其演示图如图 3-2 所示。

假设你和朋友在一座陌生的山上，突然下起了雨，需要尽快下山。为了快速到达山脚，你们会选择沿着每段路程中坡度最陡的地方下山。朋友因为对地形不熟悉，每走一段路程都会停下来，观察周围的情况，并选择下山的最陡路径。这种方法可以确保在最短的时间内到达山脚，虽然途中可能会有些波折和停顿。

类比随机梯度下降法，希望通过沿梯度下降的方向找到损失函数的最小值点，就像选择下山的最陡路径一样。虽然每一步可能不完全准确（朋友停下来观察），但整体上沿着梯度下降方向前进，可以在迭代中逐渐接近最优解（山脚）。其中，每个点代表每次停顿的地点。在每个停顿点，只需选择当前坡度最陡峭的下山路线即可。

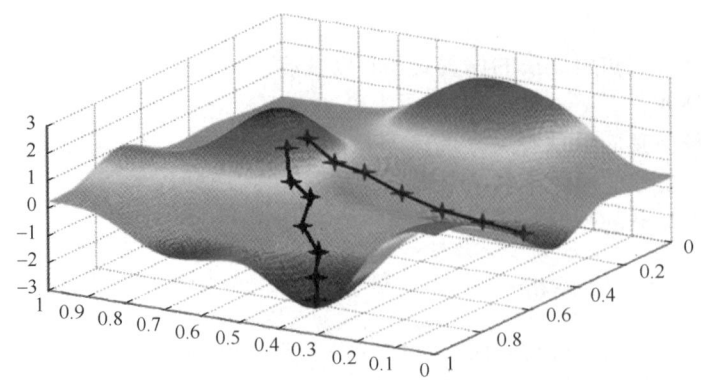

图 3-2 模拟随机梯度下降法的演示图

随机梯度下降法与下山的过程类似。如果希望使用最快捷的下山方法，那么最直接的办法就是在每下降一个梯度后，找到当前获得的最大坡度继续下降，这正是随机梯度下降法的基本原理。随机梯度下降法是一种简单但非常有效的方法，广泛用于支持向量机、逻辑回归等凸损失函数下的线性分类器的学习。此外，随机梯度下降法已成功应用于文本分类和自然语言处理中常见的大规模和稀疏机器学习问题。值得注意的是，随机梯度下降法是梯度下降的一种变形形式，既可以用于分类计算，也可以用于回归计算。

还需注意标准梯度下降法和随机梯度下降法之间的区别。标准梯度下降法是在权值更新前汇总所有样本得到的标准梯度，而随机梯度下降法则是通过考察每次训练实例来进行权值更新。因为标准梯度下降法使用的是准确的梯度，就像是理直气壮地一路走下去；而随机梯度下降法使用的是近似的梯度，需要小心翼翼地前行。

随机梯度下降法的优点在于其计算速度快，但缺点是收敛性能相对较差。

3.2.2 随机梯度下降法理论

在随机梯度下降法中，通过计算损失函数关于参数 w 的梯度来更新参数。损失函数通常是均方误差函数。

对于每个参数 w，需要计算损失函数关于该参数的偏导数，即梯度。随机梯度下降每次只使用一个样本进行计算，因此只考虑一个样本的梯度。

对于参数 w 的梯度可表示为

$$\nabla_w \text{MSE}$$

其中，∇_w 是对损失函数 MSE 关于变量 w 求偏导。

然后，使用梯度下降更新规则来更新参数 w：

$$w = w - \eta \, \nabla_w \text{MSE}$$

式中，η 是下降系数，也称为学习率，用以计算每次下降的幅度大小。η 越大则每次计算中的步幅越大；η 越小则步幅越小，但是计算时间相对延长。

在每次更新时用 1 个样本（batch_size = 1），通过随机采用一个样本近似所有的样本来调整 w，然而随机梯度下降会带来一定的问题，因为计算得到的并不是准确的梯度。对于最优化问题，虽然每次迭代得到的损失函数不一定向着全局最优方向，但是大的整体方向是向着全局最优解的，最终的结果往往是在全局最优解附近。

3.2.3 案例：波士顿房价预测实战

波士顿房价数据集中包括20世纪70年代中期波士顿房价，以及城镇人均犯罪率、不动产税等共计13个指标。该数据集中一共有506个样本，每个样本包含13个指标值和实际房价，波士顿房价预测问题的目标是给定某地区的特征信息，预测该地区房价，是典型的回归问题（房价是一个连续值）。波士顿房价数据集中主要的指标及其含义见表3-1。

表3-1 波士顿房价数据集中主要的指标及其含义

指　　标	含　　义
CRIM	城镇人均犯罪率
ZN	住宅用地比例
INDUS	城镇非商业用地所占比例
CHAS	Charles River 虚拟变量
NOX	一氧化氮浓度
RM	平均房间数
AGE	1940年前建成的自有单位比例
DIS	到5个波士顿就业中心的加权距离
RAD	距离高速公路的便利指数
LSTAT	地位较低的人所占百分比
PTRATIO	城镇中师生比例
B	城镇中黑人比例
TAX	不动产税

机器学习库scikit-learn中自带了波士顿房价数据集，可直接加载。房价预测可采用线性回归算法。

以下分别采用正规方程和梯度下降两种方法来解决线性回归问题。正规方程和梯度下降的区别见表3-2。

表3-2 正规方程和梯度下降的区别

正规方程	梯度下降
不需要选择学习率	需要选择学习率
一次计算得出	需要多次迭代
特征数据量大则运算代价大	特征数据量大的时候能较好适用
只适合线性模型，不适合逻辑回归模型	适用于各种类型的数据样本
适合小规模数据，否则过拟合	适合大规模数据

代码如下：

```
from sklearn.linear_model import LinearRegression, SGDRegressor
from sklearn.preprocessing import StandardScaler
```

```python
from sklearn.model_selection import train_test_split
from sklearn.metrics import mean_squared_error
import numpy as np
import pandas as pd


# 加载 boston 数据集
raw_df = pd.read_csv('boston_housing_data.csv').dropna()
data = np.array(raw_df.iloc[:, :-1])
target = np.array(raw_df.iloc[:, -1])

# 训练集，测试集拆分
X_train, X_test, y_train, y_test = train_test_split(data, target, test_size=0.25)

# 数据标准化处理
# 特征值标准化
std_x = StandardScaler()
X_train = std_x.fit_transform(X_train)
X_test = std_x.transform(X_test)

# 目标值标准化
std_y = StandardScaler()
y_train = std_y.fit_transform(y_train.reshape(-1, 1))
y_test = std_y.transform(y_test.reshape(-1, 1))

# 使用正规方程做线性回归预测
lr = LinearRegression()
lr.fit(X_train, y_train)

print(lr.coef_)

y_lr_predict = std_y.inverse_transform(lr.predict(X_test))
print(y_lr_predict)

# 使用梯度下降做线性回归预测
sgd = SGDRegressor()
sgd.fit(X_train, y_train)

print(sgd.coef_)
```

```
y_sgd_predict = std_y.inverse_transform(sgd.predict(X_test).reshape(-1, 1))
print(y_sgd_predict)

#计算均方误差
lr_mse = mean_squared_error(std_y.inverse_transform(y_test), y_lr_predict)
sgd_mse = mean_squared_error(std_y.inverse_transform(y_test), y_sgd_predict)

print(lr_mse)   # 28.97
print(sgd_mse)  # 31.36
```

其中，LinearRegression、SGDRegressor 为 scikit-learn 库中的两个模型算法，分别对相同的数据集进行训练，mean_squared_error 是均方误差，能够反映预测的准确率。通过 scikit-learn 库中的 train_test_split 函数将数据集随机拆分成训练集与测试集，注意掌握 train_test_split 函数的参数含义及返回值定义。

3.3 过拟合

3.3.1 过拟合产生的原因

过拟合的主要原因是模型过于复杂或训练数据量不足，导致在训练数据上表现良好但在测试数据上泛化能力不佳。拟合与过拟合现象如图 3-3 所示。

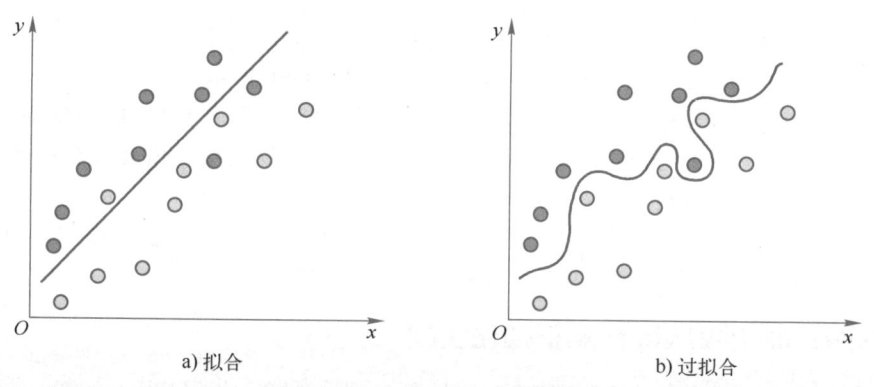

图 3-3 拟合与过拟合现象

从图 3-3 中可以看出，如果测试数据过于侧重某些具体点，就会对整体的拟合曲线造成很大的影响，从而影响到待测数据的测试精准度。对于过拟合问题，解决办法就是对数据进行处理，而处理过程称为回归的正则化。正则化的目的是防止过拟合，本质是约束（限制）要优化的参数。

3.3.2 常见线性回归正则化方法

由前面对过拟合产生的原因分析来看，如果能够消除拟合公式中多余的拟合系数，那么产生的曲线就可以较好地对数据进行拟合处理。因此，可以认为消除对拟合公式过拟合的最直接

的办法就是去除多余的公式,通过数学公式表达如下:
$$G(w)=L(w)+J(w)$$

从上式可以看到,为了简化问题,可以将损失函数 L 视作一个关于权重 w 的函数,通过增加一个新的系数公式 J 来使原始损失函数公式获得正则化表达,得到正则化后的函数 G。J 是正则化函数的表达,常见的正则化方法包括 L1 正则、L2 正则与 ElasticNet 正则。带有 L1 正则的回归称为 Lasso 回归,带有 L2 正则的回归称为岭回归(Ridge Regression),带有 ElasticNet 正则的回归称为 ElasticNet 回归。

L1 正则、L2 正则通过 L1 范数与 L2 范数实现。L1 范数和 L2 范数是两种不同的系数惩罚项。

L1 范数指的是回归公式中系数向量各个元素的绝对值之和,通过 L1 范数可以使得一些特征的系数变为零,从而实现特征选择,公式如下:

$$J(w)=\lambda\sum_{i=1}^{n}\|w_i\|_1$$

式中,参数 λ 表示正则项的控制因子;n 表示参数的个数。

L2 范数指的是回归公式中系数向量各个元素的平方和,公式如下:

$$J(w)=\lambda\sum_{i=1}^{n}\|w_i\|_2^2$$

和 L2 范数相比较,L1 范数能够在步长系数 λ 为一定值的情况下将回归曲线的某些特定系数修正为 0。L2 范数因为其需要计算平方的处理方法,从而使得回归曲线获得较高的计算精度。

ElasticNet 正则综合了 L1 正则项和 L2 正则项,公式如下:

$$J(w)=\lambda\left[\rho\sum_{i=1}^{n}\|w_i\|_1+(1-\rho)\sum_{i=1}^{n}\|w_i\|_2^2\right]$$

式中,ρ 是 L1 正则项的权重,它控制着 L1 正则项在正则化中的比重。

ElasticNet 正则将 L1 正则项和 L2 正则项组成一个具有两种惩罚因素的单一模型:一个与 L1 范数成比例,另外一个与 L2 范数成比例。使用这种方式所得到的模型就像纯粹的 Lasso 回归一样稀疏,但同时具有与岭回归一样的正则化能力。

在出现 Lasso 回归太过(太多特征被稀疏为 0),而岭回归正则化不够(回归系数衰减太慢)的情况时,可以考虑使用 ElasticNet 回归来综合,以便得到比较好的结果。

3.3.3 案例:波士顿房价预测正则化实战

在标准线性回归函数中加入 L2 正则项,以降低过拟合现象,代码如下:

```
from sklearn.model_selection import train_test_split    # 引入数据集拆分函数
from sklearn.linear_model import Ridge                   # 引入岭回归模型
import pandas as pd
import numpy as np

# 加载 boston 数据集
raw_df = pd.read_csv('boston_housing_data.csv').dropna()
data = np.array(raw_df.iloc[:, :-1])
target = np.array(raw_df.iloc[:, -1])
```

```
# 拆分数据集
X_train, X_test, y_train, y_test = train_test_split(data, target, test_size=0.25, random_state=66)
# 构建模型
model = Ridge(alpha=10).fit(X_train, y_train)

# 评估模型
train_score = model.score(X_train, y_train)
test_score = model.score(X_test, y_test)

print('train score:{:.2f}'.format(train_score), '\ntest  score:{:.2f}'.format(test_score))
```

scikit-learn 库中，使用 score 函数对模型进行评估，第 1 个参数为输入特征数据，第 2 个参数为标签（即实际房价）。

score 函数评估模型在数据集上的 R2 决定系数。R2 决定系数越接近于 1，表示模型性能越好，通过查看 R2 决定系数，可以评估模型在数据集上的拟合效果。如果训练集得分明显高于测试集得分，这可能说明模型过拟合了训练数据。如果两个得分都很低，这可能表明模型欠拟合。理想情况下，训练得分和测试得分都应该较高且接近。

运行结果如下所示：

```
train score:0.74
test  score:0.69
```

3.4 逻辑斯谛回归

3.4.1 逻辑斯谛回归算法

逻辑斯谛（Logistic）回归是一种分类学习方法，通过计算给定输入事件发生的概率来进行分类预测。逻辑斯谛回归首先根据输入特征构建一个线性回归模型，进行特征映射，然后使用 Sigmoid 函数将输出映射到(0,1)区间内的概率值。最后通过设定一个阈值来进行分类预测。如果概率值大于阈值，就将输入数据分类为正类；如果概率值小于或等于阈值，就将其分类为负类。逻辑回归与回归分析有很多相似之处，在介绍逻辑回归之前先简单介绍回归分析。

回归分析用来描述自变量 X 和因变量 Y 之间的关系，或者说自变量 X 对因变量 Y 的影响程度，并对因变量 Y 进行预测。其中因变量是希望获得的结果，自变量是影响结果的潜在因素，自变量可以有一个，也可以有多个。只有一个自变量的回归分析叫作一元回归分析，超过一个自变量的回归分析叫作多元回归分析。

逻辑斯谛回归实际上就是对已有数据进行分析从而判断其结果可能是多少，它可以通过数学公式来表达。

假设已有样本数据集如下：

```
1|2
1|3
1|4
1|5
1|6
0|7
0|8
0|9
0|10
0|11
```

这里的分隔符表示分类结果和数据组。如果使用传统的(x,y)值的形式表示,那么y为0或者1,x为数据集中数据的特征向量。

逻辑斯谛回归中,Sigmoid函数的具体公式如下:

$$\sigma(z) = \frac{1}{1+e^{-z}}$$

如果将其进一步变形,将z写为一个用x来预测z的线性模型,即$z = w^T x + b$,则上式变为

$$\sigma(x) = \frac{1}{1+e^{-(w^T x + b)}}$$

经过对上式变形可以得到:

$$\ln\left(\frac{\sigma(x)}{1-\sigma(x)}\right) = w^T x + b$$

若将$\sigma(x)$视为样本x作为正例的概率,那么$1-\sigma(x)$则为样本x作为反例的概率,二者的比值为$\frac{\sigma(x)}{1-\sigma(x)}$,因此$\frac{\sigma(x)}{1-\sigma(x)}$被称为对数几率。

因此有:

$$\ln\frac{P(\sigma(x)=1|x)}{P(\sigma(x)=0|x)} = w^T x + b$$

得:

$$P(\sigma(x)=1|x) = \frac{1}{1+e^{-(w^T x + b)}}$$

$$P(\sigma(x)=0|x) = 1 - \frac{1}{1+e^{-(w^T x + b)}}$$

逻辑斯谛回归的具体计算步骤如下。

(1) 预测概率

给定输入特征向量x,逻辑斯谛回归模型通过线性组合$z = w^T x + b$计算出值z,然后通过Sigmoid函数将z写为一个关于x的函数$\sigma(x)$,再将$\sigma(x)$转换为一个$P(\sigma(x)=1|x)$的概率值,即给定输入x,预测其属于类别1的概率。

(2) 确定决策边界

在训练完成后,逻辑斯谛回归模型的参数w和b可以确定一个决策边界,该边界将特征空

间划分为两个区域：一个预测为类别 1，另一个预测为类别 0。

（3）训练模型

在训练阶段，逻辑斯谛回归模型通过最大化似然函数或最小化损失函数来学习参数 w 和 b，使得模型能够在给定的训练样本上产生最佳的预测结果。

（4）解释对数几率

对数几率 $\ln \dfrac{P(\sigma(x)=1|x)}{P(\sigma(x)=0|x)}$ 是逻辑斯谛回归模型的输出结果，表示类别 1 的对数概率与类别 0 的对数概率的差异。该值可以用于进一步理解模型的输出结果，例如判断分类的不确定性或者进行后续的概率校准。

3.4.2 案例：求职录用情况回归实战

案例需求如下：

在熟悉逻辑斯谛回归算法原理的基础上，进行逻辑斯谛回归算法的实践，建立一个逻辑斯谛回归的模型来预测求职者是否被公司录用。假设现在有一个负责招聘的人，根据两次笔试的结果来决定每个求职人员的录取机会。将之前所有人的笔试成绩的历史数据作为逻辑斯谛回归的训练集。对于每个训练样本，包含三个数据，两次笔试的成绩和录用决定。因此，需要建立一个分类模型，根据笔试成绩估计录用的概率。

实验步骤如下：

1. 查看数据

首先要观察数据的特性。每一行前两个数据表示两次笔试的成绩，最后的 1 或 0 表示录用或未被录用，而中间的几列数据在此次的实验中是无用数据。所有需要提取前两列数据和最后一列数据，如图 3-4 所示，用于模型的训练。

```
34.62365962451697,78.0246928153624,0
30.28671076822607,43.89499752400101,0
35.84740876993872,72.90219802708364,0
60.18259938620976,86.30855209546826,1
79.0327360507101,75.34443764369103,1
45.08327747668339,56.3163717815305,0
61.10666453684766,96.51142588489624,1
75.02474556738889,46.55401354116538,1
76.09878670226257,87.42056971926803,1
```

图 3-4 部分求职录取数据

2. 分析数据

```
import numpy as np
import pandas as pd
import matplotlib.pyplot as plt
```

导入本次实验所需要的 NumPy、Pandas、Matplotlib 三个库，并导入数据，提取前两列和最后一列并且指定新的列名。代码如下：

```
import os
path = 'LogiReg.txt'
pdData = pd.read_csv(path,header=None,names = ['Exam 1','Exam 2','Admitted'])
pdData.head()
```

部分输出结果如图 3-5 所示。

	Exam 1	Exam 2	Admitted
0	34.623660	78.024693	0
1	30.286711	43.894998	0
2	35.847409	72.902198	0
3	60.182599	86.308552	1
4	79.032736	75.344376	1

图 3-5　部分输出结果

查看提取后的数据散点分布，以是否录用作为区分，横轴、竖轴分别对应着两次笔试的成绩。代码如下：

```
positive = pdData[pdData['Admitted'] == 1]
negative = pdData[pdData['Admitted'] == 0]

fig,ax = plt.subplots(figsize=(10,5))
ax.scatter(positive['Exam 1'],positive["Exam 2"],s=30,c='b',marker='o',label="Admitted")
ax.scatter(negative['Exam 1'],negative["Exam 2"],s=30,c='r',marker='x',label="Unadmitted")
ax.legend()
ax.set_xlabel("Exam 1 Score")
ax.set_ylabel("Exam 2 Score")
```

运行结果如图 3-6 所示。

3. 创建 Sigmoid 函数

创建一个 Sigmoid 函数，将参数 x 传入到函数中，通过画图展示来查看函数是否创建完成，结果如图 3-7 所示。通过 Sigmoid 函数，完成数据到概率的映射。

代码如下：

```
def sigmoid(x):
    return 1/(1+np.exp(-x))
nums = np.arange(-10,10,step=1)
fig,ax = plt.subplots(figsize=(12,4))
ax.plot(nums,sigmoid(nums),'r')
```

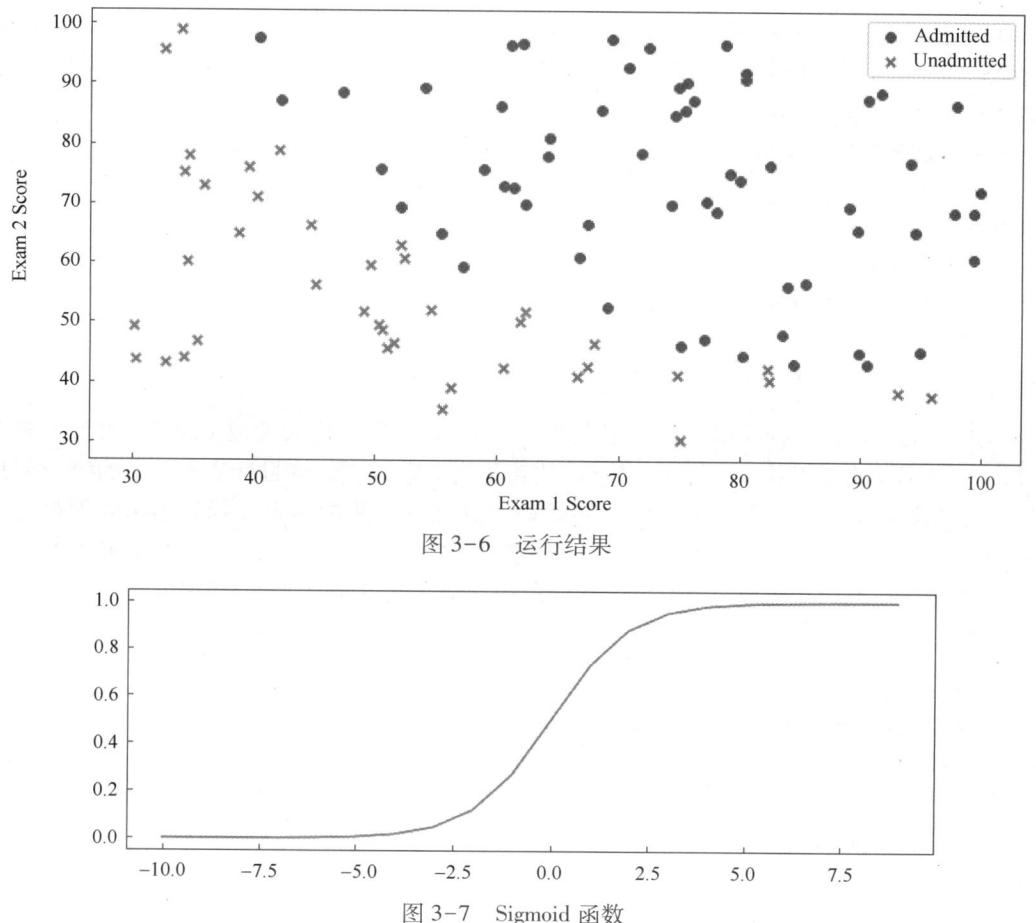

图 3-6 运行结果

图 3-7 Sigmoid 函数

4. 建立模型

在原有的数据中插入一列，数值为1，将原有的数值运算转换为矩阵的运算，原理公式如下所示：

$$(w_0 \quad w_1 \quad w_2) \times \begin{pmatrix} 1 \\ x_1 \\ x_2 \end{pmatrix} = w_0 + w_1 x_1 + w_2 x_2$$

式中，w_0, w_1, w_2 表示参数；x_1, x_2 表示数据。

建立模型，输入数据与参数。通过矩阵乘法将两个参数组合起来，然后将结果值传到 Sigmoid 函数中。

代码如下：

```
def model(x,w):
    return sigmoid(np.dot(x,w.T))
pdData.insert(0,"Ones",1)
```

```
orig_data = pdData.values
cols = orig_data.shape[1]
X = orig_data[:,0:cols-1]
y = orig_data[:,cols-1:cols]

theta = np.zeros([1,3])
```

5. 计算损失函数

损失函数计算公式如下所示：

$$L(w) = \sum_{i=1}^{m} [y_i \log(\sigma(x_i)) + (1-y_i)\log(1-\sigma(x_i))]$$

定义一个名为 cost 的损失函数，调用上述代码中的 model，传入参数 x 和 w，得到 x 属于类别 1 和属于类别 0 的预测概率，并通过 log 函数转化为对数概率，将目标变量 y 中的每个元素与类别 1 的对数概率的对应元素相乘，然后乘以 -1，这部分计算的是真实标签为 1 时的损失。同理，将目标变量 1-y 中的每个元素与类别 0 的对数概率的对应元素相乘，这部分计算的是真实标签为 0 时的损失。把两个类别损失的差值除以样本总量就是所要求的样本平均损失。

代码如下：

```
def cost(x,y,w):
    left = np.multiply(-y,np.log(model(x,w)))
    right = np.multiply(1 - y ,np.log(1-model(x,w)))
    return np.sum(left - right)/(len(x))
```

输出结果如下所示：

```
0.6931471805599453
```

6. 计算梯度

计算逻辑回归模型的梯度。

代码如下：

```
def gradient(x, y, w):
    grad = np.zeros(w.shape)
    error = (model(x, w)- y).ravel()
    for j in range(len(w.ravel())): #for each parmeter
        term = np.multiply(error, x[:,j])
        grad[0, j] = np.sum(term) / len(x)

    return grad
```

7. 比较不同的梯度下降方法

接下来进行三种不同梯度下降方法的比较，STOP_ITER 表示根据迭代次数来停止迭代；STOP_COST 表示根据损失值目标函数的变化来停止迭代，如果变化很小则可以停止；STOP_GRAD 表示根据梯度的变化来停止迭代，如果梯度几乎没有变化，则可以停止。

代码如下：

```
STOP_ITER = 0
STOP_COST = 1
STOP_GRAD = 2
def stopCriterion(type, value, threshold):
    if type == STOP_ITER:
        return value > threshold
    elif type == STOP_COST:
        return abs(value[-1]-value[-2]) < threshold
    elif type == STOP_GRAD:
        return np.linalg.norm(value) < threshold
```

对数据进行乱序处理,重新制定变量的标签,通过 NumPy 中的 random 模块实现。

代码如下:

```
import numpy.random
# 打乱数据
def shuffleData(data):
    np.random.shuffle(data)
    cols = data.shape[1]
    x = data[:, 0:cols-1]
    y = data[:, cols-1:]
    return x, y
```

向梯度下降传入 6 个参数,data 对应数据;w 对应参数;batchSize 为 1 时表示随机梯度下降,为总体样本数时表示批量梯度下降,为 1 到总体样本数之间时表示小批量梯度下降;stopType 对应停止策略;thresh 为策略对应的阈值;alpha 为学习率。

先对指定的参数进行初始化,再进行计算。求出梯度后,进行梯度下降,对原有的参数进行更新。参数更新后,计算新的损失。通过循环判断是否应该停止。

为了显示方便,添加了一个 runExpe 函数。对值进行初始化,然后进行求解。通过循环判断选择停止策略,最后通过图形输出。

代码如下:

```
def runExpe(data, w, batchSize, stopType, thresh, alpha):
    #import pdb; pdb.set_trace();
    theta, iter, costs, grad, dur = descent(data,w, batchSize, stopType, thresh, alpha)
    name = "Original" if (data[:,1]>2).sum() > 1 else "Scaled"
    name += " data - learning rate: {} - ".format(alpha)
    if batchSize==n: strDescType = "Gradient"
    elif batchSize==1:   strDescType = "Stochastic"
    else: strDescType = "Mini-batch ({})".format(batchSize)
    name += strDescType + " descent - Stop: "
    if stopType == STOP_ITER: strStop = "{} iterations".format(thresh)
    elif stopType == STOP_COST: strStop = "costs change < {}".format(thresh)
    else: strStop = "gradient norm < {}".format(thresh)
```

```
    name += strStop
    print ("*** {}\nTheta: {} - Iter: {} - Last cost: {:03.2f} - Duration: {:03.2f}s".
format(
        name, theta, iter, costs[-1], dur))
    fig, ax = plt.subplots(figsize=(12,4))
    ax.plot(np.arange(len(costs)), costs, 'r')
    ax.set_xlabel('Iterations')
    ax.set_ylabel('Cost')
    ax.set_title(name.upper() + '- Error vs. Iteration')
    return w
```

指定 batchSize 为 100 的时候，相当于批量梯度下降，指定迭代次数 thresh 为 5000，根据迭代次数来停止。

代码如下：

```
batchSize = 100
runExpe(orig_data,w,batchSize,STOP_ITER,thresh=5000,alpha=0.000001)
```

随着迭代次数的增多，损失函数 Cost 逼近 0.63，如图 3-8 所示。

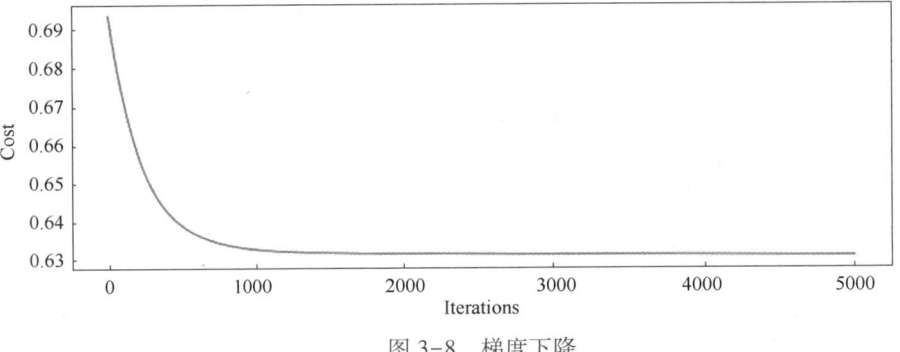

图 3-8　梯度下降

根据损失函数来判断是否停止迭代。如果两次更新之间小于 0.000001，则停止迭代。

代码如下：

```
runExpe(orig_data,w,n,STOP_COST,thresh=0.000001,alpha=0.001)
```

结果显示迭代次数接近 11 万次，结果更加精确，如图 3-9 所示。

8. 比较不同的梯度下降方法

使用随机梯度下降，每次只迭代一个样本，速度快，但结果的不确定性高，收敛的结果也不是很好，如图 3-10 所示。

代码如下：

```
runExpe(orig_data, w, 1, STOP_ITER, thresh=15000, alpha=0.000002)
```

输出结果如下所示：

```
w: [[-0.00202398   0.00985463   0.00075138]] - Iter: 15000 - Last cost: 0.63 - Duration: 0.73s
```

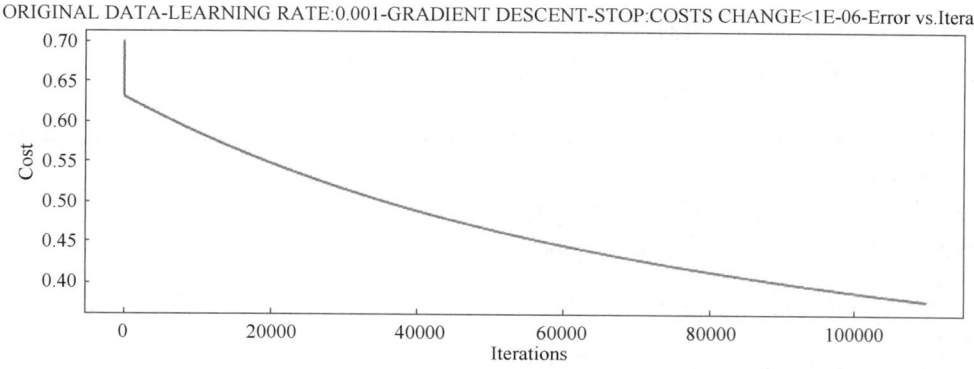

图 3-9 损失函数

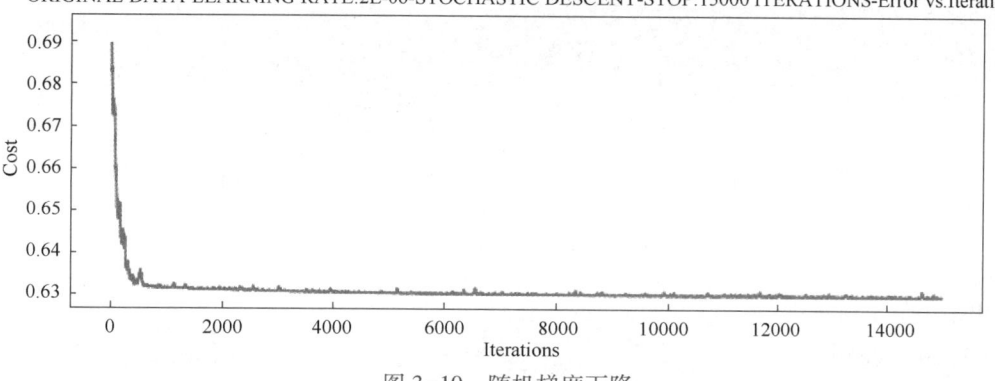

图 3-10 随机梯度下降

使用小批量梯度下降方法，每次只更新选择的一小部分数据。首先对数据进行标准化，将数据按照其属性减去其均值，然后除以其标准差，最后得到的结果是，对每个属性来说所有数据都聚集在 0 附近，方差值为 1。对标准化的数据应用小批量梯度下降方法求解。

代码如下：

```
from sklearn import preprocessing as pp
scaled_data = orig_data.copy()
scaled_data[:,1:3] = pp.scale(orig_data[:,1:3])
runExpe(scaled_data,w,n,STOP_ITER,thresh = 5000,alpha=0.001)
```

相对于之前的梯度下降，这次的结果较好，如图 3-11 所示。

9. 计算准确率

对逻辑斯谛回归得到的概率值，转化为类别值。设定阈值为 0.5，大于 0.5 则为 1，表示被录用，其余为 0，表示未被录用。将预测值与实际数据进行对比，最后得到逻辑斯谛回归的准确率。

代码如下：

```
#设定阈值
def predict(x, w):
    return [1 if x >= 0.5 else 0 for x in model(x, w)]
```

```
scaled_X = scaled_data[:, :3]
y = scaled_data[:, 3]
predictions = predict(scaled_x, w)
correct = [1 if ((a == 1 and b == 1) or (a == 0 and b == 0)) else 0 for (a, b) in zip
(predictions, y)]
accuracy = (sum(map(int, correct)) % len(correct))
print ('accuracy = {0}% '.format(accuracy))
```

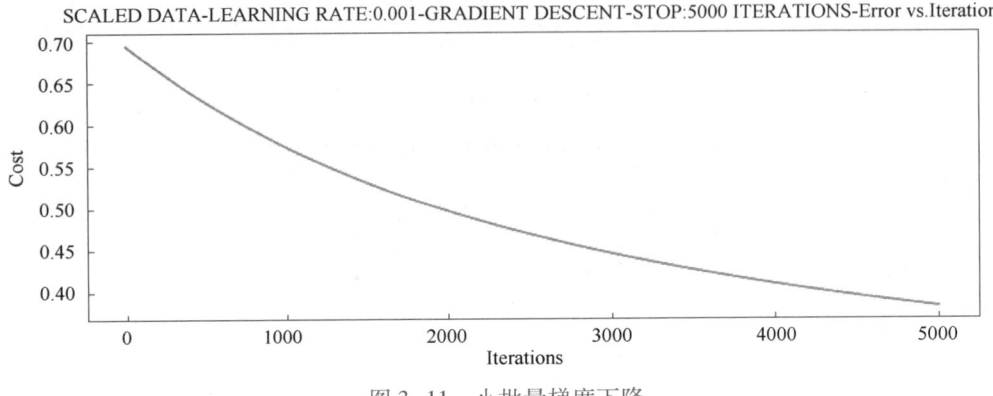

图 3-11 小批量梯度下降

输出结果如下所示：

accuracy = 60%

10. 测试输出

将原始数据中的最后 10 条数据挑选出来，用来测试输出，如图 3-12 所示。

```
In [35]: print(pdData.values[-10:])
         [[ 1.    94.09433113 77.15910509 1.   ]
          [ 1.    90.44855097 87.50879176 1.   ]
          [ 1.    55.48216114 35.57070347 0.   ]
          [ 1.    74.49269242 84.84513685 1.   ]
          [ 1.    89.84580671 45.35828361 1.   ]
          [ 1.    83.48916274 48.3802858  1.   ]
          [ 1.    42.26170081 87.10385094 1.   ]
          [ 1.    99.31500881 68.77540947 1.   ]
          [ 1.    55.34001756 64.93193801 1.   ]
          [ 1.    74.775893   89.5298129  1.   ]]
```

图 3-12 用来测试输出的原始数据

添加一个读取数据的函数，再添加一个测试函数，读入数据后，使用训练好的回归模型预测结果。

代码如下：

```
def loadDataSet(df):
    dataMat = df.values[:,:3]
    labelMat = df.values[:,3:]
    return dataMat,labelMat
```

```
testing_sample = pdData[-10:]
def predict_test():
    A = [1.17355763,2.84433525,2.61890506]
    dataArr,labelMat = loadDataSet(testing_sample)
    h_test = sigmoid(np.mat(dataArr) * np.mat(A).transpose())
    print(h_test)

predict_test()
```

运行结果如下所示：

```
[[1.]
 [1.]
 [1.]
 [1.]
 [1.]
 [1.]
 [1.]
 [1.]
 [1.]
 [1.]]
```

与原始的数据进行对比后，发现仅有一个出错，正确率达到90%，远高于之前的测试结果。

3.5 SVM

3.5.1 SVM算法概述

支持向量机（SVM）是由 Vladimir N. Vapnik 和 Alexey Ya. Chervonenkis 在 1963 年提出的。SVM 的提出解决了当时在机器学习领域的"维数灾难""过学习"等问题。它在机器学习领域可以用于分类和回归。SVM 可以解决股票价格预测等回归问题，但是解决回归问题时 SVM 还是较为局限，因此 SVM 主要用于解决分类问题。本节主要讲解 SVM 在分类问题中的应用。

1. 线性可分

在解决二分类问题时，希望找到一个超平面来将两类数据分开，并且希望这个超平面不仅能分开两类数据，而且能最大化超平面到两类数据中最近点的距离，即最大化"间隔"。

比如对于二维样本，分布在二维平面上，此时超平面实际上是一条直线，直线上面是一类，下面是另一类。定义超平面公式为

$$f(x) = w^T x + b$$

式中，w 为法向量，b 为截距。这样的超平面可以有很多个，规定超平面应该是距离两类的最近距离之和最大，只有这样才是最优的分类。

首先，定义样本点 x 到超平面 $w^T x + b$ 的距离 D：

$$D = \frac{|w^T x + b|}{\|w\|}$$

通过最大化这个距离，可以找到一个具有最大间隔的超平面。SVM 的优化目标就是找到一个使得间隔最大的超平面，这可以通过最小化 $\|w\|$ 实现。

假设分类任务共有两个类别，记作 $y \in \{-1, 1\}$，即两个类别分别为 $y = -1$ 与 $y = 1$。在得到 $f(x)$ 后，可以通过符号函数 sign 将其映射为分类结果，可表示为

$$\text{sign}(f(x)) = \begin{cases} -1, & f(x) < 0 \\ 0, & f(x) = 0 \\ 1, & f(x) > 0 \end{cases}$$

对于正确分类，如果 $y=1$，则需要 $f(x)>0$；如果 $y=-1$，则需要 $f(x)<0$。因此，可以将正确分类的情况统一概括为

$$yf(x) > 0$$

即

$$y(w^\mathrm{T}x + b) > 0$$

为了最大化最小间隔，定义函数间隔（Functional Margin）为

$$\gamma = y(w^\mathrm{T}x + b)$$

定义几何间隔（Geometric Margin）为

$$d = \frac{\gamma}{\|w\|}$$

为了最大化几何间隔，将函数间隔标准化，使得最靠近超平面的点（支持向量）的函数间隔为 1，即 $\gamma = 1$：

$$d = \frac{1}{\|w\|}$$

因此，需要最小化 $\|w\|$，为了使算法更稳定，也可以最小化 $\frac{1}{2}\|w\|^2$。这个优化问题是一个凸二次规划问题，可以通过拉格朗日乘子法和 KKT 条件求解。

通过引入拉格朗日乘子 α，可以将原始优化问题转化为对偶问题：

$$\max_{\alpha} \alpha_i \sum_{i=1}^{n} \alpha_i - \sum_{i=1}^{n}\sum_{j=1}^{n} \alpha_i \alpha_j y_i y_j (x_i x_j)$$

式中，n 为样本数量。该对偶问题的约束条件为

$$\sum_{i=1}^{n} \alpha_i y_i = 0, \quad \alpha_i \geq 0$$

通过求解对偶问题，可以得到最优的拉格朗日乘子 α，进而计算出模型的参数 w 和 b。

2. 线性不可分

对于线性不可分的情况，可以引入非线性核函数将数据映射到高维空间，使得在该空间中数据线性可分，实现 SVM 中的非线性分类，此时超平面公式可定义为

$$f(x) = w^\mathrm{T} \varnothing(x) + b$$

式中，$\varnothing$ 为映射函数。由于映射函数具有复杂的形式，难以计算其内积，因此可使用核方法，即定义映射函数的内积为核函数（Kernel Function）以回避内积的显式计算，核函数定义为

$$K(x_1, x_2) = \varnothing(x_1)^\mathrm{T} \varnothing(x_2)$$

常见的核函数有：

(1)多项式核(Polynomial Kernel)
$$K(\boldsymbol{x}_1, \boldsymbol{x}_2) = (\boldsymbol{x}_1 \cdot \boldsymbol{x}_2 + c)^d$$
式中,c是一个常数;d是多项式的次数,二者都是超参数。

(2)高斯径向基核(RBF Kernel)
$$K(\boldsymbol{x}_1, \boldsymbol{x}_2) = \exp\left(-\frac{\|\boldsymbol{x}_1 - \boldsymbol{x}_2\|^2}{2\sigma^2}\right)$$
式中,σ是核宽度参数,用于控制函数复杂度,也是超参数。

(3)Sigmoid核(Sigmoid Kernel)
$$K(\boldsymbol{x}_1, \boldsymbol{x}_2) = \tanh(\alpha \boldsymbol{x}_1 \cdot \boldsymbol{x}_2 + c)$$
式中,α与c都是常数,二者都是超参数。

下面通过一个例子来帮助理解 SVM。圆和三角是一个二维平面图中被区分的两种不同类别,其分布如图 3-13 所示。问题是找到分类的决策边界。

从图 3-13 中可以看出,a 线和 b 线分别是可以满足划分的边界线,它们都可以将圆和三角正确划分出来。除此之外,还有无数条直线可以将其分开。如果要选择一条能够完全反映圆和三角的最优化边界,就需要使用 SVM。

所谓最优化边界,指的是能够最公平划分两种类别的线段。因此,如果能够找到一条在 a 线和 b 线正中间的线,就可以将其划分,如图 3-14 所示。

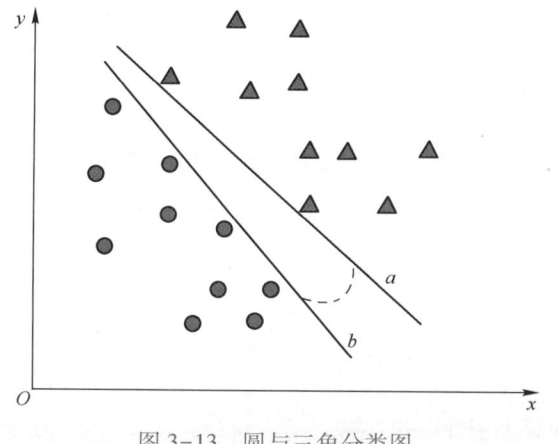

图 3-13 圆与三角分类图

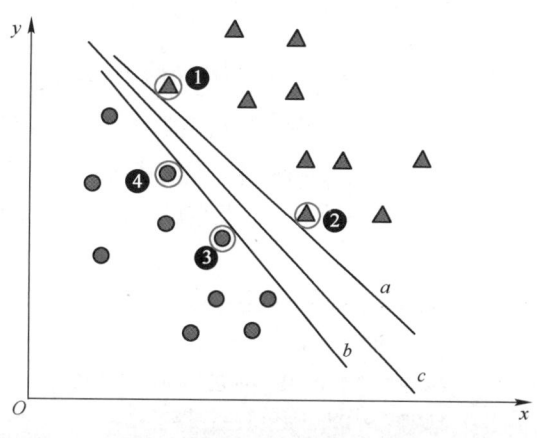

图 3-14 圆与三角分类示例

公平线(c 线)是由 a 线和 b 线共同确定的,即给定 a 线和 b 线后,c 线就可以确定。此种方法的好处在于,只要 a 线和 b 线确定,则分类平面确定,其中的改变不受任何数据和噪声的干扰。

在图 3-14 中标明了 4 个点,据此可以确定 a 线和 b 线。这 4 个关键的点在 SVM 中被称为支持向量。只要确定了支持向量,分类平面即可唯一确定,如图 3-15 所示。

这种通过找到支持向量从而获得分类平面的方法称为 SVM。SVM 的目的就是通过划分最优边界或平面将不同的类别分开,如图 3-16 所示。

这里人为地将图形分成三部分:当 $f(x) = 0$ 时,可以认为 x 属于分割面上的点;当 $f(x) > 0$ 时,可以近似地认为 $f(x) = 1$,从而将其确定为三角形的分类;当 $f(x) < 0$ 时,可以认为 $f(x) =$

−1，将其归为圆形的类。

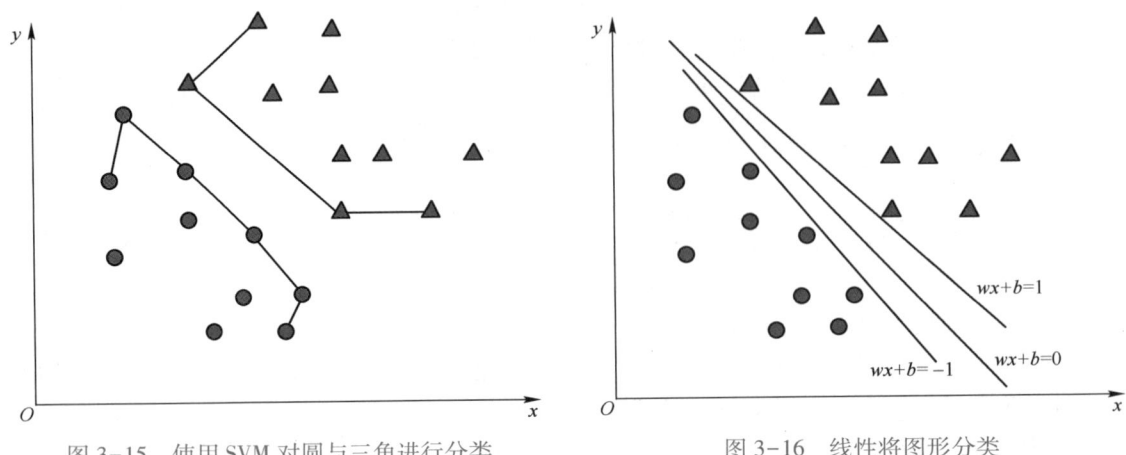

图 3-15　使用 SVM 对圆与三角进行分类　　　　图 3-16　线性将图形分类

因此，SVM 模型最终转化为一般的代数计算问题。将 x 的值代入公式计算 $f(x)$ 的值，从而判断 x 所属的类别。

接下来，问题就转化为求解方程系数的问题，即如何求得公式中 w 和 b 的大小。后续的方法和线性回归求极值的方法类似。

3.5.2　案例：面部识别应用实战

1. 训练一个基本的 SVM

首先导入 sklearn 库，使用 datasets 中的数据点生成器自定义数据，设置 50 个样本点，2 个区域，随机状态种子，以及离散程度。离散程度越大，数据越分散，反之数据越集中。

代码如下：

```
import numpy as np
import pandas as pd
import matplotlib.pyplot as plt
from scipy import stats
import seaborn as sns
sns.set()
from sklearn.datasets import make_blobs

X, y = make_blobs(n_samples=50, centers=2, random_state=0, cluster_std=0.60)

plt.scatter(X[:, 0], X[:, 1], c=y, s=50, cmap="autumn")
plt.show()
```

运行结果如图 3-17 所示。

SVM 的目标就是找一条线，使得离这条线最近的样本点，到这条线的距离越远越好。

按照如下代码绘制几条直线：

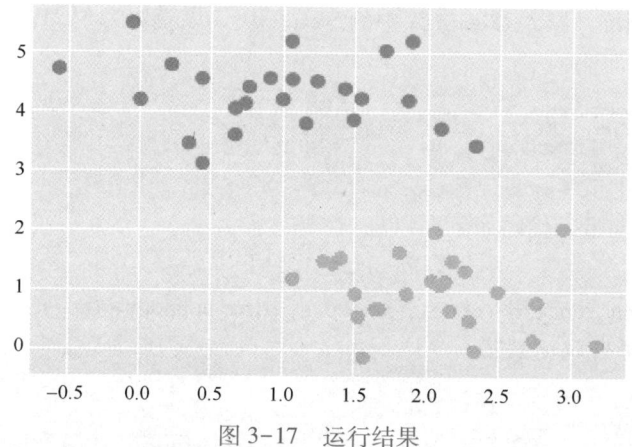

图 3-17 运行结果

```
xfit = np.linspace(-1, 3.5)
plt.scatter(X[:, 0], X[:, 1], c=y, s=50, cmap='autumn')

for m, b, d in [(1, 0.65, 0.33), (0.5, 1.6, 0.55), (-0.2, 2.9, 0.2)]:
    yfit = m * xfit + b
    plt.plot(xfit, yfit, '-k')
    plt.fill_between(xfit,
                     yfit - d,
                     yfit + d,
                     edgecolor='none',
                     color='#AAAAAA',
                     alpha=0.4)

plt.xlim(-1, 3.5)
```

绘制直线如图 3-18 所示。

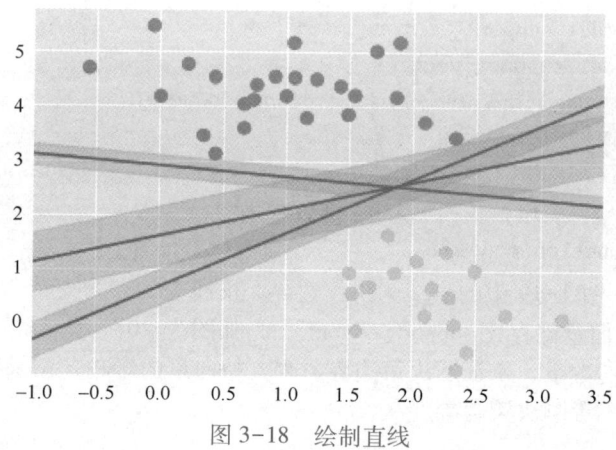

图 3-18 绘制直线

接下来进行 SVM 的训练，导入 sklearn 库中的 SVC 模块，该模块为 SVM 的分类器。
代码如下：

```
from sklearn.svm import SVC
model = SVC(kernel = 'linear')
model.fit(X,y)
```

绘制决策边界和支持向量，代码如下：

```
# 绘图函数
def plot_svc_decision_function(model, ax=None, plot_support=True):
    """绘制二维 SVC 的决策函数"""
    if ax is None:
        ax = plt.gca()
    xlim = ax.get_xlim()
    ylim = ax.get_ylim()

    # 创建网格以评价模型
    x = np.linspace(xlim[0], xlim[1], 30)
    y = np.linspace(ylim[0], ylim[1], 30)
    Y, X = np.meshgrid(y, x)
    xy = np.vstack([X.ravel(), Y.ravel()]).T
    P = model.decision_function(xy).reshape(X.shape)

    # 绘制决策边界
    ax.contour(X, Y, P, colors='k',
               levels=[-1, 0, 1], alpha=0.5,
               linestyles=['--', '-', '--'])

    # 绘制支持向量
    if plot_support:
        ax.scatter(model.support_vectors_[:, 0],
                   model.support_vectors_[:, 1],
                   s=300, linewidth=1, facecolors='none');
    ax.set_xlim(xlim)
    ax.set_ylim(ylim)
plt.scatter(X[:, 0], X[:, 1], c=y, s=50, cmap='autumn')
plot_svc_decision_function(model);
```

结果如图 3-19 所示。图 3-19 中的直线为决策边界，虚线上的点为支持向量。

在 sklearn 库中，支持向量储存在 support_vectors_ 中，如图 3-20 所示。

接下来通过增加样本的数量，来证明决策边界只受支持向量的影响。结果证明，只要支持向量不变，增加样本的数量不影响决策边界。

代码如下：

第 3 章 线性模型

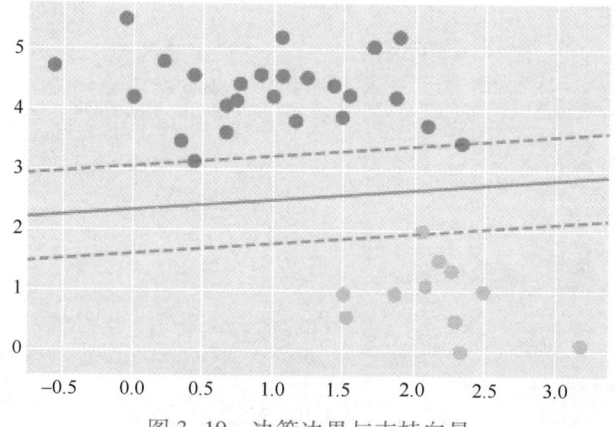

图 3-19 决策边界与支持向量

```
In [8]: model.support_vectors_
Out[8]: array([[ 0.44359863,  3.11530945],
               [ 2.33812285,  3.43116792],
               [ 2.06156753,  1.96918596]])
```

图 3-20 支持向量的坐标

```
def plot_svm(N=10, ax=None):
    X, y = make_blobs(n_samples=200, centers=2,
                      random_state=0, cluster_std=0.60)
    X = X[:N]
    y = y[:N]
    model = SVC(kernel='linear', C=1E10)
    model.fit(X, y)

    ax = ax or plt.gca()
    ax.scatter(X[:, 0], X[:, 1], c=y, s=50, cmap='autumn')
    ax.set_xlim(-1, 4)
    ax.set_ylim(-1, 6)
    plot_svc_decision_function(model, ax)

fig, ax = plt.subplots(1, 2, figsize=(16, 6))
fig.subplots_adjust(left=0.0625, right=0.95, wspace=0.1)
for axi, N in zip(ax, [60, 120]):
    plot_svm(N, axi)
    axi.set_title('N = {0}'.format(N))
```

结果如图 3-21 所示。

2. 引入核函数的 SVM

对于线性不可分的情况，可以引入核函数来解决问题。

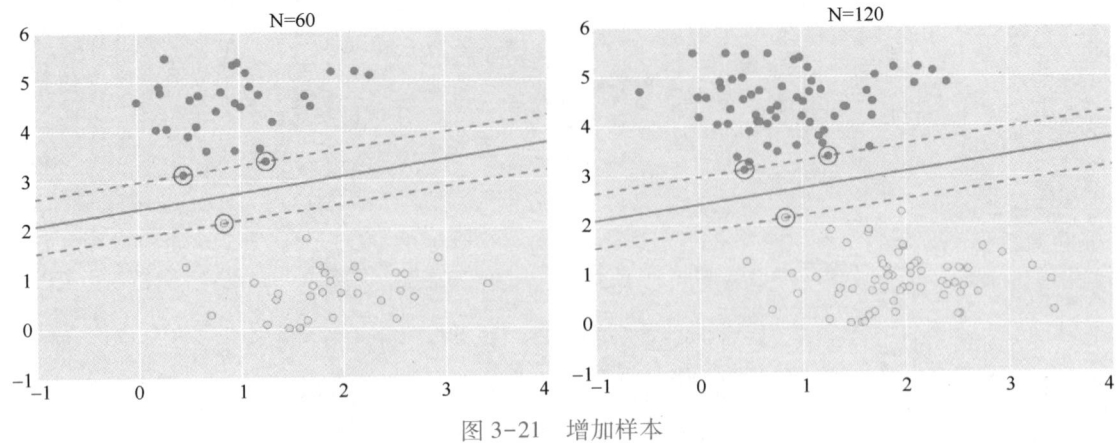

图 3-21　增加样本

构造线性不可分的样本，代码如下：

```
from sklearn.datasets.samples_generator import make_circles
X, y = make_circles(100, factor=.1, noise=.1)
clf = SVC(kernel='linear').fit(X, y)
plt.scatter(X[:, 0], X[:, 1], c=y, s=50, cmap='autumn')
plot_svc_decision_function(clf, plot_support=False);
```

运行结果如图 3-22 所示。

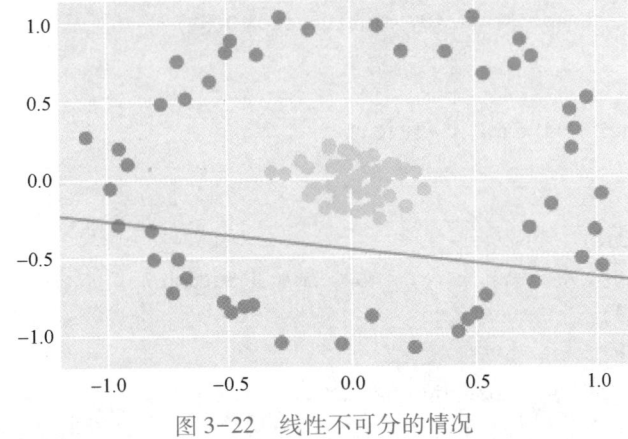

图 3-22　线性不可分的情况

发现图 3-22 中的两类数据在二维平面不能通过直线分割，因此加入新的维度 r 将其映射到高维空间。

代码如下：

```
#加入了新的维度 r
from mpl_toolkits import mplot3d
r = np.exp(-(X ** 2).sum(1))
def plot_3D(elev=30, azim=30, X=X, y=y):
    ax = plt.subplot(projection='3d')
```

```
    ax.scatter3D(X[:, 0], X[:, 1], r, c=y, s=50, cmap='autumn')
    ax.view_init(elev=elev, azim=azim)
    ax.set_xlabel('x')
    ax.set_ylabel('y')
    ax.set_zlabel('r')

plot_3D(elev=45, azim=45, X=X, y=y)
```

运行结果如图 3-23 所示。

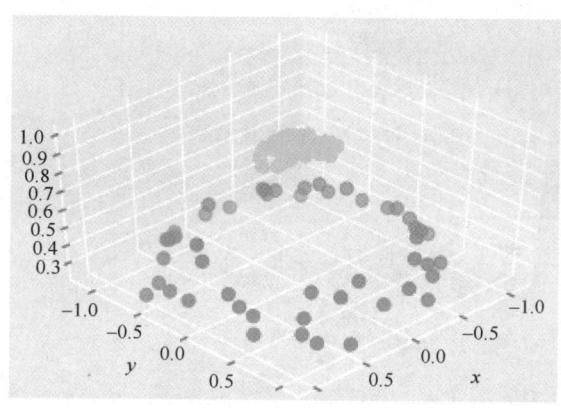

图 3-23　加入新的维度

加入径向基函数，应用高斯变换，将原本的线性转换为非线性，就能够得到 SVM。
代码如下：

```
#加入径向基函数
clf = SVC(kernel='rbf', C=1E6)
clf.fit(X, y)
plt.scatter(X[:, 0], X[:, 1], c=y, s=50, cmap='autumn')
plot_svc_decision_function(clf)
plt.scatter(clf.support_vectors_[:, 0], clf.support_vectors_[:, 1],
            s=300, lw=1, facecolors='none');
```

运行结果如图 3-24 所示。

3. 调节 SVM 参数

设置软间隔的目的是预防噪声数据对模型造成影响，引入一个松弛因子，并通过参数 C 来控制松弛因子的影响程度。当 C 趋近于无穷大时，意味着分类严格不能有错误；当 C 很小的时候，意味着可以有更多的错误被容忍。

首先，调节数据的离散程度，让两个类别的点贴近。
代码如下：

```
X, y = make_blobs(n_samples=100, centers=2,
                  random_state=0, cluster_std=0.8)
plt.scatter(X[:, 0], X[:, 1], c=y, s=50, cmap='autumn');
```

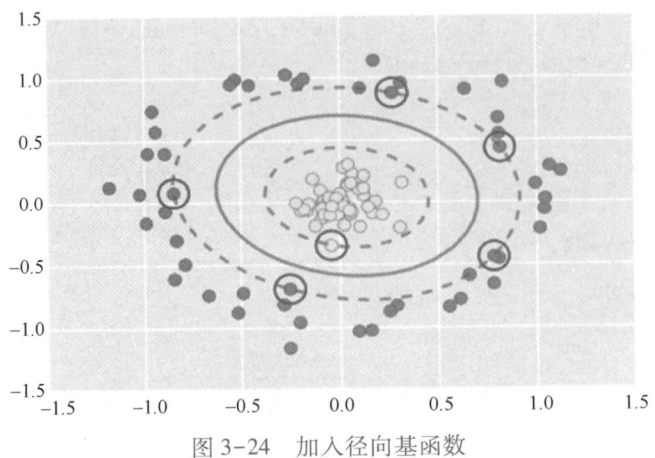

图 3-24 加入径向基函数

结果如图 3-25 所示。

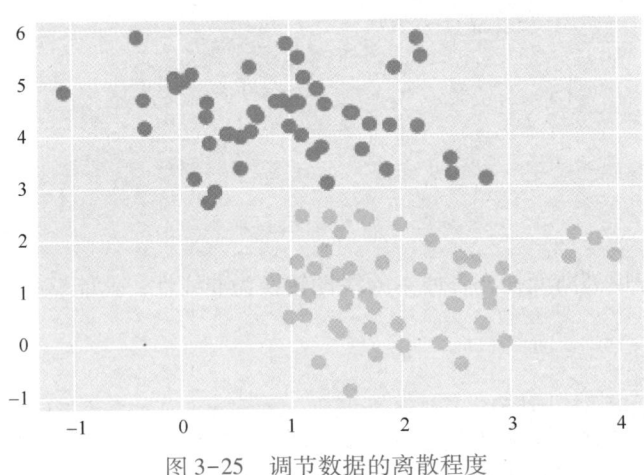

图 3-25 调节数据的离散程度

调整参数 C 为两个极端值，一个设为 10，一个设为 0.1，观察松弛因子会对决策边界造成一定的影响，C 越大，决策边界就越小，C 越小，决策边界就越大。

代码如下：

```
X, y = make_blobs(n_samples=100, centers=2,
                random_state=0, cluster_std=0.8)

fig, ax = plt.subplots(1, 2, figsize=(16, 6))
fig.subplots_adjust(left=0.0625, right=0.95, wspace=0.1)

for axi, C in zip(ax, [10.0, 0.1]):
    model = SVC(kernel='linear', C=C).fit(X, y)
    axi.scatter(X[:, 0], X[:, 1], c=y, s=50, cmap='autumn')
    plot_svc_decision_function(model, axi)
```

```
        axi.scatter(model.support_vectors_[:, 0],
                    model.support_vectors_[:, 1],
                    s=300, lw=1, facecolors='none');
        axi.set_title('C = {0:.1f}'.format(C), size=14)
```

结果如图 3-26 所示。

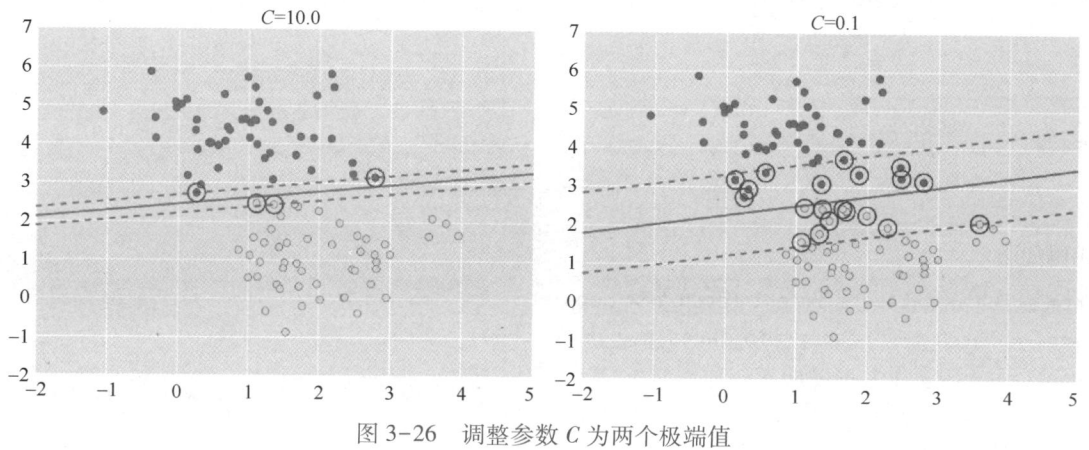

图 3-26 调整参数 C 为两个极端值

另一个参数为 gamma，这个参数用于控制模型的复杂程度，gamma 值越大，模型复杂程度越高，精度越高；gamma 值越小，模型会越精简，实用性更强。

代码如下：

```
X, y = make_blobs(n_samples=100, centers=2,
                  random_state=0, cluster_std=1.1)

fig, ax = plt.subplots(1, 2, figsize=(16, 6))
fig.subplots_adjust(left=0.0625, right=0.95, wspace=0.1)

for axi, gamma in zip(ax, [10.0, 0.1]):
    model = SVC(kernel='rbf', gamma=gamma).fit(X, y)
    axi.scatter(X[:, 0], X[:, 1], c=y, s=50, cmap='autumn')
    plot_svc_decision_function(model, axi)
    axi.scatter(model.support_vectors_[:, 0],
                model.support_vectors_[:, 1],
                s=300, lw=1, facecolors='none');
    axi.set_title('gamma = {0:.1f}'.format(gamma), size=14)
```

运行结果如图 3-27 所示。

4. 面部识别应用

使用 Wild 数据集中的 Labeled Faces，其中包含数千张各种公众人物的照片，应用 SVM 实现面部识别。sklearn 中内置了封装数据集的提取器，可以直接调用。

通过命令下载实验所需要的数据。

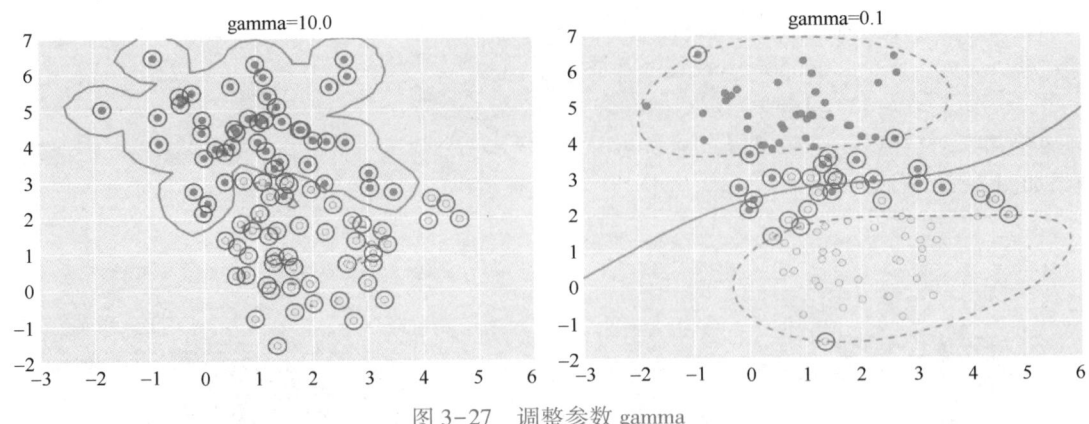

图 3-27　调整参数 gamma

代码如下：

```
from sklearn.datasets import fetch_lfw_people
faces = fetch_lfw_people(min_faces_per_person=60)
print(faces.target_names)
print(faces.images.shape)
```

通过绘图呈现部分图片。

代码如下：

```
fig, ax = plt.subplots(3, 5)
for i, axi in enumerate(ax.flat):
    axi.imshow(faces.images[i], cmap='bone')
    axi.set(xticks=[], yticks=[],
            xlabel=faces.target_names[faces.target[i]])
```

每张图的大小是 62×47 像素，把每个像素点当成一个特征，并通过主成分分析（PCA）进行降维处理。降维之后，通过 SVC 进行分类。首先，构造训练集和验证集。

代码如下：

```
from sklearn.svm import SVC
#from sklearn.decomposition import RandomizedPCA
from sklearn.decomposition import PCA
from sklearn.pipeline import make_pipeline

pca = PCA(n_components=150, whiten=True, random_state=42)
svc = SVC(kernel='rbf', class_weight='balanced')
model = make_pipeline(pca, svc)


from sklearn.model_selection import train_test_split
Xtrain, Xtest, ytrain, ytest = train_test_split(faces.data, faces.target,
                                                random_state=40)
```

通过网络搜索交叉验证，以遍历的方式来选择合适的参数。

代码如下：

```
import warnings
warnings.filterwarnings("ignore")
from sklearn.model_selection import GridSearchCV
param_grid = {'svc__C': [1, 5, 10],
              'svc__gamma': [0.0001, 0.0005, 0.001]}
grid = GridSearchCV(model, param_grid)

%time grid.fit(Xtrain, ytrain)
print(grid.best_params_)
```

运行结果如下所示：

```
Wall time: 13.3 s
{'svc__C': 5, 'svc__gamma': 0.0005}
```

通过模型进行预测，预测正确用黑色表示，否则用红色表示。

代码如下：

```
model = grid.best_estimator_
yfit = model.predict(Xtest)
yfit.shape
fig, ax = plt.subplots(4, 6)
for i, axi in enumerate(ax.flat):
    axi.imshow(Xtest[i].reshape(62, 47), cmap='bone')
    axi.set(xticks=[], yticks=[])
    axi.set_ylabel(faces.target_names[yfit[i]].split()[-1],
                   color='black' if yfit[i] == ytest[i] else 'red')
fig.suptitle('Predicted Names; Incorrect Labels in Red', size=14);
```

列出精确率、召回率、F1 值、样本数量，更加直观地观察识别的效果，如图 3-28 所示。

```
In [22]: from sklearn.metrics import classification_report
         print(classification_report(ytest, yfit,
                                     target_names=faces.target_names))

                   precision    recall  f1-score   support

     Ariel Sharon       0.81      0.71      0.76        24
     Colin Powell       0.71      0.81      0.76        54
  Donald Rumsfeld       0.75      0.80      0.77        30
    George W Bush       0.91      0.83      0.87       119
Gerhard Schroeder       0.78      0.91      0.84        34
Junichiro Koizumi       0.86      0.86      0.86        14
       Tony Blair       0.86      0.80      0.83        45

         accuracy                           0.82       320
        macro avg       0.81      0.82      0.81       320
     weighted avg       0.83      0.82      0.82       320
```

图 3-28　精确率、召回率、F1 值、样本数量

3.6 思考与练习

1. 选择题

1）（　　）适合用于评价回归算法的精度。
   A. 均方误差（MSE）　　　　　　　　　B. 均方根误差（RMSE）
   C. 平均绝对比例误差（MAPE）　　　　D. 所有选项都正确

2）在线性回归算法中，均方误差（MSE）用来衡量模型的预测精度。（　　）会使均方误差的值变小。
   A. 预测值与目标值之间的差异增加　　B. 预测值与目标值之间的差异减少
   C. 特征向量的权重变得更大　　　　　D. 数据集中的样本数量减少

3）随机梯度下降算法的描述中，正确的是（　　）。
   A. 随机梯度下降算法每次使用所有样本来计算梯度
   B. 随机梯度下降算法使用准确的梯度来更新参数
   C. 随机梯度下降算法的优点是收敛性能较好
   D. 随机梯度下降算法通常比标准梯度下降算法计算速度更快

4）在处理线性回归模型中的过拟合问题时，（　　）通过增加系数公式使得原始损失函数获得正则化表达。
   A. 增加线性回归的特征数量　　　　　B. 使用梯度下降优化算法
   C. 增加损失函数的权重　　　　　　　D. 引入 Lasso 回归或岭回归

5）以下关于逻辑回归的说法中，错误的是（　　）。
   A. 逻辑回归通常使用对数损失函数或者交叉熵损失函数来训练模型
   B. 决策边界将特征空间划分为两个区域，使得预测为类别 1 的概率最大
   C. 对于给定的输入特征向量，直接输出类别标签 0 或 1
   D. 对数几率用于描述类别 1 的对数概率与类别 0 的对数概率的差异

2. 问答题

1）什么是梯度下降算法？
2）逻辑斯谛回归的具体计算步骤有哪些？
3）介绍 Lasso 回归、岭回归和 ElasticNet 回归各自的正则化方法是如何帮助处理线性回归中的过拟合问题的。

第 4 章 神经网络基础

本章将介绍神经网络的基础知识和原理，从感知器开始，逐步介绍全连接神经网络、BP 神经网络以及正则化技术。神经网络是一种模拟生物神经系统工作原理的机器学习模型，在图像分类、语音识别等领域有重要应用。感知器是最简单的神经网络模型，用于解决二分类问题。随后，将深入研究全连接神经网络，它是深度学习中的基础模型，在不同任务中广泛应用。接着，本章将介绍 BP 神经网络，它使用梯度下降算法进行训练，具有较强的学习能力。最后，本章将介绍正则化技术，包括 Dropout 正则化和批标准化，用于防止过拟合和提高模型的鲁棒性。通过学习本章内容，读者将对神经网络的基础概念、感知器、全连接神经网络、BP 神经网络以及正则化技术有更深入的理解，并能够将其应用于实际问题的解决中。

第 4 章 神经网络基础

4.1 神经网络简介

4.1.1 神经网络理论

神经网络是一种类似于大脑神经突触连接结构（见图 4-1）的、进行信息处理的数学模型。它是人类在对自身大脑组织和思维机制认识理解的基础之上模拟出来的，是根植于神经科学、数学、思维科学、人工智能、统计学、物理学、计算机科学以及工程科学的一门技术。

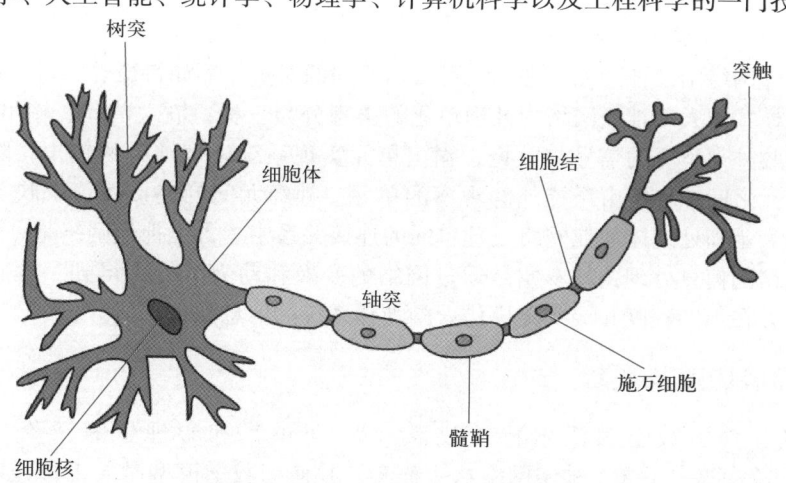

图 4-1 人体大脑神经突触连接结构

人工神经网络（Artificial Neural Network，ANN）简称神经网络（NN），是基于生物学中神经网络的基本原理，在理解了人脑结构和外界刺激响应机制后，以网络拓扑知识为理论基础，模拟人脑的神经系统对复杂信息的处理机制的一种数学模型。该模型以并行分布的处理能力、高容错性、智能化和自学习等能力为特征，将信息的加工和存储结合在一起，以其独特的知识表示方式和智能化的自适应学习能力，引起各学科领域的关注。它实际上是一个由大量简单元件相互连接而成的复杂网络，具有高度的非线性，能够进行复杂的逻辑操作和非线性关系实现的系统。

神经网络是一种运算模型，它由大量的节点（或称神经元）相互连接构成，如图 4-2 所示。每个节点代表一种特定的输出函数，称为激活函数（Activation Function）。每两个节点间的连接强度，称为权重（Weight），权重的大小代表可能性大小，神经网络就是通过这种方式来模拟人类的记忆。网络的输出则取决于网络的结构、网络的连接方式、权重和激活函数。而网络自身通常都是对自然界某种算法或者函数的逼近，也可能是对一种逻辑策略的表达。神经网络的构筑理念是受到生物的神经网络运作启发而产生的。人工神经网络则是把对生物神经网络的认识与数学统计模型相结合，借助数学统计工具来实现的。另一方面，在人工智能学中的人工感知领域，通过统计学的方法，神经网络能够具备了类似于人的决定能力和简单的判断能力，这种方法是对传统逻辑学演算的进一步延伸。

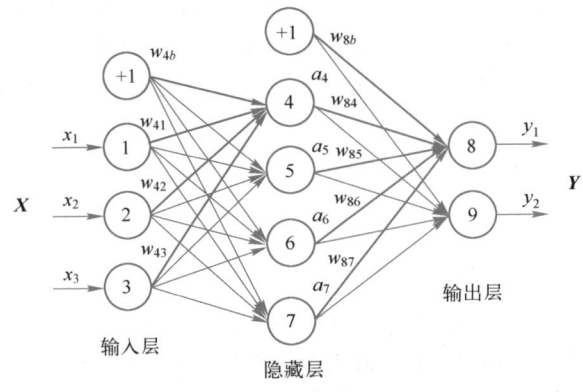

图 4-2　神经网络的连接方式

人工神经网络中，神经元处理单元可表示不同的对象，例如特征、字母、概念，或者一些有意义的抽象模式。人工神经网络中处理单元的类型分为三类：输入单元、输出单元和隐藏单元。输入单元接收外部世界的信号与数据，输出单元实现系统处理结果的输出，隐藏单元是处在输入和输出单元之间，不能由系统外部观察的单元。神经元间的连接权值反映了单元间的连接强度，信息的表示和处理体现在网络处理单元的连接关系中。人工神经网络是一种非程序化、适应性、大脑风格的信息处理，其本质是通过网络的变换和动力学行为得到一种并行分布式的信息处理功能，并在不同程度和层次上模仿人脑神经系统的信息处理功能。

4.1.2　发展历史及现状

1943 年，美国数学家沃尔特·皮茨（W. Pitts）和心理学家沃伦·麦卡洛克（W. McCulloch）首次提出了人工神经网络这一概念，并使用数学模型对人工神经网络中的神经元进行了理论建模，开启了人们对人工神经网络的研究。

1949年，著名心理学家唐纳德·奥尔丁·赫布（D. Olding Hebb）给出了神经元的数学模型，并提出了人工神经网络的学习规则。

1957年，著名人工智能专家弗兰克·罗森布拉特（F. Rosenblatt）提出了感知器（Perceptron）人工神经网络模型，并提出采用Hebb学习规则或最小二乘法来训练感知器的参数。感知器是最早且结构最简单的人工神经网络模型。随后，弗兰克·罗森布拉特又在康奈尔航空实验室（Cornell Aeronautical Laboratory）通过硬件实现了第一个感知器模型Mark I，开辟了人工神经网络的计算机向硬件化发展的方向。感知器是一种前向人工神经网络，采用阈值型激活函数，只含一层神经元。通过训练网络权值，对于一组输入响应，感知器可以得到1或0的目标输出，从而实现分类输入响应的目标。但感知器的分类能力非常有限，只能够处理简单的二元线性分类，受限于只具有一层神经网络，它不能处理线性不可分问题，比如异或问题。

1974年，Paul Werbos提出采用反向传播法来训练一般的人工神经网络，随后，该算法进一步被杰弗里·辛顿、杨立昆等人应用于训练具有深度结构的神经网络。反向传播法根据神经网络输出层的计算误差来调整网络的权值，直到计算误差收敛为止。但是，反向传播法训练网络参数的学习性能并不好，因为这种网络参数的训练问题是一个非凸问题，基于梯度下降的反向传播法很容易在训练网络参数时收敛于局部极小值。此外，反向传播法训练网络参数还存在很多实际问题，比如需要大量的标签样本来训练网络的权值，多隐藏层的神经网络权值的训练速度很慢，权值的修正会随着反向传播层数的增加而逐渐削弱等。

1980年，基于传统的感知器结构，深度学习创始人、加拿大多伦多大学教授杰弗里·辛顿采用多个隐藏层的深度结构来替代感知器的单层结构，多层感知器（Multi Layer Perceptron）模型是其中最具代表性的，而且也是最早的深度学习网络模型。

面对采用反向传播法训练网络参数时存在的缺陷，一部分研究人员开始探索通过改变感知器的结构来改善网络学习的性能，由此产生了很多著名的单隐藏层的浅层学习模型，如SVM、逻辑回归、最大熵模型和朴素贝叶斯模型等。浅层学习模型能够有效地解决简单或者具有复杂条件限制的问题，但受限于只含一个隐藏层，所以浅层学习模型特征构造的能力有限，不能有效处理包含复杂特征的问题。为了同时解决具有多隐藏层的深度网络在参数训练时存在的缺陷和浅层网络特征构造能力有限的问题，一些研究人员开始尝试采用新的参数训练方法来训练多隐藏层的深度网络。

1982年，约翰·霍普菲尔德（John Hopfield）提出了Hopfield网络，这是最早的循环神经网络（Recurrent Neural Network，RNN）。因Hopfield网络实现困难，没有合适的应用场景，1986年后逐渐被前向神经网络取代。

1984年，日本学者福岛邦彦提出了卷积神经网络的原始模型——神经感知机。

1990年，出现了Elman和Jordan SRN两种新的RNN，同样因为没有合适的应用场景，很快淡出了研究人员视线。Dalle Molle人工智能研究所的主任Jurgen Schmidhuber在论文 *The vanishing gradient problem during recurrent neural networks and problem solutions* 中提出了LSTM，促进了RNN的发展，特别是在深度学习广泛应用的今天，RNN（特别是LSTM）在自然语言处理领域，如机器翻译、情感分析、智能对话等，取得了惊人的成绩。

1998年，杨立昆提出了深度学习常用模型之一卷积神经网络（Convolutional Neural Network，CNN）。

2006年，杰弗里·辛顿提出了深度学习的概念，随后与其团队在文章 *A fast learning*

algorithm for deep belief nets 中提出了深度信念网络,并给出了一种高效的半监督算法——逐层贪心算法,来训练深度信念网络的参数,打破了长期以来深度网络难以训练的僵局。从此,深度学习的大门被打开,在政府、各大高校和企业中掀起了研究深度学习的大浪潮。

2009 年,约书亚·本吉奥(Yoshua Bengio)提出了深度学习的另一常用模型——堆叠自动编码器(Stacked Auto-Encoder,SAE),采用自动编码器来代替深度信念网络的基本单元——限制玻尔兹曼机,来构造深度网络。

从 2011 年开始,谷歌研究院和微软研究院的研究人员先后将深度学习应用到语音识别领域,使识别错误率下降了 20%~30%。

2012 年,杰弗里·辛顿的学生 Ilya Sutskever 和 Alex Krizhevsky 在图片分类比赛 ImageNet 中使用深度学习打败了谷歌团队,深度学习的应用,使得图片识别错误率下降了 14%。

2012 年 6 月,谷歌首席架构师 Jeff Dean 和斯坦福大学教授吴恩达(Andrew Ng)主导著名的 GoogleBrain 项目,采用 16 万个 CPU 来构建一个深层神经网络,并将其应用于图像和语音的识别,最终大获成功。此外,深度学习在搜索领域也获得广泛关注。如今,深度学习已经在图像、语音、自然语言处理、CTR 预估、大数据特征提取等方面获得广泛的应用。

2014 年,Goodfellow 等人提出了生成对抗网络(GAN)模型,使用博弈论的思想,实现了生成模型和判别模型的协同训练。

2015 年,He 等人提出了深度残差网络(ResNet),通过引入残差模块解决了深层神经网络训练过程中的梯度消失和梯度爆炸问题。

2017 年,神经网络在自动驾驶系统中得到广泛应用,强化学习方法如深度 Q 网络(DQN)在控制系统中的应用成果显著。

2020 年,OpenAI 发布了 GPT-3 模型,拥有 1750 亿个参数,标志着超大规模预训练模型的出现和应用。

2024 年,OpenAI 发布了 GPT-4o 模型,能够同时处理多个模态的数据,并能在短时间内给出响应。

4.1.3　发展趋向及前沿问题

神经网络的发展趋向及前沿问题可以从以下几个方面概括。

(1) 基础理论和生理层面的深入研究

尽管神经网络的研究已经取得了很多成果,但其在基础理论和生理层面的研究仍需深入。例如,神经元的动态行为、神经网络的连接权重等方面仍然需要做进一步的研究。这些研究不仅有助于人们更好地理解神经网络的工作原理,也可以为神经网络的设计和应用提供更多的启示。

(2) 与其他技术的结合

神经网络正在与许多其他技术结合,例如进化计算技术、模糊系统、遗传算法等。这些结合可以产生混合方法和混合系统,具有更强的适应性和鲁棒性。此外,神经网络和生物启发的计算方法的结合,比如 DNA 计算、量子计算等,也将为神经网络的发展带来新的机遇。

(3) 可解释性和透明度

随着神经网络在各个领域的广泛应用,其可解释性和透明度成为一个重要的问题。目前,很多研究工作正在致力于提高神经网络的可解释性,比如通过可视化技术、解释性算法等手段来帮助人们更好地理解神经网络。

（4）应用领域的拓展

神经网络的应用领域正在不断扩大。在多媒体技术、医疗、金融、电力系统等领域，神经网络的应用已经取得了很大的成功。随着技术的进步和应用场景的拓展，神经网络在这些领域的应用将会更加深入。

（5）新型神经网络模型和算法的研究

随着技术的发展，新型的神经网络模型和算法也在不断涌现。例如，卷积神经网络（CNN）、循环神经网络（RNN）、生成对抗网络（GAN）等都是近年来备受关注的新型神经网络模型和算法。这些新型模型和算法的出现，为解决一些复杂的认知任务提供了新的可能。

（6）硬件加速和优化

随着神经网络的规模越来越大，其对计算资源的需求也日益增加。因此，如何对神经网络进行高效的硬件加速和优化成为当前的研究热点。例如，专门为神经网络设计的ASIC芯片、GPU加速库等都是目前的研究热点。

（7）多模态数据处理

随着多模态数据的大量出现，如何有效地处理这些数据并从中提取出有用的信息成为当前的研究热点之一。神经网络具有强大的多模态数据处理能力，因此在该领域的研究也备受关注。

（8）隐私和安全

随着神经网络在各个领域的广泛应用，其隐私和安全问题也日益突出。目前，很多研究工作正在致力于保护神经网络的隐私和安全，例如通过加密技术和差分隐私技术等手段来保护用户的数据隐私。

4.1.4 神经网络的学习方法

神经网络的学习方法涵盖了一系列技术和策略，旨在通过数据来训练网络以完成特定任务。以下是几种常见的学习方法。

（1）监督学习

在监督学习中，网络通过输入数据和相应的标签进行训练，目标是使网络的输出尽可能接近标签。常见的监督学习任务包括分类和回归。

（2）无监督学习

与监督学习不同，无监督学习不使用标签进行训练。无监督学习的目标是使网络发现数据中的模式和结构，常见的无监督学习任务包括聚类和降维。

（3）半监督学习

半监督学习结合了监督学习和无监督学习的特点，利用少量标记数据和大量未标记数据进行训练。这种方法旨在利用未标记数据来提高模型的性能。

（4）强化学习

在强化学习中，网络通过与环境的交互来学习如何做出决策以获得最大的奖励。该方法常用于解决序列决策问题，如游戏和机器人控制。

（5）迁移学习

迁移学习旨在将已学习的知识从一个任务或领域转移到另一个任务或领域，以提高模型在新任务或领域的性能。这对于在新任务中仅有少量标记数据的情况特别有用。

(6）元学习

元学习涉及训练模型以快速适应新任务或环境。在元学习中，模型学会如何学习，以便在面对新任务时能够更快地适应。

（7）自监督学习

自监督学习是一种无须使用人工标注的大规模标记数据进行训练的学习方法。它通过利用数据本身的内在结构或关联性质来进行学习，而无须外部标签。例如，在图像领域，可以通过图像的旋转、剪切、颜色变换等方式来生成对输入图像的伪标签，然后训练模型来预测这些伪标签，从而学习到图像的特征表示。自监督学习的关键在于设计好的自监督任务，以便能够促使模型学习到有意义的特征表示。

4.1.5 神经网络的研究趋势

（1）可解释性

随着深度学习模型在各种任务上的广泛应用，人们对模型内部决策过程的理解需求越来越迫切。可解释性研究旨在使机器学习模型的决策过程更加透明和可解释，这对于许多关键领域，如医疗诊断、金融预测等具有重要意义。研究人员正在探索各种技术和方法，包括特征可视化、模型解剖、敏感性分析等，以提高模型的可解释性。

（2）可视化

可视化技术对于理解和解释深度学习模型的决策过程至关重要。通过将模型的内部表示、特征映射等可视化成易于理解的形式，研究人员和从业者可以更好地理解模型在输入数据上的操作和推理过程。可视化技术不仅有助于发现模型的弱点和潜在问题，还可以提供直观的方式来与非专业人士共享模型的工作原理。

（3）迁移学习

迁移学习旨在将一个领域中学到的知识迁移到另一个相关领域，以改善目标任务的性能。在迁移学习中，通常存在一个源领域和一个目标领域。源领域是模型已经学习到的数据和知识的来源，而目标领域则是人们希望将这些知识应用到的新任务或新领域。通过迁移学习，可以在目标领域中利用源领域的知识来加速模型的训练过程，特别是在目标领域数据较少或者标注困难的情况下。

（4）元学习

元学习则是让模型具有学会如何学习的能力。在元学习中，模型通过观察和学习大量不同任务的训练过程，从中总结出通用的学习规律或策略。这些学习到的规律可以帮助模型更快地适应新的任务或新的领域，从而提高模型的泛化能力和适应性。

（5）生成式模型

生成式模型如生成对抗网络（GAN）和变分自编码器（VAE），旨在学习数据的分布，并能够生成与真实数据相似的新样本。这种模型在图像生成、文本生成等任务中取得了巨大的成功。GAN由生成器和判别器组成，通过对抗训练的方式，生成器可以不断生成逼真的样本，而判别器则不断提高识别真实样本的能力，最终达到平衡。VAE则通过学习数据的潜在表示来实现数据生成，同时还能够进行有效的数据压缩和重建。

（6）对抗性学习

对抗性学习专注于处理对抗性样本和对抗性攻击，以提高模型的鲁棒性和安全性。对抗性样本是指对模型产生误导的输入，它们被设计成在人类难以察觉的情况下改变模型的输出。对抗性攻击则是针对模型的攻击手段，旨在通过微小的、人类难以察觉的修改来改变模型的决策结果。对抗性学习致力于研究和设计对抗性鲁棒的模型，以应对这些攻击。

（7）多模态学习

多模态学习是一种涉及多种类型数据联合建模的技术，旨在帮助模型更全面地理解和应用信息。在多模态学习中，模型可以同时处理图像、文本、语音等不同类型的数据，并从中获取更深层次的语义信息和关联性。这种方法在许多应用中都具有重要意义。例如，在视觉问答（Visual Question Answering, VQA）任务中，模型需要理解图像内容并根据相关问题给出答案。多模态学习可以让模型同时考虑图像和问题的信息，从而提高答案的准确性。在图像描述生成任务中，模型需要根据图像生成自然语言描述，多模态学习可以让模型将图像内容和语言结构有机地结合起来，生成更加准确和生动的描述。另外，多模态学习还可以应用于情感分析、跨模态推理、多模态检索等领域。通过联合建模不同类型的数据，模型可以更好地理解数据之间的关联性，从而提高各种任务的性能。在实践中，多模态学习通常涉及设计复合型的神经网络结构，同时考虑不同类型数据的特征提取和融合。这种方法需要处理不同数据类型之间的异构性和相关性，因此也是一个具有挑战性的研究方向。

4.2 感知机

感知机，也称为感知器，是 Frank Rosenblatt 在 1957 年就职于康奈尔航空实验室期间发明的一种人工神经网络。感知机可以被视为前向人工神经网络中最简单的形式，是一种二元线性分类器，可以用于将数据进行分类。

感知机学习算法有多种常见的方法，其中包括最小二乘法和梯度下降法等。梯度下降法是感知机常用的学习算法之一，它通过对损失函数进行极小化来求解感知机模型。通过这种方法，可以找到一个能够将训练数据进行线性划分的超平面，并用这个超平面构建出感知机模型。

4.2.1 单层感知机

单层感知机可以看作一个单层的神经网络，仅由输入层和输出层构成，如图 4-3 所示。输入层接收各种输入特征，并将它们传递给输出层进行处理和分类。每个输入特征都与一个权重相连，这些权重用于计算加权和。然后，将加权和传递给激活函数进行非线性转换，最终得到输出结果。

单层感知机的模型可以简单表示为

$$f(\bm{x}) = \operatorname{sign}(\bm{w}^\mathrm{T}\bm{x}+\bm{b})$$

$\operatorname{sign}(x)$ 函数为阶跃函数，其表达式为

$$\operatorname{sign}(x) = \begin{cases} 1, & x \geq 0 \\ -1, & x < 0 \end{cases}$$

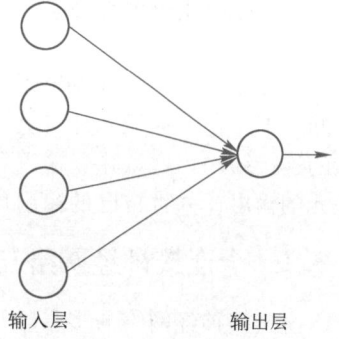

图 4-3 单层感知机网络示意图

单层感知机通过权重 $\bm{w}$ 与偏置 $\bm{b}$，将输入数据映射到一个新的特征空间中，再由阶跃函数对这个新的特征空间进行判断，若小于 0，则映射为 -1；若大于 0，则映射为 1，通过这种方式来完成分类任务。

单层感知机的核心在于如何确定权重 w 与偏置 b，可以利用现有的训练数据，不断对 w 与 b 进行修正，以达到最佳的拟合效果。常用的算法有最小二乘法与梯度下降法。

4.2.2 多层感知机

多层感知机（MLP）是一种前向神经网络，由多个层次的神经元组成。最基本的结构包括输入层、若干隐藏层和输出层。每个神经元都与上一层的所有神经元相连，每条连接都有一个权重，而每个神经元都有一个偏置。通过对权重和偏置的学习，多层感知机可以自动捕捉输入数据中的复杂模式，实现从输入到输出的映射。

相较于单层感知机，多层感知机在输入层和输出层的中间加入了一个或多个隐藏层，每个隐藏层都有多个神经元，如图4-4所示。这些隐藏层使得多层感知机能够学习更为复杂的非线性关系，从而更好地适应现实世界中的复杂模式和数据。

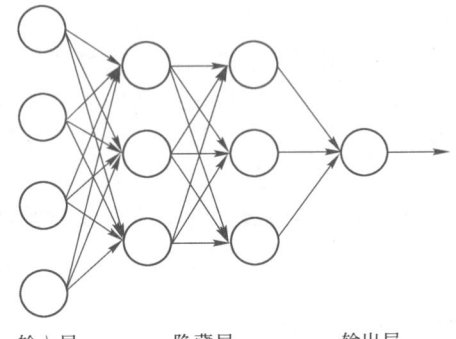

图4-4 多层感知机网络示意图

对于单层感知机，由于线性限制，无法捕捉复杂的非线性关系，因此在处理实际问题时受到很大的局限。而对于多层感知机，通过多个隐藏层可以学习到更复杂的特征表示，使其能够处理更加抽象和复杂的模式。这使得多层感知机在图像识别、自然语言处理等领域表现出色。

多层感知机的训练通常采用反向传播算法和梯度下降优化。反向传播算法通过计算预测误差，并反向传递误差来更新网络的权重和偏置。梯度下降优化则是一种通过最小化损失函数来调整模型参数的方法。这一训练过程在大规模数据集上进行，通过迭代逐渐提升模型性能。为了防止过拟合，常常使用正则化技术和随机失活方法。

4.3 全连接神经网络

全连接神经网络（Fully Connected Neural Network）是一种基础的神经网络结构。在全连接神经网络中，每个神经元都与上一层的所有神经元和下一层的所有神经元相连接，形成了一个密集的连接结构。这意味着输入和输出之间的连接是全连接的，每个神经元都接收上一层所有神经元的输出，并将自己的输出传递给下一层的所有神经元。

4.3.1 全连接神经网络与多层感知机

全连接神经网络与多层感知机实际上可以表示相同的网络结构，这两个术语有时被用来指代同一种类型的神经网络。全连接神经网络泛指任何神经网络结构中的层次，其中每个神经元都与上一层的所有神经元相连接。全连接神经网络可能包含多个隐藏层，也可能只有一个。全连接神经网络能够学习输入数据的复杂特征，并进行分类、回归等任务。在实际使用中，全连接神经网络与多层感知机这两个术语经常被互换使用，而且对于大多数情况来说，它们基本上是等价的。当提到全连接神经网络时，可能是指任意结构的神经网络；而当提到多层感知机时，可能强调网络中包含多个隐藏层。

4.3.2　全连接神经网络的结构

全连接神经网络可以理解为一个多层感知机，主要结构如下。

输入层：输入层负责接收原始数据，并将其传递给下一层。输入层的神经元数量取决于输入数据的维度。

隐藏层：隐藏层是全连接神经网络中的中间层，可以有多个。隐藏层的神经元数量可以自由设定，每个神经元都与前一层和后一层的所有神经元相连接。

输出层：输出层是全连接神经网络的最后一层，负责输出网络的预测结果。输出层的神经元数量取决于任务的类型，例如二分类任务的输出层通常有一个神经元，多分类任务的输出层有多个神经元。

激活函数：激活函数用于引入非线性因素，使得神经网络能够拟合复杂的非线性关系。常见的激活函数有 ReLU、Sigmoid、tanh 等。

全连接神经网络在深度学习中被广泛应用，它的灵活性使得它适用于各种任务，包括图像分类、语音识别、自然语言处理等。虽然在某些复杂的视觉和时序任务上，全连接神经网络可能不如为某一任务专门设计的结构，如卷积神经网络和循环神经网络表现出色，但作为深度学习的基础知识之一，全连接神经网络为理解和构建更复杂的神经网络提供了基础。在实际应用中，全连接神经网络与多层感知机这两个术语常常被互换使用，表示一种通用的、具有多层结构的神经网络。总体而言，全连接神经网络的理论基础和实际应用使得它成为深度学习中不可或缺的一部分。

4.4　BP 神经网络

在人工神经网络的发展历史上，多层感知机（Multilayer Perceptron，MLP）对人工神经网络的发展发挥了极大的作用，也被认为是一种真正能够使用的人工神经网络模型，它的出现曾掀起了人们研究人工神经元网络的热潮。单层感知机作为最初的神经网络，具有模型清晰、结构简单、计算量小等优点。但是，随着研究工作的深入，人们发现它还存在某些不足，例如无法处理非线性问题，即使计算单元的作用函数不用阀函数而用其他较复杂的非线性函数，仍然只能解决线性可分问题，不能实现某些基本功能，从而限制了它的应用。增强网络的分类和识别能力、解决非线性问题的唯一途径是采用多层前向网络，即在输入层和输出层之间加上隐藏层，构成多层前向感知机网络。

20 世纪 80 年代中期，David Rumelhart、Geoffrey Hinton 和 Ronald Williams、David Parker 等人分别独立发现了误差反向传播（Error Back Propagation Training）算法，简称 BP，系统地解决了多层神经网络隐藏层连接权值的学习问题，给出了完整的数学推导，并将其应用于多层前向神经网络的训练。BP 神经网络是目前应用最广泛的神经网络模型之一。

BP 神经网络具有对任意复杂的模式的分类能力和优良的多维函数的映射能力，解决了简单感知器不能解决的异或（Exclusive OR，XOR）和一些其他问题。从结构上讲，BP 神经网络具有输入层、隐藏层和输出层。从本质上讲，BP 算法就是以网络误差平方为目标函数，采用梯度下降法来计算目标函数的最小值。

BP 神经网络的核心是反向传播算法，反向传播算法是目前用来训练人工神经网络的最常用且最有效的算法。反向传播算法的主要思想是：将训练集数据输入到 BP 神经网络的输入层，经过隐藏层，最后到达输出层并输出结果，由于 BP 神经网络的输出结果与实际结果有误差，则先计算估计值与实际值之间的误差，并将该误差从输出层向隐藏层反向传播，直至传播到输入层。在反向传播的过程中，根据误差调整各种参数的值，不断迭代上述过程，直至收敛。

反向传播是梯度下降的一种，许多教科书中通常会互换使用这两个术语。梯度下降是指针对每个训练元素，在神经网络中的每个权重上计算一个梯度。由于神经网络不会输出训练元素的期望值，因此每个权重的梯度将提示如何修改权重以实现期望输出。如果神经网络确实输出了预期的结果，则每个权重的梯度将为 0，这表明无须修改权重。

梯度是当前权重下误差函数的导数。误差函数用于测量神经网络输出与预期输出的差距。实际上，可以使用梯度下降法，通过计算模型参数的梯度来对模型参数进行更新，使得误差函数最小。

梯度实质上是误差函数对神经网络中每个权重的偏导数。每个权重都有一个梯度，即误差函数的斜率。权重是两个神经元之间的连接。计算误差函数的梯度可以确定训练算法应增加权重，还是减小权重。反过来，这种确定将减小神经网络的误差，误差是神经网络的预期输出和实际输出之间的差异。

BP 神经网络的计算过程由正向计算过程和反向计算过程组成。正向传播过程中，输入数据从输入层经隐藏层逐层处理，并传递至输出层，每一层神经元的状态只影响下一层神经元的状态。如果在输出层不能得到期望的输出，则转入反向传播，将误差信号沿原来的连接通路返回，通过修改各神经元的权值，使得误差最小。

4.4.1 梯度下降法

梯度是一个向量，表示函数在某一点处的变化率。对于损失函数而言，梯度表示如果稍微改变参数，损失函数会以多快的速度改变。梯度的方向指向损失函数增加最快的方向，而梯度的反方向则指向损失函数减小的方向。

梯度下降是迭代法的一种，可以用于求解最小二乘问题（线性和非线性都可以）。在求解机器学习算法的模型参数，即无约束优化问题时，梯度下降是最常采用的方法之一，其示意图如图 4-5 所示，另一种常用的方法是最小二乘法。在求解损失函数的最小值时，可以通过梯度下降法来一步步迭代求解，得到最小化的损失函数和模型参数值。反过来，如果需要求解损失函数的最大值，这时就需要用梯度上升法来迭代。在机器学习中，基于基本的梯度下降法延伸出两种梯度下降方法，分别为批量梯度下降法（Batch Gradient Descent）和随机梯度下降法。

顾名思义，梯度下降法的计算过程就是沿梯度下降的方向求解极小值（也可以沿梯度上升方向求解极大值）。

梯度下降法就是不停地寻找某个节点中下降幅度最大的那个趋势并进行迭代计算，过程为：计算损失函数的梯度→更新参数→迭代，直到将误差减小到符合要求的范围为止。

批量梯度下降：每次参数更新都使用整个训练数据集来计算损失函数的梯度。然而，对于大规模数据集，这种方法计算成本非常高，而且内存需求较大。

随机梯度下降法：针对批量梯度下降法存在的计算成本高、内存需求大等问题，人们设计出了随机梯度下降算法，即在每次迭代中，仅使用一个随机选取的训练样本来计算损失函数的梯度，并据此更新模型参数。这大幅减少了每次迭代的计算量和内存需求。

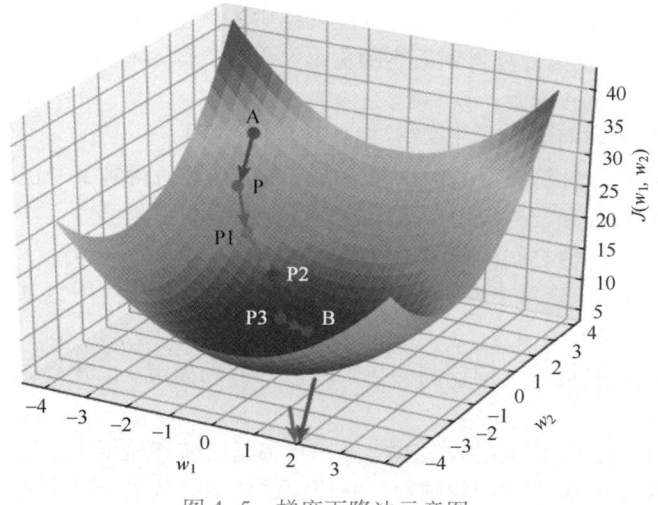

图 4-5 梯度下降法示意图

4.4.2 反向传播算法

反向传播算法包括两个阶段：前向传播和反向传播。

前向传播是指从输入数据开始，通过神经网络的各层逐层计算并传递数据，最终得到模型的输出结果。在前向传播过程中，输入数据通过每一层的权重和偏置进行线性变换，并经过激活函数进行非线性变换，然后输出到下一层，直到输出层。前向传播的目的是计算模型的预测值。

反向传播是指根据模型的预测结果和真实标签之间的差异，通过链式法则（Chain Rule）逆向计算梯度，并将梯度从输出层传播回网络的每一层，用于更新模型的参数。在反向传播过程中，首先计算输出层的误差，然后将误差从输出层传播到隐藏层，再传播到更浅的隐藏层，最后传播到输入层。通过反向传播，可以获取关于每个参数对损失函数的梯度信息，从而实现参数的优化和更新。

反向传播算法流程如图 4-6 所示。

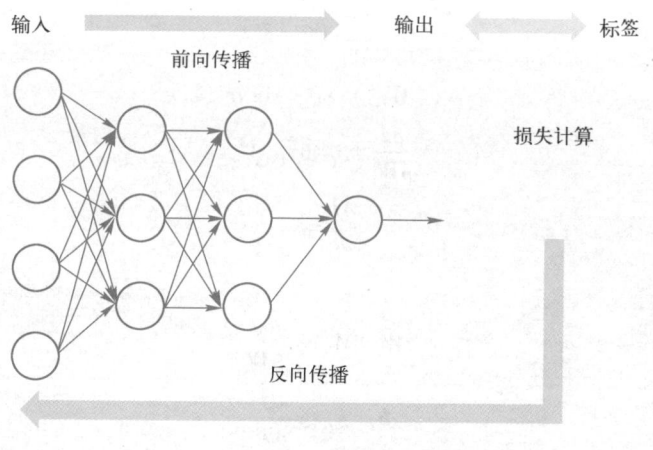

图 4-6 反向传播算法流程

在前向传播阶段中,训练数据被输入到神经网络中,从输入层开始,沿着网络的连接逐层计算每个神经元的输出值,直至计算得到最终的输出结果,具体过程如下。

1) 初始化网络的权重和偏置。
2) 训练数据被输入到网络中,计算第一层的输出值。
3) 对于每个隐藏层,计算该层的加权和并应用激活函数,得到下一层的输入值。
4) 计算输出层的加权和,并应用激活函数,得到最终的预测值。
5) 计算预测值与实际值之间的损失函数。

在反向传播阶段中,计算每个参数对损失函数的偏导数,并使用链式法则将这些偏导数向后传递,以更新网络的权重和偏置,具体过程如下。

1) 计算输出层的误差信号(即预测值与实际值之间的差异),并将误差信号向前传递至每个隐藏层。
2) 对于每个隐藏层,计算该层的误差信号,并将其向前传递至上一层。
3) 计算每个参数对损失函数的偏导数,并使用这些偏导数更新网络的权重和偏置。

对于具有 l 层的神经网络,定义以下变量。

输入数据:$\boldsymbol{x}$。

第 l 层的输出:$\hat{\boldsymbol{y}}_l$。

第 l 层的权重:$\boldsymbol{W}_l$。

第 l 层的偏置:$\boldsymbol{b}_l$。

第 l 层的激活函数:$\sigma(z)$。

前向传播公式:

$$z_l = \boldsymbol{W}_l \times \hat{\boldsymbol{y}}_{l-1} + \boldsymbol{b}_l$$
$$a_l = \sigma(z_l)$$

损失函数:

$$J = \frac{1}{m} \sum (\hat{\boldsymbol{y}}_l - \boldsymbol{y})^2$$

通过函数求导法则,可以得到反向传播的公式为

$$\delta_l = \frac{\partial J}{\partial \hat{\boldsymbol{y}}_l} \otimes \sigma'(z_l)$$

$$\delta_l = ((\boldsymbol{W}_{l+1})^T \times \delta_{l+1}) \otimes \sigma'(z_l)$$

$$\frac{\partial J}{\partial \boldsymbol{W}_l} = \delta_l \times (\hat{\boldsymbol{y}}_{l-1})^T$$

$$\frac{\partial J}{\partial \boldsymbol{b}_l} = \delta_l$$

更新参数公式为

$$\boldsymbol{W}_l = \boldsymbol{W}_l - \alpha \frac{\partial J}{\partial \boldsymbol{W}_l}$$

$$\boldsymbol{b}_l = \boldsymbol{b}_l - \alpha \frac{\partial J}{\partial \boldsymbol{b}_l}$$

式中,$\otimes$ 表示元素乘法;α 是学习率。

通过链式法则，反向传播将整个网络的梯度计算拆解成各层梯度的乘积，从而降低了计算复杂度。这使得神经网络能够处理大规模数据，适应各种复杂任务，如图像分类、语音识别、自然语言处理等。同时，反向传播的端到端学习特性使神经网络能够自动学习从输入到输出的复杂映射关系，无须手动设计特征。最终，通过调整网络参数，反向传播有助于提高神经网络的泛化能力，使其在未见过的数据上表现较好，增强网络的可靠性和实用性。

反向传播算法是深度学习中训练神经网络的关键算法之一。通过计算网络输出与实际目标之间的误差，沿着网络的层次反向传递这个误差，并利用梯度下降的方式逐步调整网络参数，以最小化损失函数。这一机制不仅可以有效地更新参数，使网络能够学习复杂的映射关系，而且是深度学习发展的基石之一。

4.4.3 案例：基于 BP 神经网络模型的房价预测实战

1. 导入依赖库

导入 BP 神经网络模型的房价预测所需的依赖库。

代码如下：

```python
from sklearn.preprocessing import StandardScaler
from sklearn.model_selection import train_test_split
from tensorflow.keras import layers, models
#from keras import layers, models
import matplotlib.pyplot as plt
import matplotlib
import numpy as np
import pandas as pd
```

2. 加载数据集

加载房价预测数据集，并拆分为训练集和测试集。

代码如下：

```python
aw_df = pd.read_csv('boston_housing_data.csv').dropna()
data = np.array(raw_df.iloc[:, :-1])
target = np.array(raw_df.iloc[:, -1])
# 拆分训练集和测试集
X_train, X_test, y_train, y_test = train_test_split(
    data, target, test_size=0.25, random_state=42)
```

3. 数据标准化处理

数据标准化是数据预处理中常用的一项技术，主要目的是将不同特征的数据放缩到相同的尺度，以避免某些特征对模型的影响过大或不平衡。

代码如下：

```python
# 标准化特征值
std_x = StandardScaler()
X_train = std_x.fit_transform(X_train)
X_test = std_x.transform(X_test)
```

```python
# 标准化目标值
std_y = StandardScaler()
y_train = std_y.fit_transform(y_train.reshape(-1, 1))
y_test = std_y.transform(y_test.reshape(-1, 1))
```

4. 定义模型

定义 BP 神经网络模型，并加入梯度下降优化器和交叉熵损失函数。

代码如下：

```python
model = models.Sequential()
model.add(layers.Dense(64, activation='relu', input_dim=13))
model.add(layers.Dense(64, activation='relu'))
model.add(layers.Dense(1))
model.summary()
# 梯度下降优化器
optimizer = 'sgd'
# 交叉熵损失函数
loss = 'mse'
# 配置模型
model.compile(optimizer=optimizer, loss=loss, metrics=['mse', ])
```

5. 训练模型

训练迭代模型 500 次，然后用训练好的模型对测试集进行预测，以便评估模型的性能。

代码如下：

```python
# 迭代次数
epochs = 500
# 批次大小
batch_size = 32
# 拟合模型
history = model.fit(X_train, y_train, validation_data=(X_test, y_test), epochs=epochs, batch_size=batch_size)

# 预测
predict = model.predict(X_test)
predict = np.reshape(predict, (-1,))
y_test = np.reshape(y_test, (-1,))
```

6. 模型可视化

可视化展示预测值和真实值，使预测值和真实值的差异更加明显。

代码如下：

```python
matplotlib.use('tkagg')
plt.plot(predict, label='y_pred')
plt.plot(y_test, label='y_true')
```

```
plt.legend()
plt.show()
```

预测结果如图 4-7 所示。

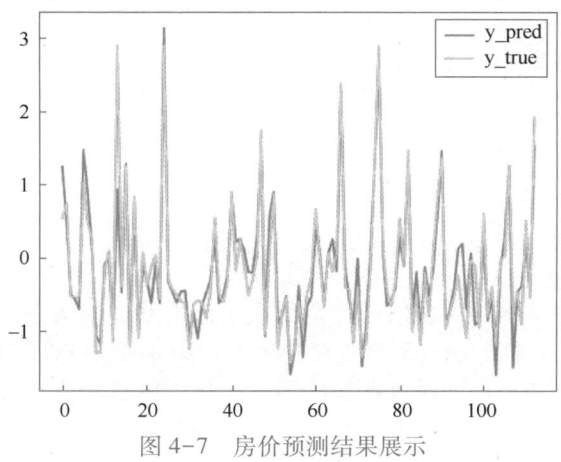

图 4-7 房价预测结果展示

4.5 Dropout 正则化

在训练阶段，神经网络有时会过度适应了训练数据中的噪声、细节或者特定样本的特征，导致在未知数据上表现较差，这被称为神经网络的过拟合（Over Fitting），如图 4-8 所示。当神经网络过于复杂或者训练数据不足时，模型可能会过度学习训练集中的特定模式，从而忽略了整体数据的真实分布，失去了对未知数据的泛化能力。

神经网络过拟合的主要原因在于模型过于复杂，学习到了训练数据中的噪声或细节，而失去了对未知数据的泛化能力。神经网络的参数数量较多，它在训练过程中往往能够拟合训练数据中的复杂模式，甚至过度拟合噪声。这可能导致模型对于训练数据表现良好，但在未知数据上表现较差。

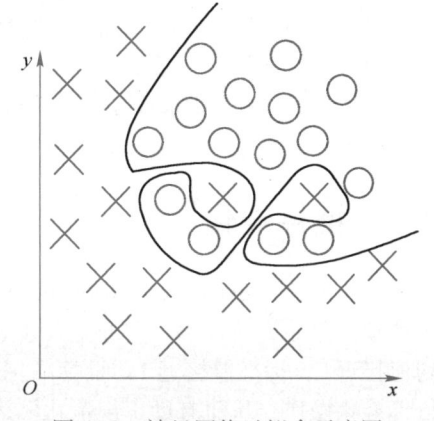

图 4-8 神经网络过拟合示意图

过拟合通常体现在模型在训练集上表现良好，但在验证集或测试集上性能下降，在实际应用中可能无法取得理想的结果。具体来说，过拟合可能导致模型对训练数据中的噪声和异常值过度敏感，使得它在面对新数据时产生不稳定的预测。

Dropout 正则化是一种常用的神经网络正则化技术，旨在降低过拟合的风险。它通过在训练过程中随机地将一些神经元的输出设置为零来实现。在向前传播的时候，让某个神经元的激活值以一定的概率 p 停止工作，这样可以使模型的泛化能力更强，因为它不会太依赖某些局部的特征。

具体来说，对于每个训练样本，Dropout 正则化会以概率 p（通常为 0.5）随机选择一些隐藏层神经元，并将其输出置为零。这意味着在每次训练迭代中，网络的结构都会略有不同，如图 4-9 所示，虚线表示在每轮迭代更新时被隐藏的神经元。因此，每个神经元都需要学会在其他神经元缺失的情况下独立地发挥作用，这有助于提高网络的鲁棒性。

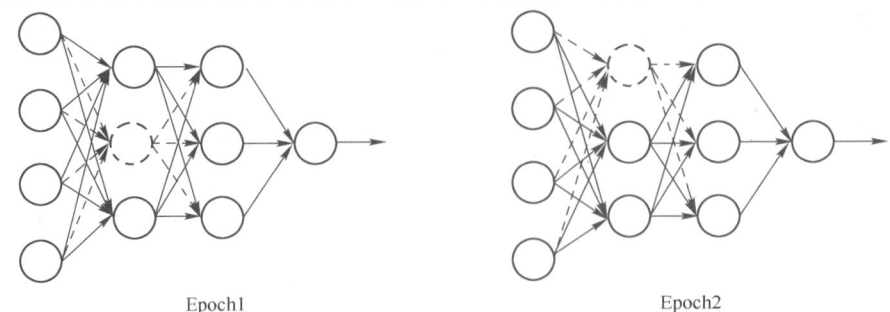

图 4-9 每轮迭代对应的 Dropout

神经元共同存在于训练中时，它们可能会形成复杂的共适应关系，导致网络过度适应训练数据的噪声和特定样本的特征。通过随机丢弃神经元，Dropout 打破了这种共适应关系，迫使网络学习到更加独立和泛化的特征。通过在每次训练迭代中随机删除神经元，使得网络不能依赖于特定的神经元计算输出，模型变得更加鲁棒，有助于提高模型在未知数据上的性能。

需要注意的是，Dropout 策略只存在于训练阶段，在模型预测阶段并不起作用，即模型在预测阶段时，使用的是所有的神经元。

Dropout 是一种有效缓解神经网络过拟合的正则化技术，主要优势在于通过在训练过程中随机丢弃神经元，显著减少了网络对训练数据中噪声和特定样本的过度依赖，从而提高了模型的泛化能力。通过减少神经元之间的复杂共适应关系，Dropout 使得神经网络更具鲁棒性，能够更好地适应不同的输入情况，而不是过度依赖于特定的神经元激活模式。此外，Dropout 在一定程度上模拟了集成学习的效果，通过随机性地训练不同的子网络，最终综合它们的预测结果，有助于降低模型的过拟合风险。这使得 Dropout 成为训练深度神经网络时的一个重要工具，帮助提升模型的稳定性和泛化性能。

4.6 批标准化

批标准化（Batch Normalization，BN）是一种用于加速深度神经网络训练过程、提高模型稳定性和泛化能力的技术。它的主要思想是对神经网络的输入进行标准化处理，使得每个特征的均值接近 0，标准差接近 1。批标准化通常被应用于神经网络的隐藏层，对每个小批量的数据进行标准化操作，从而有助于规范化网络中间层的输入分布，解决梯度消失和梯度爆炸等问题。

4.6.1 批标准化的实现方式

机器学习算法都有一个前提假设，即数据是独立同分布的，简单来说就是输入空间内的所有变量都服从某一个隐含分布，而模型则是去学习这个分布。在神经网络的训练过程中，每一层的参数变化都会导致输出与输入的分布发生变化，层层递进，深层神经网络的分布可能会发生剧烈变化。这就导致网络训练过程中，模型需要不断调整参数去适应这种变化，极大影响了模型收敛速度与性能。

批标准化的实现方式主要包括以下步骤。

1）计算小批量数据的均值和标准差。对每个特征，在小批量数据中计算均值和标准差，即

对于第 i 个特征，计算小批量数据中该特征的均值 μ_i 和标准差 σ_i。

2）标准化。使用计算得到的均值和标准差对小批量数据进行标准化。对于第 i 个特征，标准化公式为

$$\hat{x}_i = \frac{x_i - \mu_i}{\sqrt{\sigma_i^2 + \epsilon}}$$

式中，ϵ 是一个很小的常数，避免除以零的情况。

3）缩放和平移。对标准化后的数据进行缩放和平移，引入可学习参数。对于第 i 个特征，缩放和平移操作为

$$y_i = \gamma \hat{x}_i + \beta$$

式中，γ 是缩放因子（可学习参数）；β 是平移因子（可学习参数）。

4）更新参数。使用反向传播算法计算梯度，并使用梯度下降或其他优化算法更新可学习参数（γ 和 β）。

以上是批标准化的基本步骤，实际实现时可能还需要考虑在训练和测试时的处理方式。在测试时，由于可能不存在明确的小批量数据，一般使用整个训练集的均值和标准差来标准化测试数据。

4.6.2 批标准化的使用方式

通常，批标准化被放置在激活函数之前，确保标准化操作不会破坏激活函数的非线性特性，如图4-10所示。具体而言，对于全连接层，批标准化一般放在全连接层的计算之后、激活函数之前。对于卷积层，批标准化一般在卷积计算之后、激活函数之前。

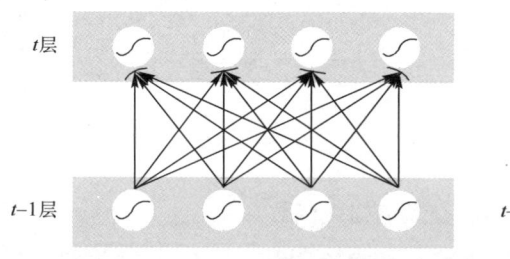
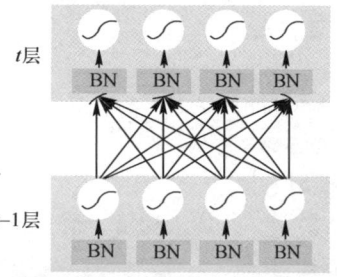

图4-10　BN层的使用方式

批标准化在训练时，可以根据小批量里的若干训练实例进行激活数值调整，但是在推理（Inference）的过程中，很明显输入就只有一个实例，而看不到批量中的其他实例，那么这时对输入做批标准化就成了一个需要解决的问题，因为很明显没办法对只有一个实例的集合计算均值和方差。这时，直接使用所有训练实例的均值和方差即可。

批标准化在深度学习中的作用和意义是多方面的。首先，它通过标准化每个特征的输入，加速了神经网络的训练收敛过程。这种标准化有助于每一层更快地学习到有效的特征表示，减少了训练所需的迭代次数，提高了训练效率。其次，批标准化有助于稳定网络的训练，缓解了梯度消失和梯度爆炸的问题，从而增强了网络的整体稳定性。这对于深层网络的训练尤为重要，特别是在处理复杂任务和大规模数据集时。总体而言，批标准化不仅提高了训练速度，还加强了模型

的鲁棒性，使得神经网络更容易优化和泛化到未知数据上，成为深度学习中一项重要的正则化和优化手段。

4.6.3 案例：手写数字识别分类实战

1. 导入依赖库

导入所需要的依赖库。

代码如下：

```python
from tensorflow.keras import layers, models
import tensorflow.keras.datasets as datasets

import numpy as np
import matplotlib.pyplot as plt
```

2. 获取 mnist 数据集

导入 mnist 数据集。

代码如下：

```python
(x_train, y_train), (x_test, y_test) = datasets.mnist.load_data()
```

3. 图像处理

代码如下：

```python
#对每张图像进行展平处理
x_train = np.reshape(x_train, (len(x_train), -1))
x_test = np.reshape(x_test, (len(x_test), -1))

# 归一化
x_train = x_train / 255.
x_test = x_test / 255.
```

4. 定义模型

定义网络模型，并加入梯度下降优化器和交叉熵损失函数。

代码如下：

```python
model = models.Sequential()

model.add(layers.Dense(512, input_dim=28 * 28))
model.add(layers.BatchNormalization())
model.add(layers.ReLU())

model.add(layers.Dense(512))
model.add(layers.BatchNormalization())
model.add(layers.ReLU())

model.add(layers.Dense(256))
```

```python
model.add(layers.BatchNormalization())
model.add(layers.ReLU())

model.add(layers.Dense(10, activation='softmax'))
model.summary()


# 梯度下降优化器
optimizer = 'sgd'
# 交叉熵损失函数
loss = 'sparse_categorical_crossentropy'
# 配置模型
model.compile(optimizer=optimizer, loss=loss, metrics=['acc', ])
```

5. 训练模型

训练迭代模型 20 次，然后用训练好的模型对测试集进行预测，评估模型的性能。

代码如下：

```python
# 迭代次数
epochs = 20
# 批次大小
batch_size = 32
# 拟合模型
history = model.fit(x_train, y_train, validation_data=(x_test, y_test), epochs=epochs, batch_size=batch_size)

# 预测
predict = model.predict(x_test)
predict = np.reshape(predict, (-1,))
y_test = np.reshape(y_test, (-1,))
```

6. 模型可视化

可视化展示预测值和真实值的差异。

代码如下：

```python
plt.figure(figsize=(12, 4))

plt.subplot(1, 2, 1)
plt.plot(history.history['acc'], label='Train Accuracy')
plt.plot(history.history['val_acc'], label='Validation Accuracy')
plt.title('Accuracy over Epochs')
plt.xlabel('Epochs')
plt.ylabel('Accuracy')
plt.legend()

plt.subplot(1, 2, 2)
```

```
plt.plot(history.history['loss'], label='Train Loss')
plt.plot(history.history['val_loss'], label='Validation Loss')
plt.title('Loss over Epochs')
plt.xlabel('Epochs')
plt.ylabel('Loss')
plt.legend()

plt.tight_layout()
plt.show()

# 展示前 10 个测试样本的预测结果与真实标签
num_samples_to_show = 10
for i in range(num_samples_to_show):
    plt.subplot(2, num_samples_to_show // 2, i + 1)
    plt.imshow(x_test[i].reshape(28, 28), cmap='gray')
    plt.title(f"True: {y_test[i]}, Pred: {predict_labels[i]}")
    plt.axis('off')

plt.show()
```

模型结果可视化如图 4-11 和图 4-12 所示。

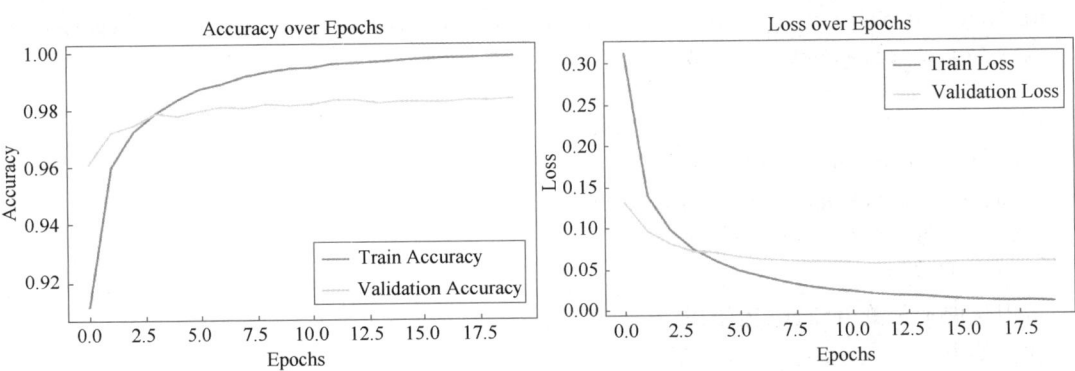

图 4-11　可视化训练集和验证集的准确率（Accuracy）和损失（Loss）

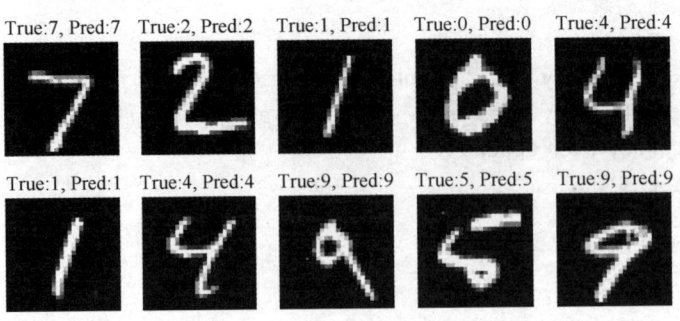

图 4-12　部分预测结果与真实标签

4.7 思考与练习

1. 选择题

1）神经网络中的（　　）反映了单元之间的连接强度。
A. 激活函数　　　　　　　　　　　　B. 权重
C. 输入单元　　　　　　　　　　　　D. 输出单元

2）关于 Dropout 正则化在神经网络训练中的作用，以下说法中正确的是（　　）。
A. Dropout 通过增加神经元数量来提高模型的鲁棒性
B. Dropout 通过在训练过程中随机丢弃神经元来减少模型对训练数据中的噪声和特定样本的依赖
C. Dropout 只在模型预测阶段起作用，用于提高预测的准确性
D. Dropout 通过降低学习率来减少模型训练过程中的计算负担

3）在神经网络的研究趋势中，以同时处理图像、文本、语音等不同类型的数据为目标的研究方向是（　　）。
A. 生成式模型　　　　　　　　　　　B. 对抗性学习
C. 多模态学习　　　　　　　　　　　D. 元学习

4）感知器是一种（　　）类型的人工神经网络。
A. 多层神经网络　　　　　　　　　　B. 前向神经网络
C. 循环神经网络　　　　　　　　　　D. 卷积神经网络

5）在神经网络训练中，（　　）是反向传播算法的主要步骤。
A. 从输出层向隐藏层传播误差信号，通过链式法则计算梯度，然后根据梯度调整各层的参数
B. 从输入层向输出层逐层计算数据，通过线性变换和激活函数处理，最终得到模型的预测值
C. 随机选择一个训练样本，计算整个训练数据集的损失函数梯度，并据此更新模型参数
D. 在每次迭代中，通过计算损失函数的梯度，确定如何修改权重以减小神经网络的误差

2. 问答题

1）全连接神经网络与多层感知机有什么关系？
2）反向传播算法的具体过程是什么？
3）批标准化的作用是什么？

第 5 章 卷积神经网络

卷积神经网络是一类包含卷积计算且具有深度结构的前向神经网络,是深度学习的代表算法之一。卷积神经网络具有表征学习能力,能够按其阶层结构对输入信息进行平移不变分类,因此也被称为"平移不变人工神经网络"。卷积神经网络模仿生物的视知觉机制构建,可以进行监督学习和无监督学习,通过卷积核的滑动卷积操作实现参数共享,能够用较少的参数量处理大分辨率的图像。卷积神经网络主要用于计算机视觉领域,其有许多经典结构,本章将介绍 AlexNet、VGG16、ResNet、DenseNet 等。

第 5 章 卷积神经网络

5.1 卷积神经网络简介

5.1.1 什么是卷积神经网络

卷积神经网络是一种具有局部连接、权值共享等特点的深层前向神经网络,对于图像处理有较好表现。伴随着深度学习理论的发展和计算设备的改进,卷积神经网络得到了研究人员的充分重视,广泛应用于计算机视觉、自然语言处理等领域。

卷积神经网络的设计灵感来源于动物的视觉,模仿动物对图像的处理方式。本节将从以下几个方面来解释卷积神经网络的原理。

1. 图像的原理

图像在计算机中是一个数值在 0~255 之间的矩阵,0 代表最暗,255 代表最亮,图像随数值的升高而不断变亮,如图 5-1 所示。

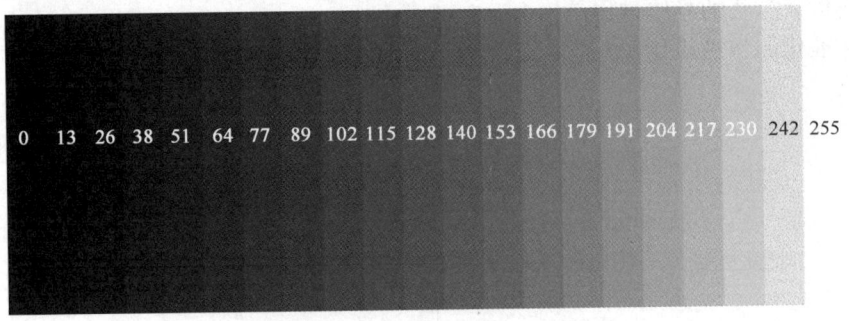

图 5-1 图像 RGB 值

数字 8 的灰度图及其数值分别如图 5-2、图 5-3 所示。

图 5-2 数字 8 的灰度图

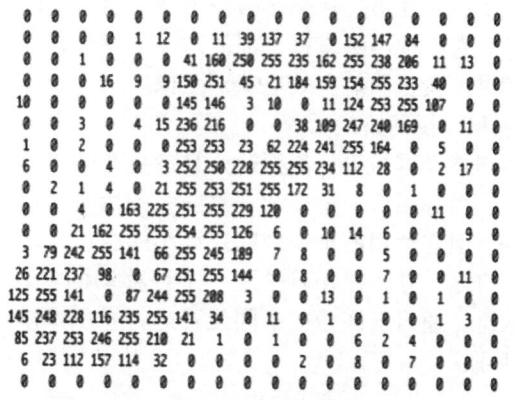

图 5-3 数字 8 的灰度图的数值

图 5-2 是只有黑白颜色的灰度图,而更普遍的图像表达方式是 RGB 颜色模型,即红、绿、蓝三原色的色光以不同的比例相加,以产生多种多样的色光。在 RGB 颜色模型中,单个矩阵就扩展成了有序排列的三个矩阵,也可以用三维张量去理解,如图 5-4 所示。

图 5-4 图像的三色矩阵

2. 卷积神经网络的作用

深度学习模型中存在着两大问题:一是当图像过大、数量过多时,需要处理的计算量过于庞大,费时费力效率低;二是在训练过程中,图像的特征丢失严重,难以保留或者因为破坏了原有的空间信息而导致模型识别准确率低,模型性能差。本文将针对这两个问题,解释卷积神经网络的作用。

1)计算量过大。如果一张图像的尺寸为 800×600×3,那么就需要处理 1440000 个像素点,如果隐藏层有 1024 个节点,那么计算机就要处理 1440000×1024 个权重参数,这个数量是难以想象的,因此需要卷积神经网络的卷积操作,提取特征,减少需要处理的像素点,从而提高模型的处理效率。

2)图像的空间信息被破坏。如果训练模型时,需要对图像进行展平处理,破坏了图像原有的空间信息,使得训练出来的模型性能变差。比如用一张猫的图像训练出一个性能良好的模型,当对猫的图像做一些空间上的变形再代入模型时，可能会出现截然不同的结果。动物在理解图片的过程中，往往不是从整张图像出发，而是关注部分有效特征，然后在记忆中匹配组合得到图像的信息。卷积神经网络就是根据这样的原理，保留图像关键特征，当图像做一些平移、反转、旋转处理时，模型也能有效地识别图像。

3. 卷积神经网络的原理

在卷积神经网络中，卷积操作是最重要的步骤，可以将其理解为一个"扫描"图像的过程。想象一下，当你用放大镜仔细观察一张图像时，你会逐块查看图片的不同部分。卷积操作类似于这个过程，但它使用的是一个固定大小的窗口，这个窗口通常称为卷积核或滤波器。

简而言之，卷积操作就是用一个可移动的窗口来提取图像中的特征，这个窗口包含了一组特定的权重，通过与图像的不同位置进行卷积操作，网络能够学习并捕捉到不同特征的信息，如图 5-5 所示。

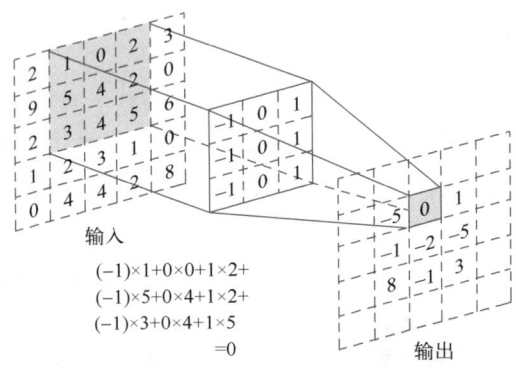

图 5-5　卷积操作提取特征

将图像输入卷积层，还需要添加标量偏置之后才能产生输出。因此，训练卷积层就是训练卷积核权重和标量偏置。卷积核也是可以训练的。在训练基于卷积层时，随机初始化卷积核权重。然后使用随机初始化的卷积核权重，提取图片特征用于模型训练。通过迭代训练，不断更新卷积核的参数，提取更有效的特征。

4. 特征映射和感受野

（1）特征映射

卷积是一种特征的映射，卷积层也被称为特征映射，顾名思义，就是将输入的特征映射到下一层的空间维度。

（2）感受野

在卷积神经网络中，任意层的某个函数的感受野，是指在前向传播期间可能影响到这个元素计算的所有元素。如图 5-5 所示，输入经过卷积操作后输出的单个元素为 0，0 的感受野就是可能影响到这个元素计算的卷积核中的所有元素。

5. 填充和步长

卷积层的输入形状和卷积层的输出形状往往不同，输出形状取决于卷积层的大小和步长。如图 5-6 所示，输入形状为 5×5，经过步长为 1、形状为 3×3 的卷积核进行卷积操作，输出的形状为 3×3。

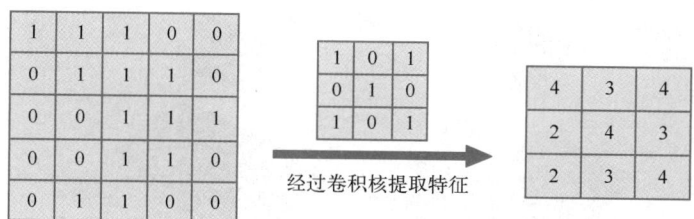

图 5-6 卷积操作

（1）填充

在有些情况下，输入图像经过多个卷积层卷积操作后，图像的边缘特征丢失严重。卷积常用的卷积核尺寸较小，这会使图像的像素丢失增多，如果只有一层卷积层处理，可能只会丢失几个像素点，但要是经过多层卷积操作，像素就会丢失严重，关键特征和边缘特征也可能随之丢失。为解决这个问题，引入填充的思想。填充是在输入图像的边界填充元素（通常填充元素是0）。例如，在对5×5的输入张量边缘填充一层0后变为6×6的张量，再使用尺寸为3×3的卷积核，步长为1，进行卷积操作后，输出形状为5×5，与输入形状相同，如图5-7b所示。若是没有填充，使用相同的卷积核、相同的步长，对4×4的输入张量进行卷积操作，则会产生2×2的输出结果，如图5-7a所示。可以明显观察到未填充图像输出的形状发生明显减小，填充图像输出的形状不变。所以图像填充有助于对图像特征的保护。

图像填充还可以增加卷积层输出的尺寸，对5×5的张量边缘填充两层0后变为7×7的张量，再使用尺寸为3×3的卷积核，步长为1，进行卷积操作后，输出形状为7×7，如图5-7c所示。与原输入张量尺寸相比，填充后的输出张量尺寸明显增大。

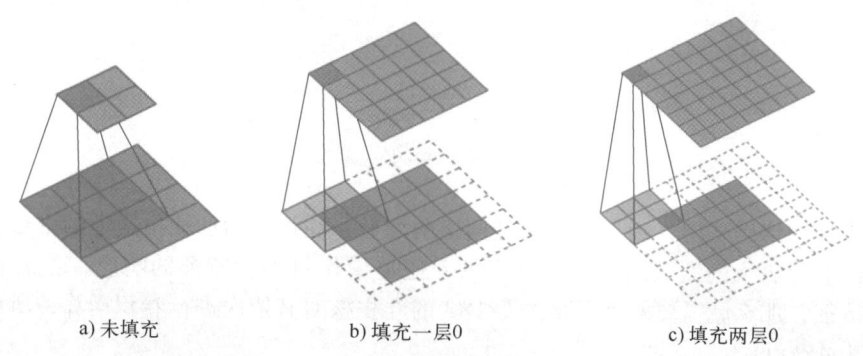

a) 未填充　　　　　　b) 填充一层0　　　　　　c) 填充两层0

图 5-7 填充和未填充张量的卷积操作

（2）步长

在卷积操作中，卷积窗口开始于输入张量的左上角，然后沿着水平和垂直方向移动。通常，默认每次移动一个元素来扫描输入。然而，有时为了提高效率或者减少采样次数，可以增加每次移动窗口的元素数量，调整移动的距离和速度，每次移动窗口的元素数量称为步长。步长为2的卷积操作如图5-8所示。

6. 多输入多输出通道

彩色图像通常由红、绿、蓝三个标准的RGB通道组成。之前的例子中，仅展示了单个输入和单个输出通道，以简化处理，将输入、卷积核和输出视为二维张量。然而，当引入通道时，输

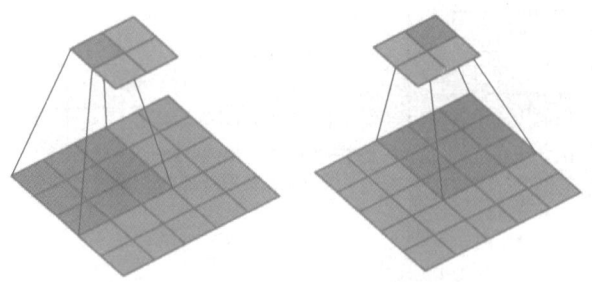

图 5-8　步长为 2 的卷积操作

入和中间表示都会变成三维张量。例如，每个 RGB 输入图像具有高度×宽度×3 的形状，其中 3 表示通道数。把这个大小为 3 的通道数称为通道（Channel）维度。

当输入通道数为 1 时，只需要一个二维张量的卷积核对其进行卷积处理，输出也是一个二维张量。当输入通道数为 3，为了对三个通道的输入进行卷积处理，这时就需要一个通道数为 3 的卷积核对其进行处理，图像通道与卷积核通道一一对应，分别进行卷积操作。在完成卷积后，对三个通道进行求和，得到一个特征输出，如图 5-9 所示。假设卷积核形状为 $k×k×3$，单个卷积核，就形成了形状为 $1×k×k×3$ 的卷积核。

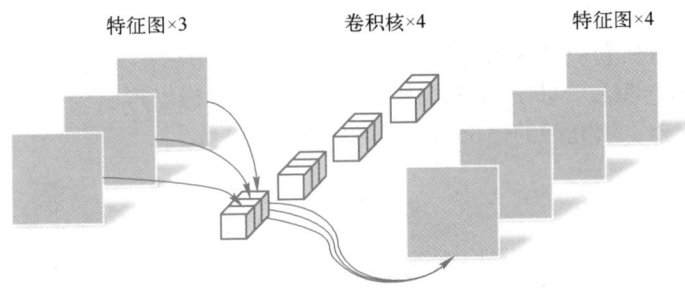

图 5-9　多输入多输出通道卷积

在一些神经网络结构中，为了加深神经网络的层数，往往会增加输出通道的维数，通过减少空间分辨率以获得更大的通道深度，可以将每个通道看作对不同特征的响应。若需要输出通道维数为 4 的特征，那么就需要 4 个形状为 $k×k×3$ 的卷积核对其依次进行卷积运算，所以卷积核的形状最终变为 $4×k×k×3$。

5.1.2　卷积神经网络的基本模型

卷积神经网络最基本的模型可以视为三层的神经网络，即输入层、隐藏层、输出层。其中，卷积神经网络的输入层可以处理多维数据，并且对原始图像进行预处理；隐藏层通常由卷积（Convolution）、激活（Activation）、池化（Pooling）三种结构组成；输出层通常连接着全连接层，将输出的特征空间作为全连接层的输入。对于图像分类问题，通常使用卷积神经网络来对图像进行处理从而提取特征，再使用全连接层来完成从输入图像到标签的映射，即完成图像的分类。LeNet-5 是杨立昆（Yann LeCun）在 1998 年设计的用于手写数字识别的卷积神经网络，当时美国大多数银行就使用它来识别支票上的手写数字，其网络结构如图 5-10 所示。图 5-10 中，s

表示卷积步长，$\hat{y}$ 表示最终输出，f 表示平均池化窗口的大小。

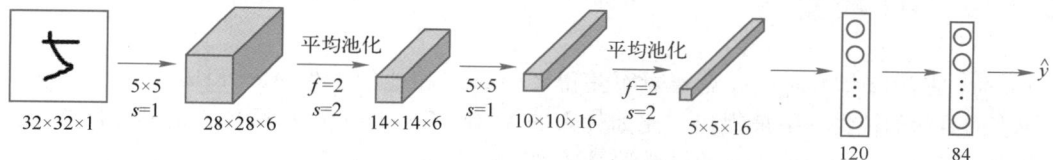

图 5-10　LeNet-5 网络结构

LeNet-5 卷积神经网络模型主要由卷积层、池化层以及全连接层组成。其中，卷积层的功能是对输入数据进行特征提取，其内部包含多个卷积核，卷积核通常是正方形区域，组成卷积核的每个元素都对应着一个权重系数，而卷积核的大小对应着获取信息区域的大小，称为感受野。卷积是使用卷积核按照一定的步长平移扫描输入特征，在感受野中进行矩阵元素乘法求和并叠加偏移量的操作。卷积层参数包括卷积核大小、步长和填充，这些参数共同决定卷积层输出特征的维度，而当前层卷积核的个数则决定了输出的特征图的深度。池化层实际上是对于输入特征的下采样，其目的在于对特征图进行特征选择和信息过滤，最常见的形式是最大池化和平均池化，也是通过扫描区域进行特定操作来实现的。全连接层则是传统的前向神经网络的连接方式，特征图会失去空间拓扑关系，被展开成向量。

5.1.3　卷积神经网络典型的应用开发流程

卷积神经网络在各种领域中都有着广泛的应用，比如图像识别、目标检测、人脸识别、医学影像分析等。下面是典型的卷积神经网络应用开发流程。

（1）数据收集与预处理

数据收集和预处理是应用开发的第一步。确定应用开发所需要的数据集，可以在网上下载相关数据集，也可以自己收集制作数据集，注意确保数据的质量和多样性，以提高模型的泛化能力。数据预处理对模型的训练效果和泛化能力起着至关重要的作用。数据预处理的步骤主要包括数据清洗、数据标准化/归一化、数据集划分以及数据增强等。这些步骤确保了数据的质量和完整性，使得数据符合模型的输入要求，并且能够提高模型的训练效果和泛化能力。

（2）选择合适的模型架构

根据应用需求，选择合适的卷积神经网络架构，比如经典的 LeNet、AlexNet、VGG、ResNet、Inception 等，也可以考虑使用预训练的模型作为基础，然后微调以适应特定任务。

（3）模型训练

将数据集分为训练集、验证集和测试集，然后使用训练集对模型进行训练。在训练过程中，通过反向传播算法来调整模型参数，以使模型能够更好地拟合数据。

（4）模型评估与调优

使用验证集对训练好的模型进行评估，调整超参数或者模型架构以提高模型性能，并防止过拟合。

（5）模型部署与应用

当模型训练和调优完成后，可以将模型部署到生产环境中，以进行实际的应用。这可能涉及将模型集成到一个应用程序或者服务中，以便对新数据进行预测。

5.2 AlexNet 模型

AlexNet 是 2012 年 ImageNet 竞赛冠军获得者 Hinton 和他的学生 Alex Krizhevsky 设计的，之后，更多的更深的神经网络被提出，比如优秀的 VGG、GoogleNet。这些新兴的神经网络模型在图像分类等应用中的表现比传统的机器学习算法更出色。

5.2.1 AlexNet 模型简介

AlexNet 中包含了几个比较新的技术点，首次在卷积神经网络中成功应用了 ReLU、Dropout 和局部响应归一化（LRN）等技术。同时，AlexNet 也使用了 GPU 进行运算加速。

AlexNet 将 LeNet 的思想发扬光大，把卷积神经网络的基本原理应用到了很深很宽的网络中。AlexNet 主要使用的新技术点如下。

1）成功使用 ReLU 作为卷积神经网络的激活函数，并验证其效果在较深的网络超过了 Sigmoid 函数，成功解决了 Sigmoid 函数在网络较深时的梯度弥散问题。虽然 ReLU 激活函数在很久之前就被提出了，但是直到 AlexNet 的出现才将其发扬光大。

2）训练时使用 Dropout 随机忽略一部分神经元，以避免模型过拟合。Dropout 虽有单独的论文论述，但是 AlexNet 将其实用化，通过实践证实了它的效果。AlexNet 中，主要是在最后几个全连接层使用了 Dropout。

3）在 AlexNet 中使用重叠的最大池化。此前卷积神经网络中普遍使用平均池化，AlexNet 全部使用最大池化，避免平均池化的模糊化效果。

4）使用 CUDA 加速深度卷积网络的训练，利用 GPU 强大的并行计算能力，处理神经网络训练时产生的大量矩阵运算。AlexNet 使用了两个 GTX 580 GPU 进行训练，单个 GTX 580 只有 3 GB 显存，这限制了可训练的网络的最大规模。因此将 AlexNet 分布在两个 GPU 上，在每个 GPU 的显存中储存一半的神经元的参数。因为 GPU 之间通信方便，可以互相访问显存，而不需要通过主机内存，所以同时使用多个 GPU 也是非常高效的。同时，AlexNet 的设计让 GPU 之间的通信只在网络的某些层进行，控制了通信的性能损耗。

5）数据增强，例如，随机地从大小为 256×256 的原始图像中截取 224×224 大小的区域（以及水平翻转的镜像）。如果没有数据增强，仅靠原始的数据量，参数众多的卷积神经网络会陷入过拟合，使用了数据增强后可以大幅减轻过拟合，提升泛化能力。进行预测时，取图像的四个角加中间共 5 个位置，并进行左右翻转，一共获得 10 张图像，对它们进行预测并对 10 次结果求均值。同时，AlexNet 会对图像的 RGB 数据进行主成分分析（PCA），并对主成分做一个标准差为 0.1 的高斯扰动，增加一些噪声，可以让错误率再下降 1%。

5.2.2 AlexNet 的特点

AlexNet 在 LeNet 的基础上加深了网络的结构，学习更丰富、更高维的图像特征。

1. 使用 ReLU 作为激活函数

在最初的感知机模型中，输入和输出的关系如下：

$$y = w^T x + b$$

式中，w 是权重系数；x 为特征输入；b 为偏置项。这只是单纯的线性关系，这样的网络结构有很大的局限性：即使用很多这样结构的网络层叠加，其输出和输入仍然是线性关系，无法处理非线性关系的输入和输出。因此，对每个神经元的输出做非线性的转换，就是将加权求和的结果输入到一个非线性函数，也就是激活函数中。这样，由于激活函数的引入，多个网络层的叠加就不再是单纯的线性变换，而是具有更强的表现能力。

在 AlexNet 之前，一般使用 Sigmoid 函数作为激活函数。在网络层数较少时，Sigmoid 函数的特性能够很好地满足激活函数的作用，它把一个实数压缩至 0 到 1 之间，当输入的数字非常大的时候，结果会接近 1。当输入非常大的负数时，则会得到接近 0 的结果。这种特性，能够很好地模拟神经元在受刺激后，是否被激活向后传递信息（输出为 0，几乎不被激活；输出为 1，完全被激活）。Sigmoid 函数一个很大的问题就是梯度饱和。观察 Sigmoid 函数的曲线，当输入的数字较大（或较小）时，函数值趋于不变，其导数变得非常小。这样，在层数很多的网络结构中，进行反向传播时，很多个很小的 Sigmoid 导数累乘导致其结果趋于 0，权值更新较慢。

针对 Sigmoid 梯度饱和导致训练收敛慢的问题，在 AlexNet 中引入了 ReLU。ReLU 是一个分段线性函数，输入小于等于 0 则输出为 0，大于 0 则恒等输出。相比于 Sigmoid 函数，ReLU 有以下优点。

1) 计算开销小。前向传播时，Sigmoid 函数有指数运算和倒数运算，而 ReLU 是线性输出。反向传播中，Sigmoid 有指数运算，而 ReLU 有输出的部分，导数始终为 1。

2) 解决梯度消失问题。

3) 稀疏性。ReLU 会使一部分神经元的输出为 0，这样就造成了网络的稀疏性，并且减少了参数的相互依存关系，抑制了过拟合问题的发生。

2. 数据增强

神经网络由于训练的参数多，表现能力强，所以需要比较多的数据量，不然很容易过拟合。当训练数据有限时，可以通过一些变换从已有的训练数据集中生成一些新的数据，以快速地扩充训练数据。对于图像数据集来说，可以对图像进行一些形变操作，例如翻转、随机裁剪、平移等。

AlexNet 中对数据做了以下操作。

（1）随机裁剪

它可以增加数据的多样性，提高模型的泛化能力。在随机裁剪过程中，随机选择图像中的一个区域并保留该区域作为输入，将其他部分裁剪掉。这样做可以模拟不同位置和大小的物体出现在图像中，从而使得模型对于不同位置和尺寸的物体都能够进行有效识别。

（2）旋转、翻转

旋转和翻转是数据增强中常用的两种技术，主要用于增加训练数据的多样性，提高模型的泛化能力。

（3）添加噪声

通过引入随机干扰可以使模型在训练时变得更加鲁棒，能够更好地处理现实世界中的噪声和不完美数据。

（4）颜色变换

通过调整图像的颜色空间、对比度和饱和度等参数来改变图像的外观。这种技术可以帮助模型更好地泛化到不同的光照条件和色彩特征，从而提高模型的鲁棒性。

3. Dropout

Dropout 能够比较有效地防止神经网络的过拟合。相对于线性模型使用正则的方法来防止模型过拟合，在神经网络中，Dropout 通过修改神经网络本身的结构来实现。对于某一层神经元，通过定义的概率来随机删除一些神经元，同时保持输入层与输出层神经元的个数不变，然后按照神经网络的学习方法进行参数更新，下一次迭代中，重新随机删除一些神经元，直至训练结束。

4. 重叠池化

在 AlexNet 中，池化操作是可重叠的，即池化的窗口在移动时会有重叠部分。池化窗口的大小为 3×3 的正方形，每次池化移动的步长为 2，这样可以增加特征丰富度。然而，重叠池化并非专门设计用于抑制过拟合，而是为了更好地提取特征。抑制过拟合通常需要结合其他方法，例如 Dropout 等。

5.2.3 AlexNet 的网络结构

AlexNet 的网络结构如图 5-11 所示，其中图像输入大小为 227×227。

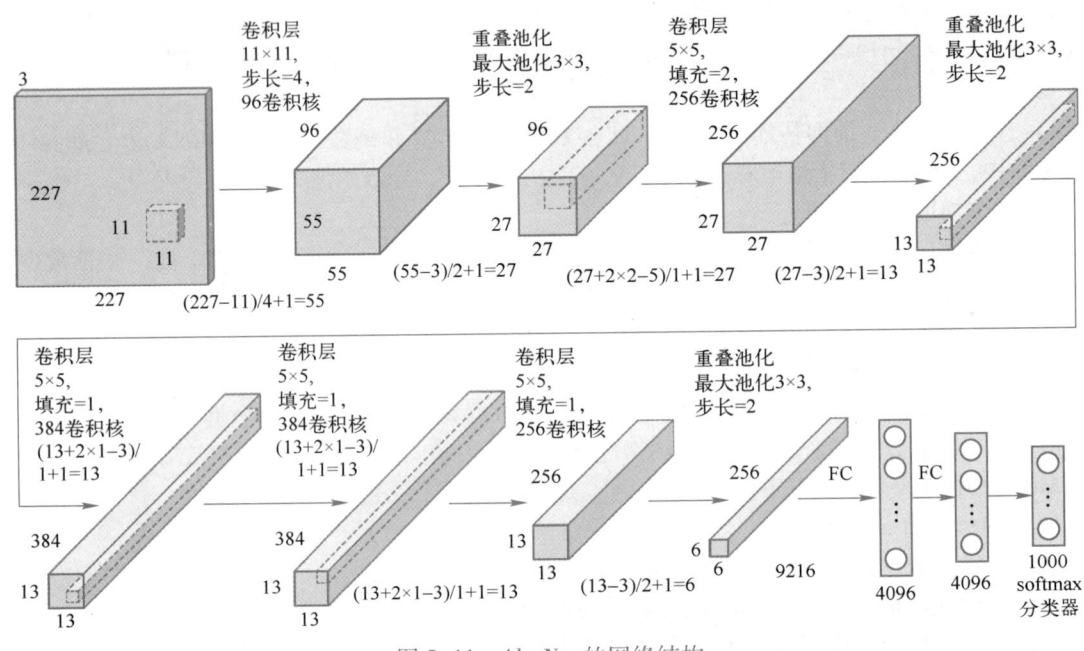

图 5-11 AlexNet 的网络结构

AlexNet 包含 8 个带权重的层，前 5 层是卷积层，剩下的 3 层是全连接层。最后一层全连接层的输出是 1000 维 softmax 的输入，softmax 会产生 1000 类标签的分布。

5.2.4 案例：基于 AlexNet 的 Cifar10 分类实战

用 AlexNet 对 Cifar10 数据集进行分类预测，分为如下几个步骤。

1. 导入依赖库，并加载 Cifar10 数据集

导入所需要的依赖库，加载 Cifar10 数据集。

代码如下：

```
import tensorflow as tf
from tensorflow import keras
```

```python
import matplotlib.pyplot as plt
import matplotlib
import numpy as np

# 加载数据集
(x_train, y_train), (x_test, y_test) = tf.keras.datasets.cifar10.load_data()
batch_size = 64
```

2. 数据预处理

对 Cifar10 数据集进行预处理。

代码如下:

```python
# 零均值归一化
def normalize(X_train, X_test):
    X_train = X_train / 255.
    X_test = X_test / 255.

    return X_train, X_test


# 预处理
def preprocess(x, y):
    x = tf.image.resize(x, (96, 96))          # 将 32*32 的图片放大为 227*227 的图片
    x = tf.cast(x, tf.float32)
    y = tf.cast(y, tf.int32)
    y = tf.squeeze(y, axis=1)                 # 将(50000,1)的数组转化为(50000)的张量
    y = tf.one_hot(y, depth=10)
    return x, y


# 零均值归一化
x_train, x_test = normalize(x_train, x_test)

# 预处理
train_db = tf.data.Dataset.from_tensor_slices((x_train, y_train))
train_db = train_db.shuffle(50000).batch(batch_size).map(preprocess)

test_db = tf.data.Dataset.from_tensor_slices((x_test, y_test))
test_db = test_db.shuffle(10000).batch(batch_size).map(preprocess)
```

3. 定义模型

定义 AlexNet 模型。

代码如下:

```python
# 定义模型
alex_net = keras.Sequential([
    # 卷积层1
    keras.layers.Conv2D(96, 11, 4),
    keras.layers.ReLU(),   # ReLU激活
    keras.layers.MaxPooling2D((3, 3), 2),
    keras.layers.BatchNormalization(),
    # 卷积层2
    keras.layers.Conv2D(256, 5, 1, padding='same'),
    keras.layers.ReLU(),
    keras.layers.MaxPooling2D((3, 3), 2),
    keras.layers.BatchNormalization(),
    # 卷积层3
    keras.layers.Conv2D(384, 3, 1, padding='same'),
    keras.layers.ReLU(),
    # 卷积层4
    keras.layers.Conv2D(384, 3, 1, padding='same'),
    keras.layers.ReLU(),
    # 卷积层5
    keras.layers.Conv2D(256, 3, 1, padding='same'),
    keras.layers.ReLU(),
    keras.layers.MaxPooling2D((3, 3), 2),
    # 全连接层1
    keras.layers.Flatten(),
    keras.layers.Dense(4096),
    keras.layers.ReLU(),
    keras.layers.Dropout(0.25),
    # 全连接层2
    keras.layers.Dense(4096),
    keras.layers.ReLU(),
    keras.layers.Dropout(0.25),
    # 全连接层3
    keras.layers.Dense(10, activation='softmax')
])

alex_net.build(input_shape=[batch_size, 96, 96, 3])
alex_net.summary()

# 网络编译参数设置
alex_net.compile(optimizer='adam', loss='categorical_crossentropy',
                 metrics=['accuracy'])
```

4. 模型训练

迭代训练 10 次模型。

代码如下:

```
# 训练
history = alex_net.fit(train_db, validation_data=test_db, epochs=10)
```

5. 模型可视化

可视化模型的准确率曲线及损失曲线。

代码如下:

```
# 可视化
matplotlib.use('tkagg')
plt.plot(history.history['accuracy'])
plt.plot(history.history['val_accuracy'])
plt.legend(['training', 'validation'], loc='upper left')
plt.savefig('acc.png')
plt.show()
plt.plot(history.history['loss'])
plt.plot(history.history['val_loss'])
plt.legend(['training', 'validation'], loc='upper left')
plt.savefig('loss.png')
plt.show()
```

控制台输出如下:

```
Model: "sequential"
_____
Layer (type)                        Output Shape            Param #
=================================================================
conv2d (Conv2D)                     (64, 22, 22, 96)        34944

re_lu (ReLU)                        (64, 22, 22, 96)        0

max_pooling2d (MaxPooling2D)        (64, 10, 10, 96)        0

batch_normalization (Batch Normalization)  (64, 10, 10, 96)   384

conv2d_1 (Conv2D)                   (64, 10, 10, 256)       614656

re_lu_1 (ReLU)                      (64, 10, 10, 256)       0

max_pooling2d_1 (MaxPoolin g2D)     (64, 4, 4, 256)         0

batch_normalization_1 (Bat chNormalization)  (64, 4, 4, 256)  1024
```

conv2d_2 (Conv2D)	(64, 4, 4, 384)	885120
re_lu_2 (ReLU)	(64, 4, 4, 384)	0
conv2d_3 (Conv2D)	(64, 4, 4, 384)	1327488
re_lu_3 (ReLU)	(64, 4, 4, 384)	0
conv2d_4 (Conv2D)	(64, 4, 4, 256)	884992
re_lu_4 (ReLU)	(64, 4, 4, 256)	0
max_pooling2d_2 (MaxPoolin g2D)	(64, 1, 1, 256)	0
flatten (Flatten)	(64, 256)	0
dense (Dense)	(64, 4096)	1052672
re_lu_5 (ReLU)	(64, 4096)	0
dropout (Dropout)	(64, 4096)	0
dense_1 (Dense)	(64, 4096)	16781312
re_lu_6 (ReLU)	(64, 4096)	0
dropout_1 (Dropout)	(64, 4096)	0
dense_2 (Dense)	(64, 10)	40970

===
Total params: 21623562 (82.49 MB)
Trainable params: 21622858 (82.48 MB)
Non-trainable params: 704 (2.75 KB)

Epoch 1/10
782/782 [==============================] - 2643s 3s/step - loss: 1.5996 - acc: 0.4150 - val_loss: 1.4130 - val_acc: 0.4875
2024-06-19 11:21:30.403776: W tensorflow/core/framework/cpu_allocator_impl.cc:81] Allocation of 1228800000 exceeds 10% of free system memory.
Epoch 2/10
782/782 [==============================] - 2832s 4s/step - loss: 1.2049 - acc: 0.5777 - val_loss: 1.2877 - val_acc: 0.5498

```
2024-06-19 12:08:46.886142: W tensorflow/core/framework/cpu_allocator_impl.cc:81]
Allocation of 1228800000 exceeds 10% of free system memory.
Epoch 3/10
782/782 [==============================] - 3429s 4s/step - loss: 0.9902 - acc:
0.6587 - val_loss: 1.0110 - val_acc: 0.6518
2024-06-19 13:05:58.411090: W tensorflow/core/framework/cpu_allocator_impl.cc:81]
Allocation of 1228800000 exceeds 10% of free system memory.
Epoch 4/10
782/782 [==============================] - 3068s 4s/step - loss: 0.8287 - acc:
0.7199 - val_loss: 0.9944 - val_acc: 0.6685
Epoch 5/10
782/782 [==============================] - 3274s 4s/step - loss: 0.7034 - acc:
0.7629 - val_loss: 1.2323 - val_acc: 0.6330
Epoch 6/10
782/782 [==============================] - 2363s 3s/step - loss: 0.5986 - acc:
0.7977 - val_loss: 1.0204 - val_acc: 0.6799
Epoch 7/10
782/782 [==============================] - 2341s 3s/step - loss: 0.5127 - acc:
0.8301 - val_loss: 1.0074 - val_acc: 0.6861
Epoch 8/10
782/782 [==============================] - 7705s 10s/step - loss: 0.4338 - acc:
0.8562 - val_loss: 0.8750 - val_acc: 0.7337
Epoch 9/10
782/782 [==============================] - 3283s 4s/step - loss: 0.3749 - acc:
0.8763 - val_loss: 1.1131 - val_acc: 0.7064
Epoch 10/10
782/782 [==============================] - 3163s 4s/step - loss: 0.3224 - acc:
0.8942 - val_loss: 0.9592 - val_acc: 0.7377
```

训练 10 轮以后的准确率曲线及损失曲线分别如图 5-12、图 5-13 所示。

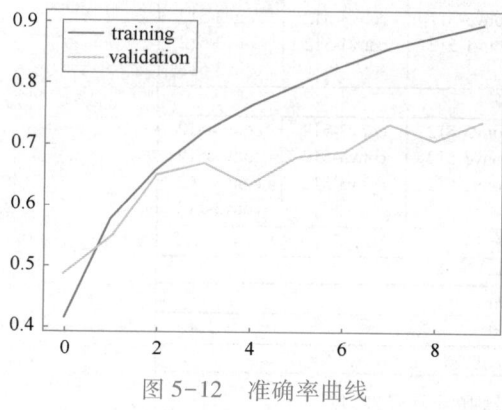

图 5-12 准确率曲线

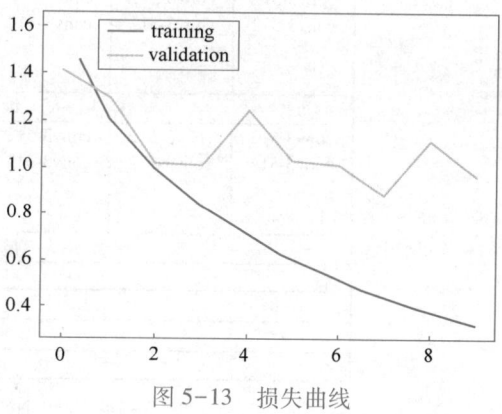

图 5-13 损失曲线

5.3 VGGNet 模型

5.3.1 VGGNet 模型简介

VGGNet 是牛津大学视觉几何组（Visual Geometry Group）和 DeepMind 公司的研究员一起研发的深度卷积神经网络。VGGNet 探索了卷积神经网络的深度与其性能之间的关系，通过反复堆叠 3×3 的小型卷积核和 2×2 的最大池化层，成功地构建了 16~19 层的卷积神经网络。VGGNet 相比之前 state-of-the-art 的网络结构，错误率大幅下降，并取得了 ILSVRC 2014 比赛分类项目的第 2 名和定位项目的第 1 名。同时，VGGNet 的拓展性很强，迁移到其他图像数据上的泛化能力非常好。VGGNet 的结构非常简洁，整个网络都使用了同样大小的卷积核尺寸（3×3）和最大池化尺寸（2×2），通过不断加深网络结构来提升性能。到目前为止，VGGNet 依然经常被用来提取图像特征。

VGGNet 各级别的网络结构图如图 5-14 所示，从 11 层的网络一直到 19 层的网络都有详尽的性能测试。虽然从 A 到 E 每一级网络逐渐变深，但是网络的参数量并没有增加很多，这是因为

卷积神经网络配置					
A	A-LRN	B	C	D	E
11个隐藏层	11个隐藏层	13个隐藏层	16个隐藏层	16个隐藏层	19个隐藏层
输入(224×224 RGB图像)					
conv3-64	conv3-64 LRN	conv3-64 conv3-64	conv3-64 conv3-64	conv3-64 conv3-64	conv3-64 conv3-64
最大池化					
conv3-128	conv3-128	conv3-128 conv3-128	conv3-128 conv3-128	conv3-128 conv3-128	conv3-128 conv3-128
最大池化					
conv3-256 conv3-256	conv3-256 conv3-256	conv3-256 conv3-256	conv3-256 conv3-256 conv1-256	conv3-256 conv3-256 conv3-256	conv3-256 conv3-256 conv3-256 conv3-256
最大池化					
conv3-512 conv3-512	conv3-512 conv3-512	conv3-512 conv3-512	conv3-512 conv3-512 conv1-512	conv3-512 conv3-512 conv3-512	conv3-512 conv3-512 conv3-512 conv3-512
最大池化					
conv3-512 conv3-512	conv3-512 conv3-512	conv3-512 conv3-512	conv3-512 conv3-512 conv1-512	conv3-512 conv3-512 conv3-512	conv3-512 conv3-512 conv3-512 conv3-512
最大池化					
FC-4096					
FC-4096					
FC-1000					
softmax					

图 5-14 VGGNet 各级别的网络结构图

参数量主要都消耗在最后 3 个全连接层。前面的卷积层虽然很深，但是消耗的参数量不大，不过训练比较耗时的部分依然是卷积，因其计算量比较大。这其中的 D、E 也就是常说的 VGGNet-16（VGG16）和 VGGNet-19。C 相比 B 多了几个 1×1 的卷积层，1×1 卷积的意义主要在于线性变换，而输入通道数和输出通道数不变，没有发生降维。

5.3.2　VGG16 的网络架构

对 VGG16 具体分析发现，VGG16 共包含：13 个卷积层，3 个全连接层，5 个池化层。

其中，卷积层和全连接层具有权重系数，因此也被称为权重层，总数目为 13+3 = 16，这是 VGG16 中 16 的来源。池化层不涉及权重，因此不属于权重层，不被计数。VGG16 结构图如图 5-15 所示。

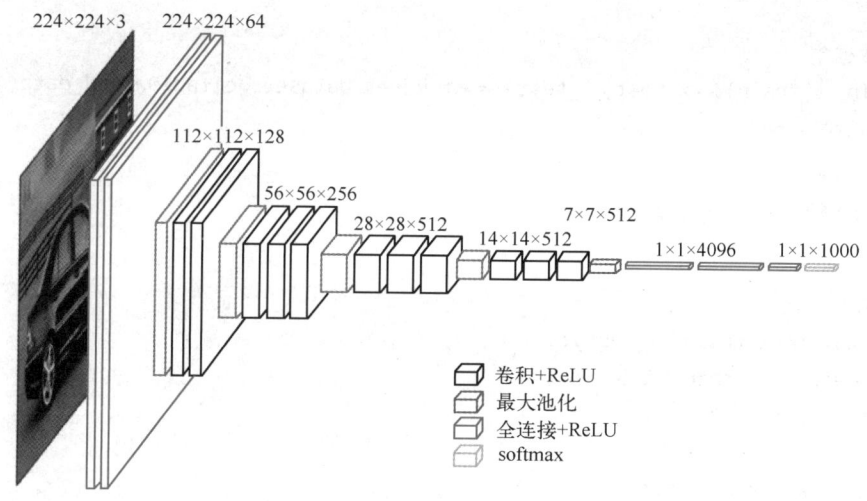

图 5-15　VGG16 结构图

1. VGG16 的特点

VGG16 的突出特点是简单，体现在以下几个方面。

1）卷积层均采用相同的卷积核参数。卷积层采用 3×3 的卷积核尺寸，结合其他参数（步长 stride = 1，填充方式 padding = same），这样就能够使得每一个卷积层（张量）与前一层（张量）保持相同的宽和高。

2）池化层均采用相同的池化核参数。VGG16 的池化层均采用窗口大小为 2×2、步长为 2 的最大池化，使得特征图的宽和高均减半。

3）模型是由若干卷积层和池化层堆叠的方式构成，比较容易形成较深的网络结构。

2. VGG16 的权重参数

尽管 VGG16 的结构简单，但是所包含的权重数目却很大，达到了惊人的 15001418 个参数。这些参数包括卷积核权重和全连接层权重。

VGG16 具有如此之大的参数数目，可以预期它具有很好的拟合能力。但同时缺点也很明显，训练时间过长，调参难度大，需要的存储容量大，不利于部署。例如，存储 VGG16 权重文件的大小为 500 MB，不利于安装到嵌入式系统中。

5.3.3 案例：基于 VGG16 的 Cifar10 分类实战

用 VGG16 网络对 Cifar10 数据集进行分类预测，分为如下几个步骤。

1. 导入依赖库，并加载 Cifar10 数据集

导入所需要的依赖库，加载 Cifar10 数据集。

代码如下：

```python
import tensorflow as tf
from tensorflow import keras
import matplotlib.pyplot as plt
import matplotlib


# 加载数据集
(x_train, y_train), (x_test, y_test) = tf.keras.datasets.cifar10.load_data()
batch_size = 64
```

2. 数据预处理

对 Cifar10 数据集进行预处理。

代码如下：

```python
# 零均值归一化
def normalize(X_train, X_test):
    X_train = X_train / 255.
    X_test = X_test / 255.

    return X_train, X_test


# 预处理
def preprocess(x, y):
    x = tf.image.resize(x, (32, 32))
    x = tf.cast(x, tf.float32)
    y = tf.cast(y, tf.int32)
    y = tf.squeeze(y, axis=1)    # 将(50000, 1)的数组转化为(50000)的 Tensor
    y = tf.one_hot(y, depth=10)
    return x, y


# 零均值归一化
x_train, x_test = normalize(x_train, x_test)

# 预处理
train_db = tf.data.Dataset.from_tensor_slices((x_train, y_train))
```

```
train_db = train_db.shuffle(50000).batch(batch_size).map(preprocess)

test_db = tf.data.Dataset.from_tensor_slices((x_test, y_test))
test_db = test_db.shuffle(10000).batch(batch_size).map(preprocess)
```

3. 定义模型

定义 VGG16 模型。

代码如下：

```
# 定义模型
class ConvBNRelu(tf.keras.Model):
    def __init__(self, filters, kernel_size=3, strides=1, padding='SAME', weight_decay=0.0005, rate=0.4, drop=True):
        super(ConvBNRelu, self).__init__()
        self.drop = drop
        self.conv = keras.layers.Conv2D(filters=filters, kernel_size=kernel_size, strides=strides,
            padding=padding, kernel_regularizer=tf.keras.regularizers.l2(weight_decay))
        self.batchnorm = tf.keras.layers.BatchNormalization()
        self.dropOut = keras.layers.Dropout(rate=rate)

    def call(self, inputs):   # , training=False
        layer = self.conv(inputs)
        layer = tf.nn.relu(layer)
        layer = self.batchnorm(layer)

        # 用来控制 conv 是否有 Dropout 层，对应 ConvBNRelu 类中的 self.drop 属性
        if self.drop:
            layer = self.dropOut(layer)

        return layer


class VGG16(tf.keras.Model):
    def __init__(self):
        super(VGG16, self).__init__()
        self.conv1 = ConvBNRelu(filters=64, kernel_size=[3, 3], rate=0.3)
        self.conv2 = ConvBNRelu(filters=64, kernel_size=[3, 3], drop=False)
        self.maxPooling1 = keras.layers.MaxPooling2D(pool_size=(2, 2))
        self.conv3 = ConvBNRelu(filters=128, kernel_size=[3, 3])
        self.conv4 = ConvBNRelu(filters=128, kernel_size=[3, 3], drop=False)
        self.maxPooling2 = keras.layers.MaxPooling2D(pool_size=(2, 2))
        self.conv5 = ConvBNRelu(filters=256, kernel_size=[3, 3])
```

```python
        self.conv6 = ConvBNRelu(filters=256, kernel_size=[3, 3])
        self.conv7 = ConvBNRelu(filters=256, kernel_size=[3, 3], drop=False)
        self.maxPooling3 = keras.layers.MaxPooling2D(pool_size=(2, 2))
        self.conv11 = ConvBNRelu(filters=512, kernel_size=[3, 3])
        self.conv12 = ConvBNRelu(filters=512, kernel_size=[3, 3])
        self.conv13 = ConvBNRelu(filters=512, kernel_size=[3, 3], drop=False)
        self.maxPooling5 = keras.layers.MaxPooling2D(pool_size=(2, 2))
        self.conv14 = ConvBNRelu(filters=512, kernel_size=[3, 3])
        self.conv15 = ConvBNRelu(filters=512, kernel_size=[3, 3])
        self.conv16 = ConvBNRelu(filters=512, kernel_size=[3, 3], drop=False)
        self.maxPooling6 = keras.layers.MaxPooling2D(pool_size=(2, 2))
        self.flat = keras.layers.Flatten()
        self.dropOut = keras.layers.Dropout(rate=0.5)

        self.dense1 = keras.layers.Dense(units=512,
        activation='relu', kernel_regularizer=tf.keras.regularizers.l2(0.0005))
        self.batchnorm = tf.keras.layers.BatchNormalization()
        self.dense2 = keras.layers.Dense(units=10)
        self.softmax = keras.layers.Activation('softmax')

    def call(self, inputs):  #, training=False
        net = self.conv1(inputs)
        net = self.conv2(net)
        net = self.maxPooling1(net)
        net = self.conv3(net)
        net = self.conv4(net)
        net = self.maxPooling2(net)
        net = self.conv5(net)
        net = self.conv6(net)
        net = self.conv7(net)
        net = self.maxPooling3(net)
        net = self.conv11(net)
        net = self.conv12(net)
        net = self.conv13(net)
        net = self.maxPooling5(net)
        net = self.conv14(net)
        net = self.conv15(net)
        net = self.conv16(net)
        net = self.maxPooling6(net)
        net = self.dropOut(net)
        net = self.flat(net)
```

```python
        net = self.dense1(net)
        net = self.batchnorm(net)
        net = self.dropOut(net)
        net = self.dense2(net)
        net = self.softmax(net)
        return net


model = VGG16()

model.build(input_shape=(batch_size, 32, 32, 3))
model.summary()

# 网络编译参数设置
model.compile(optimizer='adam', loss='categorical_crossentropy', metrics=['accuracy'])
```

4. 训练模型

迭代训练10次模型。

代码如下：

```python
# 训练
history = model.fit(train_db, validation_data=test_db, epochs=10)
```

5. 模型可视化

可视化模型的准确率曲线与损失曲线。

代码如下：

```python
# 可视化
matplotlib.use('tkagg')
plt.plot(history.history['accuracy'])
plt.plot(history.history['val_accuracy'])
plt.legend(['training', 'validation'], loc='upper left')
plt.savefig('acc.png')
plt.show()
plt.plot(history.history['loss'])
plt.plot(history.history['val_loss'])
plt.legend(['training', 'validation'], loc='upper left')
plt.savefig('loss.png')
plt.show()
```

控制台输出如下所示：

```
Model: "vgg16"
_____
Layer (type)                 Output Shape              Param #
=================================================================
```

conv_bn_relu (ConvBNRelu)	multiple	2048
conv_bn_relu_1 (ConvBNRelu)	multiple	37184
max_pooling2d (MaxPooling2D)	multiple	0
conv_bn_relu_2 (ConvBNRelu)	multiple	74368
conv_bn_relu_3 (ConvBNRelu)	multiple	148096
max_pooling2d_1 (MaxPooling2D)	multiple	0
conv_bn_relu_4 (ConvBNRelu)	multiple	296192
conv_bn_relu_5 (ConvBNRelu)	multiple	591104
conv_bn_relu_6 (ConvBNRelu)	multiple	591104
max_pooling2d_2 (MaxPooling2D)	multiple	0
conv_bn_relu_7 (ConvBNRelu)	multiple	1182208
conv_bn_relu_8 (ConvBNRelu)	multiple	2361856
conv_bn_relu_9 (ConvBNRelu)	multiple	2361856
max_pooling2d_3 (MaxPooling2D)	multiple	0
conv_bn_relu_10 (ConvBNRelu)	multiple	2361856
conv_bn_relu_11 (ConvBNRelu)	multiple	2361856
conv_bn_relu_12 (ConvBNRelu)	multiple	2361856
max_pooling2d_4 (MaxPooling2D)	multiple	0
flatten (Flatten)	multiple	0
dropout_13 (Dropout)	multiple	0
dense (Dense)	multiple	262656

batch_normalization_13 (BatchNormalization)	multiple	2048
dense_1 (Dense)	multiple	5130
activation (Activation)	multiple	0

==
Total params: 15001418 (57.23 MB)
Trainable params: 14991946 (57.19 MB)
Non-trainable params: 9472 (37.00 KB)
_____

2024-06-22 14:38:52.994370: W tensorflow/tsl/framework/cpu_allocator_impl.cc:83] Allocation of 1228800000 exceeds 10% of free system memory.

Process finished with exit code -1
Epoch 1/10
782/782 [==============================] - 887s 1s/step - loss: 4.2353 - accuracy: 0.2743 - val_loss: 4.3176 - val_accuracy: 0.2667
Epoch 2/10
782/782 [==============================] - 788s 1s/step - loss: 2.8284 - accuracy: 0.4964 - val_loss: 2.5503 - val_accuracy: 0.5216
Epoch 3/10
782/782 [==============================] - 984s 1s/step - loss: 2.0646 - accuracy: 0.6119 - val_loss: 1.9596 - val_accuracy: 0.6091
Epoch 4/10
782/782 [==============================] - 850s 1s/step - loss: 1.7748 - accuracy: 0.6570 - val_loss: 2.0381 - val_accuracy: 0.5635
Epoch 5/10
782/782 [==============================] - 937s 1s/step - loss: 1.6961 - accuracy: 0.6840 - val_loss: 1.6817 - val_accuracy: 0.6930
Epoch 6/10
782/782 [==============================] - 785s 1s/step - loss: 1.6984 - accuracy: 0.7011 - val_loss: 1.8121 - val_accuracy: 0.6711
Epoch 7/10
782/782 [==============================] - 740s 946ms/step - loss: 1.7261 - accuracy: 0.7128 - val_loss: 1.8456 - val_accuracy: 0.6771
Epoch 8/10
782/782 [==============================] - 765s 979ms/step - loss: 1.7714 - accuracy: 0.7183 - val_loss: 1.8012 - val_accuracy: 0.7132
Epoch 9/10

```
782/782 [==============================] - 886s 1s/step - loss: 1.7820 -
accuracy: 0.7246 - val_loss: 1.8309 - val_accuracy: 0.7116
Epoch 10/10
782/782 [==============================] - 856s 1s/step - loss: 1.7813 -
accuracy: 0.7363 - val_loss: 2.0447 - val_accuracy: 0.6704
```

训练 10 轮以后的准确率曲线及损失曲线分别如图 5-16、图 5-17 所示。

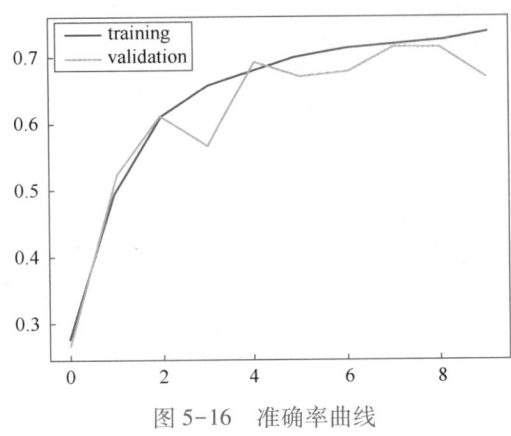

图 5-16　准确率曲线

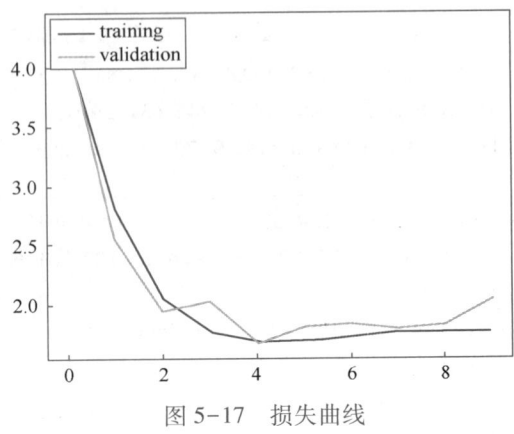

图 5-17　损失曲线

5.4　ResNet 模型

5.4.1　ResNet 模型简介

ResNet 在 2015 年被提出，在 ImageNet 比赛的 classification 任务中获得第一名，因为它"简单与实用"并存，之后很多方法都是建立在 ResNet50 或者 ResNet101 的基础上完成的，检测、分割、识别等领域都纷纷使用 ResNet，Alpha zero 也使用了 ResNet。

ResNet 引入残差学习的概念，解决了深度卷积神经网络模型难训练的问题，2014 年的 VGG 只有 19 层，而 2015 年的 ResNet 多达 152 层。

5.4.2　残差学习

从经验来看，网络的深度对模型的性能至关重要，当增加网络层数后，网络可以进行更加复杂的特征模式的提取，所以当网络更深时，理论上可以取得更好的结果。但实验发现深度网络出现了退化问题（Degradation Problem）：网络深度增加时，网络准确度出现饱和，甚至出现下降。56 层的网络比 20 层网络效果还要差。这不是过拟合问题，因为 56 层网络的训练误差同样高。深层网络存在着梯度消失或者梯度爆炸的问题，这使得深度学习模型很难训练，出现深度网络的退化问题是非常令人诧异的。

深度网络的退化问题至少说明深度网络不容易训练。但是考虑这样一个事实：现在有一个浅层网络，想通过向上堆积新层来建立深层网络，一个极端情况是这些增加的层什么也不学习，仅仅复制浅层网络的特征，即恒等映射（Identity Mapping）。在这种情况下，深层网络应该至少和浅层网络性能一样,也不应该出现退化现象。这让人不得不承认目前的训练方法有问题,才使得深层网络很难有好的训练结果。

这个有趣的假设使得何凯明提出了利用残差学习来解决退化问题。对于一个堆积层结构(几层堆积而成),当输入为 x 时其学习到的特征记为 $H(x)$,现在希望该结构可以学习到残差 $F(x)=H(x)-x$,这样原始的学习特征是 $F(x)+x$。这是因为学习残差比直接学习原始特征更容易。当残差为 0 时,此时堆积层仅仅做了恒等映射,至少网络性能不会下降,实际上残差不会为 0,这也会使得堆积层在输入特征基础上学习到新的特征,从而拥有更好的性能。残差学习的结构如图 5-18 所示。

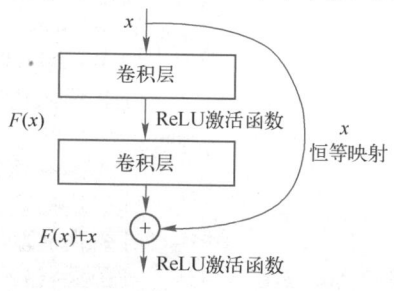

图 5-18 残差学习结构

5.4.3 ResNet 的网络结构

ResNet 参考了 VGG19 网络,在其基础上进行了修改,并通过短路机制加入了残差单元,如图 5-19 所示。变化主要体现在 ResNet 直接使用 stride=2 的卷积做下采样,并且用全局平均池化层替换了全连接层。ResNet 的一个重要设计原则是:当特征图大小降低一半时,通道数增加一倍,这保持了网络层的复杂度。从图 5-19 中可以看到,ResNet 相比普通网络,每两层间增加了残差机制。

下面再分析一下残差单元。ResNet 使用两种残差单元,如图 5-20 所示。图 5-20a 对应的是浅层网络,而图 5-20b 对应的是深层网络。对于短路连接,当输入和输出维度一致时,可以直接将输入加到输出上。但是当维度不一致时(对应的是维度增加一倍),就不能直接相加,这时有以下两种策略。

1)采用 zero-padding 增加维度,此时一般要先做一个下采样,可以采用 stride=2 的池化,这样不会增加参数。

2)采用新的映射,一般采用 1×1 的卷积,这样不但会增加参数,也会增加计算量。

5.4.4 案例:基于 ResNet 的 Cifar10 分类实战

用 ResNet 对 Cifar10 数据集进行分类预测,分为如下几个步骤。

1. 导入依赖库,并加载 Cifar10 数据集

导入所需要的依赖库,加载 Cifar10 数据集。

代码如下:

```
import tensorflow as tf
from tensorflow import keras
import matplotlib.pyplot as plt
import matplotlib
import numpy as np

# 加载数据集
(x_train, y_train), (x_test, y_test) = tf.keras.datasets.cifar10.load_data()
batch_size = 64
```

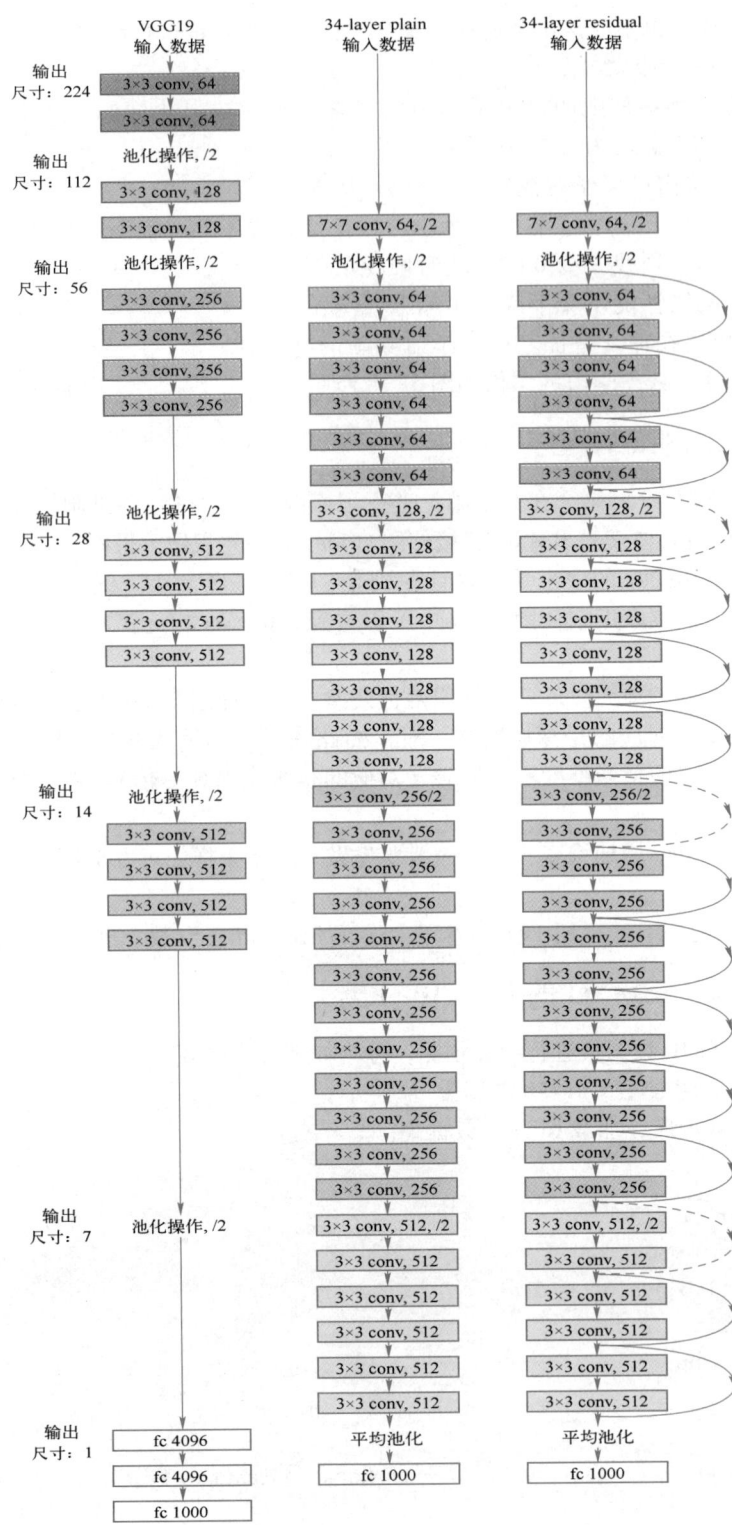

图 5-19 ResNet 网络结构图

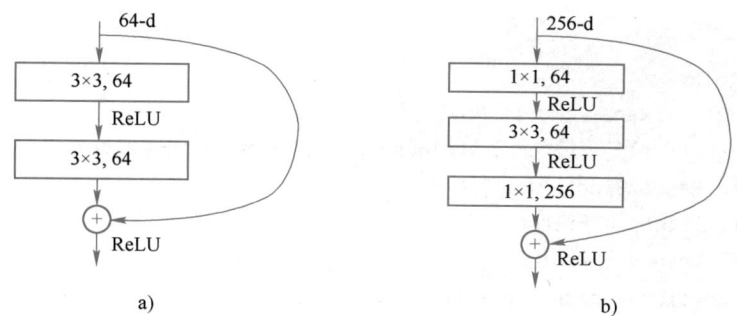

图 5-20　不同的残差单元

2. 数据预处理

对 Cifar10 数据集进行预处理。

代码如下：

```
# 零均值归一化
def normalize(X_train, X_test):
    X_train = X_train / 255.
    X_test = X_test / 255.
    return X_train, X_test

# 预处理
def preprocess(x, y):
    x = tf.image.resize(x, (32, 32))
    x = tf.cast(x, tf.float32)
    y = tf.cast(y, tf.int32)
    y = tf.squeeze(y, axis=1)    # 将(50000, 1)的数组转化为(50000)的张量
    y = tf.one_hot(y, depth=10)
    return x, y


# 零均值归一化
x_train, x_test = normalize(x_train, x_test)

# 预处理
train_db = tf.data.Dataset.from_tensor_slices((x_train, y_train))
train_db = train_db.shuffle(50000).batch(batch_size).map(preprocess)


test_db = tf.data.Dataset.from_tensor_slices((x_test, y_test))
test_db = test_db.shuffle(10000).batch(batch_size).map(preprocess)
```

3. 定义模型

定义 ResNet 模型。

代码如下：

```python
# 定义模型
# 构建 ResnetBlock 类
class ResnetBlock(keras.models.Model):
    def __init__(self, filters, strides=1, residual_path=False):
        super(ResnetBlock, self).__init__()
        self.filters = filters
        self.strides = strides
        self.residual_path = residual_path

        # 第1个部分
        self.c1 = keras.layers.Conv2D(filters, (3, 3), strides = strides, padding = 'same', use_bias=False)
        self.b1 = keras.layers.BatchNormalization()
        self.a1 = keras.layers.Activation('relu')

        # 第2个部分
        self.c2 = keras.layers.Conv2D(filters, (3, 3), strides=1, padding='same', use_bias=False)
        self.b2 = keras.layers.BatchNormalization()

        # residual_path 为 True 时，对输入进行下采样，即用 1x1 的卷积核做卷积操作，保证 x
        # 能和 F(x)维度相同，顺利相加
        if residual_path:
            self.down_c1 = keras.layers.Conv2D(filters, (1, 1), strides=strides, padding='same', use_bias=False)
            self.down_b1 = keras.layers.BatchNormalization()

        self.a2 = keras.layers.Activation('relu')

    def call(self, inputs):
        # residual 等于输入值本身，即 residual=x
        residual = inputs
        # 将输入通过卷积、BN 层、激活层，计算 F(x)
        x = self.c1(inputs)
        x = self.b1(x)
        x = self.a1(x)

        x = self.c2(x)
        y = self.b2(x)

        # 如果维度不同，则调用代码，否则不执行
```

```python
        if self.residual_path:
            residual = self.down_c1(inputs)
            residual = self.down_b1(residual)

        # 最后输出的是两部分的和，即 F(x)+x 或 F(x)+Wx，再使用激活函数
        out = self.a2(y + residual)
        return out


class ResNet18(keras.models.Model):

    def __init__(self, block_list, initial_filters=64):  # block_list 表示每个block 有几个卷积层
        super(ResNet18, self).__init__()
        self.num_blocks = len(block_list)          # block 个数
        self.block_list = block_list
        self.out_filters = initial_filters
        # 结构定义
        self.c1 = keras.layers.Conv2D(self.out_filters, (3, 3), strides=1, padding='same', use_bias=False)
        self.b1 = keras.layers.BatchNormalization()
        self.a1 = keras.layers.Activation('relu')
        self.blocks = tf.keras.models.Sequential()
        # 构建 ResNet 网络结构
        for block_id in range(len(block_list)):  # 第几个 block
            for layer_id in range(block_list[block_id]):  # 第几个卷积层

                if block_id != 0 and layer_id == 0:        # 对除第一个 block 以外的每个 block 的输入进行下采样
                    block = ResnetBlock(self.out_filters, strides=2, residual_path=True)
                else:
                    block = ResnetBlock(self.out_filters, residual_path=False)
                self.blocks.add(block)   # 将构建好的 block 加入 resnet
            self.out_filters *= 2        # 下一个 block 的卷积核数是上一个 block 的 2 倍
        self.p1 = tf.keras.layers.GlobalAveragePooling2D()
        self.f1 = tf.keras.layers.Dense(10, activation='softmax', kernel_regularizer=tf.keras.regularizers.l2())

    def call(self, inputs):
        x = self.c1(inputs)
        x = self.b1(x)
```

```
            x = self.a1(x)
            x = self.blocks(x)
            x = self.p1(x)
            y = self.f1(x)
            return y


# 运行, 一共4个元素, 所以block执行4次, 每次有2个
model = ResNet18([2, 2, 2, 2])
model.build(input_shape=(batch_size, 32, 32, 3))
model.summary()

# 网络编译参数设置
loss = keras.losses.CategoricalCrossentropy()
model.compile(optimizer='adam', loss='categorical_crossentropy',
              metrics=['acc'])
```

4. 模型训练

迭代训练10轮模型。

代码如下:

```
# 训练
history = model.fit(train_db, validation_data=test_db, epochs=10)
```

5. 模型可视化

可视化训练10轮后的准确率曲线及损失曲线。

代码如下:

```
# 可视化
matplotlib.use('tkagg')
plt.plot(history.history['acc'])
plt.plot(history.history['val_acc'])
plt.legend(['training', 'validation'], loc='upper left')
plt.show()
plt.plot(history.history['loss'])
plt.plot(history.history['val_loss'])
plt.legend(['training', 'validation'], loc='upper left')
plt.show()

plt.show()
```

控制台输出如下:

Model: "res_net18"

Layer (type)	Output Shape	Param #

```
=================================================================
conv2d (Conv2D)                              multiple              1728

batch_normalization (BatchNormalization)     multiple              256

activation (Activation)                      multiple              0

sequential (Sequential)                      (64, 4, 4, 512)       11176448

global_average_pooling2d (GlobalAveragePooling2D)  multiple        0

dense (Dense)                                multiple              5130

=================================================================
Total params: 11183562 (42.66 MB)
Trainable params: 11173962 (42.63 MB)
Non-trainable params: 9600 (37.50 KB)
_____
Epoch 1/10
782/782 [==============================] - 788s 1s/step - loss: 1.3381 - accuracy: 0.5673 - val_loss: 1.5540 - val_accuracy: 0.5288
Epoch 2/10
782/782 [==============================] - 916s 1s/step - loss: 0.7942 - accuracy: 0.7437 - val_loss: 1.5348 - val_accuracy: 0.5579
Epoch 3/10
782/782 [==============================] - 785s 1s/step - loss: 0.5943 - accuracy: 0.8065 - val_loss: 0.7769 - val_accuracy: 0.7442
Epoch 4/10
782/782 [==============================] - 779s 996ms/step - loss: 0.4718 - accuracy: 0.8473 - val_loss: 0.6721 - val_accuracy: 0.7894
Epoch 5/10
782/782 [==============================] - 777s 994ms/step - loss: 0.3710 - accuracy: 0.8796 - val_loss: 0.8608 - val_accuracy: 0.7436
Epoch 6/10
782/782 [==============================] - 773s 989ms/step - loss: 0.2889 - accuracy: 0.9093 - val_loss: 0.7701 - val_accuracy: 0.7765
Epoch 7/10
782/782 [==============================] - 775s 991ms/step - loss: 0.2231 - accuracy: 0.9330 - val_loss: 0.6856 - val_accuracy: 0.8078
Epoch 8/10
```

```
782/782 [==============================] - 783s 1s/step - loss: 0.1691 - 
accuracy: 0.9513 - val_loss: 1.0740 - val_accuracy: 0.7467
Epoch 9/10
782/782 [==============================] - 771s 985ms/step - loss: 0.1355 - accu
racy: 0.9616 - val_loss: 0.6912 - val_accuracy: 0.8195
Epoch 10/10
782/782 [==============================] - 815s 1s/step - loss: 0.1134 - 
accuracy: 0.9707 - val_loss: 0.9631 - val_accuracy: 0.7590
```

用 ResNet 在 Cifar10 数据集上训练 10 代的情况下，在训练集和验证集的准确率曲线和损失曲线分别如图 5-21、图 5-22 所示。

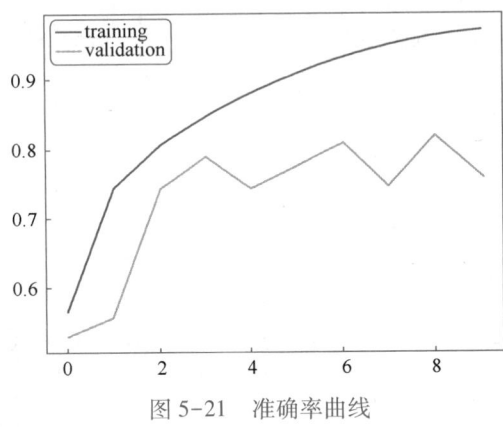

图 5-21　准确率曲线

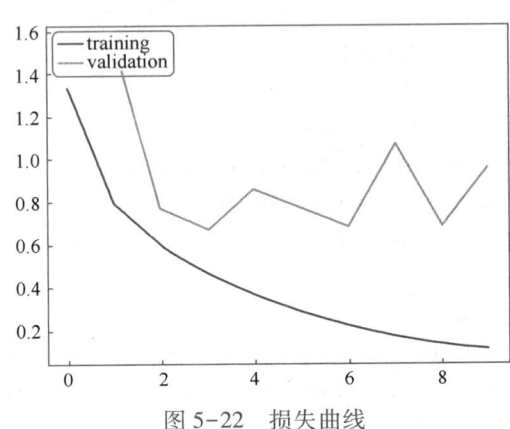

图 5-22　损失曲线

5.5　DenseNet 模型

5.5.1　DenseNet 模型简介

卷积神经网络目前已经成为用于计算机视觉目标识别的主要的机器学习方法。随着卷积神经网络的深度不断增加，一个新的研究问题随之产生：由于与输入或者梯度有关的信息经过了许多层，当它到达网络的末端时，可能会被"清洗掉"。最近的研究表明，如果卷积神经网络在靠近输入层和靠近输出层之间包含较短连接会使其更加高效深入地进行训练。为此，康奈尔大学的研究人员 Huang Gao 等人提出了一种架构，即为了确保网络之间各层的最大信息流，他们引入了稠密卷积网络（Dense Convolutional Network，DenseNet），以前向方式将所有层直接相互连接。DenseNet 拥有以下几个优势：它改进了整个网络的信息流和梯度，缓解了梯度消失问题，加强了特征传播，鼓励特征的重用，并大幅减少了参数量。

5.5.2　DenseNet 的结构

1. 稠密连接

为了更加高效地传递不同层级之间的信息，DenseNet 的研究人员提出了一种不同的连接模式，即每一个卷积层都与之后所有的卷积层直接连接。因此，第 l 层接收前面所有层的特征图作为其输入：

$$x_i = H_i([x_0, x_1, \cdots, x_{i-1}])$$

式中，$[x_0, x_1, \cdots, x_{i-1}]$ 表示的是第 0 层到第 ($i-1$) 层生成的特征图的连接。由于其密集的连通性，研究人员将这种架构命名为稠密卷积网络。为了方便实现，函数 H_i 的输入通常是连接成一个张量。H_i 函数被定义为由三个连续运算组成的复合函数：批量归一化，ReLU 激活函数，3×3 卷积。DenseNet 结构如图 5-23 所示。

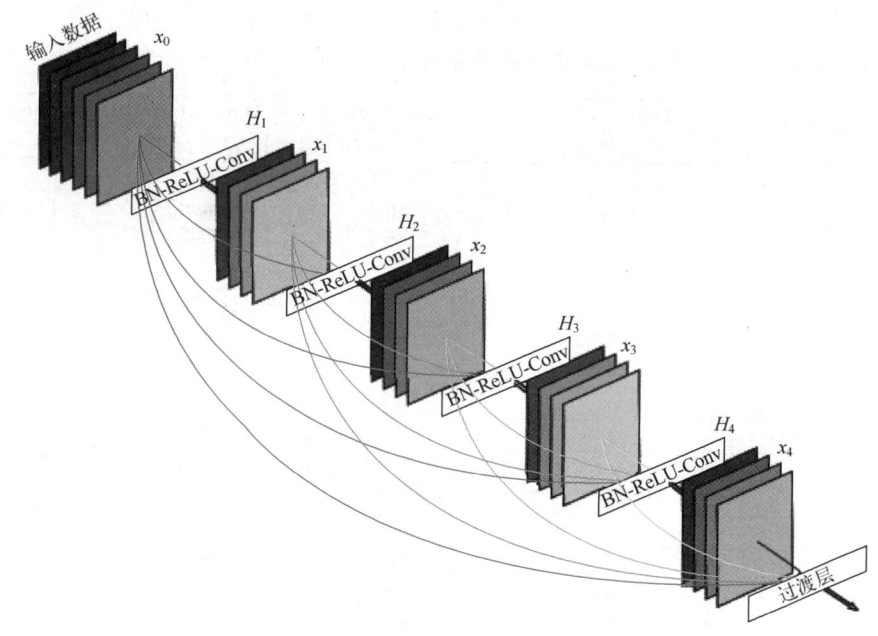

图 5-23　DenseNet 结构

注："BN-ReLU-Conv"表示批量归一化、ReLU 激活函数和卷积操作

2. 过渡层

当特征图的维度发生变化时，拼接操作是不可行的。但是，卷积神经网络的一个重要操作就是下采样，它能够改变特征图的大小。为了简化 DenseNet 中的下采样，需要将网络划分为多个紧密相连的密集块。在一个拥有三个密集块的 DenseNet 中，两个相邻密集块之间的层被称为过渡层，该层通过卷积和池化来改变特征图的大小，如图 5-24 所示，块和块之间的层来做卷积和池化。实验中的过渡层大多采用一个批处理归一化层和一个 1×1 的卷积层，然后是一个 2×2 的平均池化层组成。

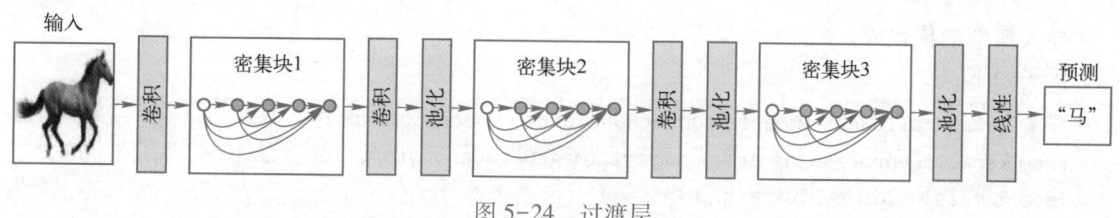

图 5-24　过渡层

3. 增长率

如果 H_i 生成 k 个特征图，那么第 l 层有 $(k_0+k\times(i-1))$ 个特征图作为输入，其中 k_0 是输入层的通道数。DenseNet 与之前的神经网络相比，特征图的通道数较少，例如 $k=12$，k 称为网络的增长率。实验表明，一个相对较小的增长率也会在测试集上取得好的结果。对此研究人员给出的一种解释是，每一层都可以访问它所在块中的所有之前层所生成的特征图，因此也可以访问的是属于网络的"集体知识"。

增长率控制着每层有多少新信息能对全局状态产生影响，全局状态一旦写入，就可以从网络的任何地方访问，而且不像传统的网络架构那样需要从一层复制到另一层。

应用在 ImageNet 数据集上的 DenseNet 架构如图 5-25 所示，所有网络的增长率 $k=32$。

网络层	输出尺寸	DenseNet-121	DenseNet-169	DenseNet-201	DenseNet-264
卷积	112×112	7×7卷积，步长为2			
池化	56×56	3×3最大池化　步长为2			
密集块(1)	56×56	$\begin{bmatrix}1\times1卷积\\3\times3卷积\end{bmatrix}\times6$	$\begin{bmatrix}1\times1卷积\\3\times3卷积\end{bmatrix}\times6$	$\begin{bmatrix}1\times1卷积\\3\times3卷积\end{bmatrix}\times6$	$\begin{bmatrix}1\times1卷积\\3\times3卷积\end{bmatrix}\times6$
过渡层(1)	56×56	1×1卷积			
	28×28	2×2平均池化　步长为2			
密集块(2)	28×28	$\begin{bmatrix}1\times1卷积\\3\times3卷积\end{bmatrix}\times12$	$\begin{bmatrix}1\times1卷积\\3\times3卷积\end{bmatrix}\times12$	$\begin{bmatrix}1\times1卷积\\3\times3卷积\end{bmatrix}\times12$	$\begin{bmatrix}1\times1卷积\\3\times3卷积\end{bmatrix}\times12$
过渡层(2)	28×28	1×1卷积			
	14×14	2×2平均池化　步长为2			
密集块(3)	14×14	$\begin{bmatrix}1\times1卷积\\3\times3卷积\end{bmatrix}\times24$	$\begin{bmatrix}1\times1卷积\\3\times3卷积\end{bmatrix}\times32$	$\begin{bmatrix}1\times1卷积\\3\times3卷积\end{bmatrix}\times48$	$\begin{bmatrix}1\times1卷积\\3\times3卷积\end{bmatrix}\times64$
过渡层(3)	14×14	1×1卷积			
	7×7	2×2平均池化　步长为2			
密集块(4)	7×7	$\begin{bmatrix}1\times1卷积\\3\times3卷积\end{bmatrix}\times16$	$\begin{bmatrix}1\times1卷积\\3\times3卷积\end{bmatrix}\times32$	$\begin{bmatrix}1\times1卷积\\3\times3卷积\end{bmatrix}\times32$	$\begin{bmatrix}1\times1卷积\\3\times3卷积\end{bmatrix}\times48$
分类层	1×1	7×7全局平均池化			
		输出的维度为1000全连接层，softmax激活函数			

图 5-25　应用在 ImageNet 数据集上的 DenseNet 架构

5.5.3　案例：基于 DenseNet 的猫狗图像分类实战

本节通过实例演示 DenseNet 的简单实现。通过使用官方预训练好的 DenseNet121，将猫狗大战数据集的数据特征提取出来，并通过这些特征对其进行分类。

案例分为如下几个步骤。

1. 导入依赖库

导入模型的依赖库。

代码如下：

```
from keras.callbacks import ReduceLROnPlateau, ModelCheckpoint
from keras.preprocessing.image import ImageDataGenerator
import matplotlib.pyplot as plt
import tensorflow as tf
```

```python
from PIL import Image
import numpy as np
import matplotlib
import os
matplotlib.use('tkagg')
```

2. 数据预处理

加载猫狗数据集,并对数据进行预处理。

代码如下:

```python
# 设置图像的高和宽,一次训练所选取的样本数,迭代次数
im_height = 224
im_width = 224
batch_size = 64
epochs = 5


# 创建保存模型的文件夹
if not os.path.exists("save_weights"):
    os.makedirs("save_weights")


image_path = "./dataset1/"              # 猫狗数据集路径
train_dir = image_path + "training_set" # 训练集路径
validation_dir = image_path + "test_set" # 验证集路径
# 定义训练集图像生成器,并进行图像增强
train_image_generator = ImageDataGenerator(rescale=1. / 255,    # 归一化
                                           rotation_range=40,   # 旋转范围
                                           width_shift_range=0.2,  # 水平平移范围
                                           height_shift_range=0.2, # 垂直平移范围
                                           shear_range=0.2,     # 剪切变换的程度
                                           zoom_range=0.2,      # 图像放缩的程度
                                           horizontal_flip=True, # 水平翻转
                                           fill_mode='nearest')


# 使用图像生成器从文件夹 train_dir 中读取样本,对标签进行 one-hot 编码
train_data_gen = train_image_generator.flow_from_directory(directory=train_dir,
# 从训练集路径读取图片
                                                           batch_size=batch_size,
# 一次训练所选取的样本数
                                                           shuffle=True, # 打乱标签
                                                           target_size=(im_height, im_width),
# 将图像大小转换为 224x224
                                                           class_mode='categorical')
# one-hot 编码
```

```python
# 训练集样本数
total_train = train_data_gen.n

# 定义验证集图像生成器,并对图像进行预处理
validation_image_generator = ImageDataGenerator(rescale=1. / 255)    # 归一化

# 使用图像生成器从验证集 validation_dir 中读取样本
val_data_gen = validation_image_generator.flow_from_directory(directory=validation_dir,
                                                              # 从验证集路径读取图像
                                                              batch_size=batch_size,
                                                              # 一次训练所选取的样本数
                                                              shuffle=False,  # 不打乱标签
                                                              target_size=(im_height, im_width),
                                                              # 将图像大小转换为 224x224
                                                              class_mode='categorical')
# one-hot 编码

# 验证集样本数
total_val = val_data_gen.n

# 使用 tf.keras.applications 中的 DenseNet121 网络,并且使用官方的预训练模型
denseNet121 = tf.keras.applications.DenseNet121(weights='imagenet', include_top=False, input_shape=(224, 224, 3))
denseNet121.trainable = True

# 冻结前面的层,训练最后 5 层
for layers in denseNet121.layers[:-5]:
    layers.trainable = False
```

3. 构建模型

构建 DenseNet 模型。

代码如下:

```python
# 构建模型
model = tf.keras.Sequential()
model.add(denseNet121)
model.add(tf.keras.layers.GlobalAveragePooling2D())            # 加入全局平均池化层
model.add(tf.keras.layers.Dense(512, activation='relu'))        # 添加全连接层
model.add(tf.keras.layers.Dropout(rate=0.5))                    # 添加 Dropout 层,防止过拟合
model.add(tf.keras.layers.Dense(2, activation='softmax'))       # 添加输出层(2 分类)
```

```python
model.summary()                                           # 打印每层参数信息

# 编译模型
model.compile(optimizer = tf.keras.optimizers.Adam(learning_rate = 0.0001),   # 使用Adam 优化器，学习率为 0.0001
              loss = tf.keras.losses.CategoricalCrossentropy(from_logits = False),   # 交叉熵损失函数
              metrics = ["accuracy"])   # 评价函数

# 回调函数 1：学习率衰减
reduce_lr = ReduceLROnPlateau(
    monitor = 'val_loss',           # 需要监测的值
    factor = 0.1,                   # 学习率衰减为原来的 1/10
    patience = 2,                   # 当 patience 个 epoch 过去而模型性能不提升时，学习率减少的动作会被触发
    mode = 'auto',                  # 当监测值为 val_acc 时，模式应为 max，当监测值为 val_loss 时，模式应为 min，在 auto 模式下，评价准则由被监测值的名称自动推断
    verbose = 1                     # 如果为 True，则每次更新输出一条消息，默认值为 False
)

# 回调函数 2：保存最优模型
checkpoint = ModelCheckpoint(
    filepath = './save_weights/myDenseNet121.ckpt',   # 保存模型的路径
    monitor = 'val_accuracy',       # 需要监测的值
    save_weights_only = False,      # 若设置为 True，则只保存模型权重，否则将保存整个模型（包括模型结构，配置信息等）
    save_best_only = True,          # 当设置为 True 时，监测值有改进时才会保存当前的模型
    mode = 'auto',                  # 当监测值为 val_acc 时，模式应为 max，当监测值为 val_loss 时，模式应为 min，在 auto 模式下，评价准则由被监测值的名称自动推断
    period = 1                      # CheckPoint 之间的间隔 epoch 数
)
```

4. 模型训练

迭代训练 5 次模型。

代码如下：

```python
# 开始训练
history = model.fit(x = train_data_gen,                             # 输入训练集
                    steps_per_epoch = total_train // batch_size,    # 一个 epoch 包含的训练步数
                    epochs = epochs,                                # 训练模型迭代次数
                    validation_data = val_data_gen,                 # 输入验证集
                    validation_steps = total_val // batch_size,     # 一个 epoch 包含的训练步数
```

```
                    callbacks=[checkpoint, reduce_lr])        # 执行回调函数
```

```python
# 保存训练好的模型权重
model.save_weights('./save_weights/DenseNet121.ckpt', save_format='tf')
```

5. 模型可视化

可视化模型损失曲线及准确率曲线。

代码如下:

```python
# 记录训练集和验证集的准确率和损失值
history_dict = history.history

# 绘制训练和验证的损失值
plt.figure(figsize=(12, 4))

plt.subplot(1, 2, 1)
plt.plot(history_dict['loss'], label='Train Loss')
plt.plot(history_dict['val_loss'], label='Val Loss')
plt.title('Loss')
plt.xlabel('Epoch')
plt.ylabel('Loss')
plt.legend()

# 绘制训练和验证的准确率
plt.subplot(1, 2, 2)
plt.plot(history_dict['accuracy'], label='Train Accuracy')
plt.plot(history_dict['val_accuracy'], label='Val Accuracy')
plt.title('Accuracy')
plt.xlabel('Epoch')
plt.ylabel('Accuracy')
plt.legend()

plt.savefig('history.png')
plt.show()

# 获取数据集的类别编码
class_indices = train_data_gen.class_indices
# 将编码和对应的类别存入字典
inverse_dict = dict((val, key) for key, val in class_indices.items())
# 加载测试图像
img = Image.open("./cat.jpg")
```

```python
# 将图像大小转换为 224x224
img = img.resize((im_width, im_height))
# 归一化
img1 = np.array(img) / 255.
# 将图像增加一个维度，目的是匹配网络模型
img1 = (np.expand_dims(img1, 0))

# 加载模型
model.load_weights('./save_weights/DenseNet121.ckpt')
print(model.predict(img1))
result = np.squeeze(model.predict(img1))
print(result)

# 获取类别
predict_class = np.argmax(result)
print(inverse_dict[int(predict_class)], result[predict_class])

# 将预测的结果打印在图像上面
plt.title([inverse_dict[int(predict_class)], result[predict_class]])
# 显示图片
plt.imshow(img)
plt.show()
```

控制台输出如下所示：

```
Model: "sequential"
_____
Layer (type)                                Output Shape              Param #
=================================================================
densenet121 (Functional)                    (None, 7, 7, 1024)        7037504

global_average_pooling2d (GlobalAveragePooling2D) (None, 1024)        0

dense (Dense)                               (None, 512)               524800

dropout (Dropout)                           (None, 512)               0

dense_1 (Dense)                             (None, 2)                 1026

=================================================================
WARNING:tensorflow:`period` argument is deprecated. Please use `save_freq` to specify the frequency in number of batches seen.
```

```
Total params: 7563330 (28.85 MB)
Trainable params: 564738 (2.15 MB)
Non-trainable params: 6998592 (26.70 MB)

Epoch 1/5
125/125 [==============================] - 290s 2s/step - loss: 0.2501 - accuracy: 0.8882 - val_loss: 0.0539 - val_accuracy: 0.9824 - lr: 1.0000e-04
Epoch 2/5
125/125 [==============================] - 297s 2s/step - loss: 0.1326 - accuracy: 0.9465 - val_loss: 0.0438 - val_accuracy: 0.9854 - lr: 1.0000e-04
Epoch 3/5
125/125 [==============================] - 297s 2s/step - loss: 0.1024 - accuracy: 0.9570 - val_loss: 0.0395 - val_accuracy: 0.9874 - lr: 1.0000e-04
Epoch 4/5
125/125 [==============================] - 285s 2s/step - loss: 0.1008 - accuracy: 0.9582 - val_loss: 0.0377 - val_accuracy: 0.9874 - lr: 1.0000e-04
Epoch 5/5
125/125 [==============================] - 284s 2s/step - loss: 0.0914 - accuracy: 0.9634 - val_loss: 0.0394 - val_accuracy: 0.9854 - lr: 1.0000e-04
1/1 [==============================] - 1s 1s/step
[[9.9942410e-01 5.7587354e-04]]
1/1 [==============================] - 0s 86ms/step
[9.9942410e-01 5.7587354e-04]
cats 0.9994241
```

用 DenseNet 在 Cifar10 数据集上训练 5 代的情况下，训练集和验证集的损失曲线和准确率曲线如图 5-26a、b 所示。

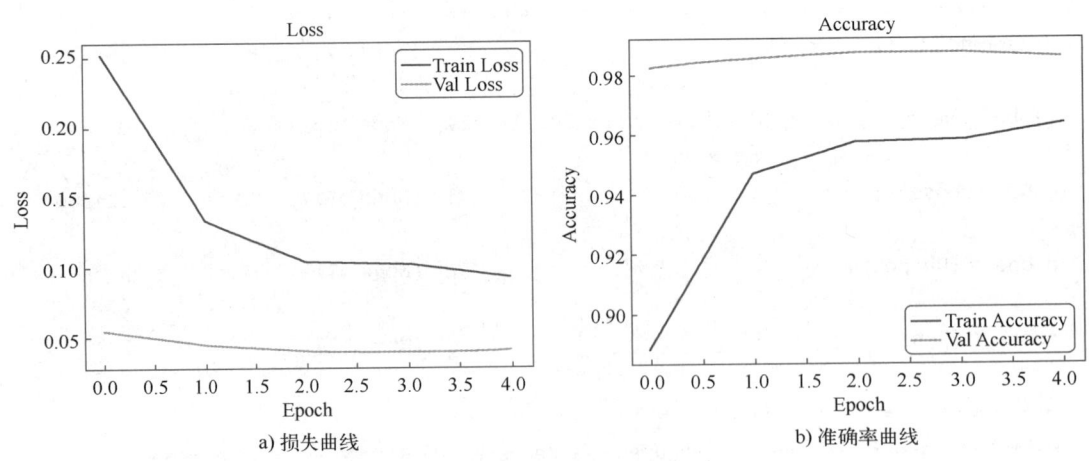

a) 损失曲线　　　　　　　　　　　b) 准确率曲线

图 5-26　Loss 曲线和准确率曲线

图像测试结果如图 5-27 所示。从图 5-27 中可以看到，模型能够对猫的图像进行识别，并准确判断图像是一只猫。

图 5-27　模型测试结果

5.6　思考与练习

1. 选择题

1）RGB 模型由（　　）三种颜色组成。

A. 红、黄、蓝

B. 红、绿、蓝

C. 红、黄、绿

D. 红、白、蓝

2）AlexNet 相比于 LeNet，（　　）是其新增或改进的。

A. 使用平均池化代替最大池化

B. 使用 Sigmoid 作为激活函数

C. 引入 ReLU 作为激活函数

D. 采用了卷积层和池化层的结构

3）VGGNet 的设计特点和优势包括（　　）。

A. 使用不同大小的卷积核和池化核以增强网络的非线性变换能力

B. 堆叠了多层 3×3 的卷积核以减少参数量并增加感受野大小

C. 使用了 5 段卷积和 3 个全连接层来构建整个网络

D. 池化层使用的是平均池化而非最大池化，以增加特征的稳定性

4）ResNet 相对于传统深度卷积神经网络的突破在于（　　）。

A. 使用更大的数据集进行训练　　　　B. 引入了全新的优化算法

C. 解决了深层网络难以训练的问题　　D. 增加了网络的宽度和深度

5）关于 DenseNet 的说法中正确的是（　　）。

A. 引入了较长连接以增强信息传播

B. 使用了更大的卷积核以增加网络的复杂性

C. 解决了梯度消失问题，改进了信息流和梯度
D. 减少了网络的深度，提高了训练速度

2. 问答题

1）卷积神经网络为什么能够有效地解决深度学习模型中的计算量和空间信息丢失问题？

2）AlexNet 相较于传统的卷积神经网络在哪些方面做出了改变？

3）ResNet 相较于传统的卷积神经网络在哪些方面做出了改变？

第 6 章 循环神经网络

前向神经网络不考虑数据之间的关联性，网络的输出只和当前时刻网络的输入相关。然而，在解决很多实际问题的时候发现，存在着很多序列型的数据（文本、语音以及视频等），需要通过上下文的关系来确认所表达的含义。这些序列型的数据往往都具有时序上的关联性，某一时刻网络的输出除了与当前时刻的输入相关之外，还与之前某一时刻或某几个时刻的输出相关。而前向神经网络并不能处理好这种关联性，因为它没有记忆能力，所以前面时刻的输出不能传递到后面的时刻。

第 6 章 循环神经网络

循环神经网络是一种对序列数据有较强处理能力的网络。在网络模型中不同部分进行权值共享使得模型可以扩展到不同样式的样本，循环网络使用类似的模块（形式上相似）对整个序列进行处理，可以将很长的序列进行泛化，得到需要的结果。本章将重点介绍循环神经网络的结构及应用，循环神经网络的变体——LSTM 模型。

6.1 循环神经网络简介

循环神经网络是一种用于处理时间序列的模型，具有记忆性，能够适应不同长度的数据输入。

6.1.1 什么是循环神经网络

1. 时间序列

在了解循环神经网络之前，首先要了解时间序列。时间序列数据是按照时间顺序排列的数据集合，其中每个数据点都与某时刻的时间点相关联。时间序列数据通常用于描述随时间变化的现象，如股票价格、气温、销售额等。时间序列数据通常具有以下两个特点。

（1）某一时刻的数据点与另一时刻的数据点具有关联性

例如，股票数据是典型的时间序列。如果股票价格呈现上升趋势，即股价高于之前的价格，并且价格的涨幅在逐步扩大，那么可能会吸引更多的投资者，从而推动股价继续上涨。相反，如果股价呈现下降趋势，可能会导致更多投资者选择卖出，从而加速股价的下跌。因此，股票价格的涨跌与之前的数据有密切的关联。

（2）时间序列长度有时不固定

在自然语言处理任务中，模型通常要适应不同长度的文本输入。例如在文本情感分析任务中，文本"我今天很开心"与"今天真是个令人难过的日子"的长度并不相同，如果不对数据进行填充，就需要模型具有输入不同长度数据的能力。

2. 循环神经网络

假设要借助深度学习开发一个翻译软件，将课本上的英语句子转换成中文，应该选择什么样的模型作为基础模型呢？任何语言中，单词的位置和顺序对于句子所要表达的内容都有着极其重要的影响。这种对象就是一种时间序列，以序列模式逐个处理句子中的词语，能够使得词语在句子中的位置信息不会被打乱，而且也不需要额外的操作。而循环神经网络就可以很好地处理这些问题。循环神经网络是一类以序列数据为输入，在序列的演进方向进行递归，所有节点，即循环单元（RNN Cell）按链式连接的递归神经网络。循环神经网络具有记忆性，且模型的参数可以共享，除了处理上面提到的翻译任务，还可以完成自然语言处理领域的语音识别、文本情感分析等。

对于时间序列的两种特性，循环神经网络都能够较好地应对。

1）通过隐藏层实现对之前时刻的"记忆"。

2）通过递归形式处理时间序列，对每一时刻使用相同的参数，可适应不同长度的输入。

6.1.2 循环神经网络的结构

循环神经网络之所以能够较好地处理序列信息，依靠的不仅是能够处理输入层的信息，还在于能够在当前时刻利用好上一时刻传递过来的信息，也就是说，每一时刻隐藏层的输出不仅由该单元的输入层决定，还和上一时刻的隐藏层有关系。简单的循环神经网络的结构如图 6-1 所示。

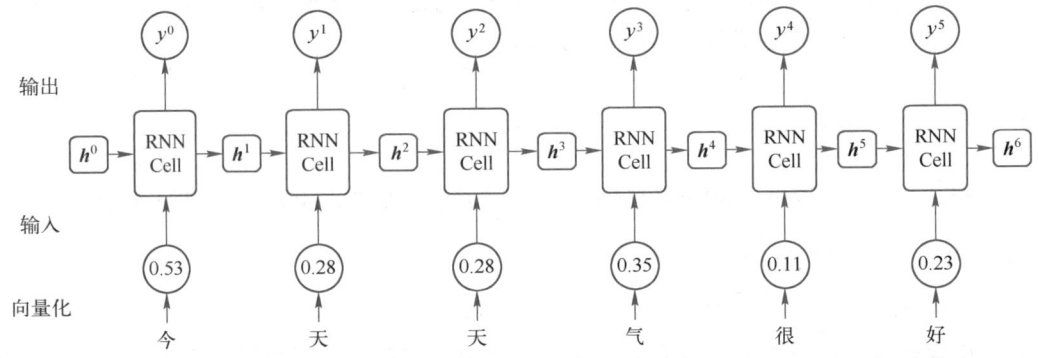

图 6-1 循环神经网络的结构

循环神经网络对于输入序列的处理并不是并行的，需要单独输入每一个序列进行处理。第一时刻循环神经网络的输入与输出如图 6-2 所示。

第二时刻循环神经网络的输入与输出如图 6-3 所示，后面时刻的输入与输出以此类推。

循环神经网络是一个在输入序列上滑动的过程，对于每一时刻使用相同的循环单元对输入序列进行计算。每一时刻的循环单元有两个输入，即特征 x 与隐藏状态 h。每一时刻同样有两个输出，即特征输出 y 与隐藏状态 h。循环神经网络通过隐藏状态 h，实现了对之前时刻特征的"记忆"。与全连接神经网络的不同在于，循环神经网络每一时刻的输出都由 x 与 h 共同决定，而全连接神经网络只与 x 有关。

循环单元如图 6-4 所示。

第 6 章 循环神经网络

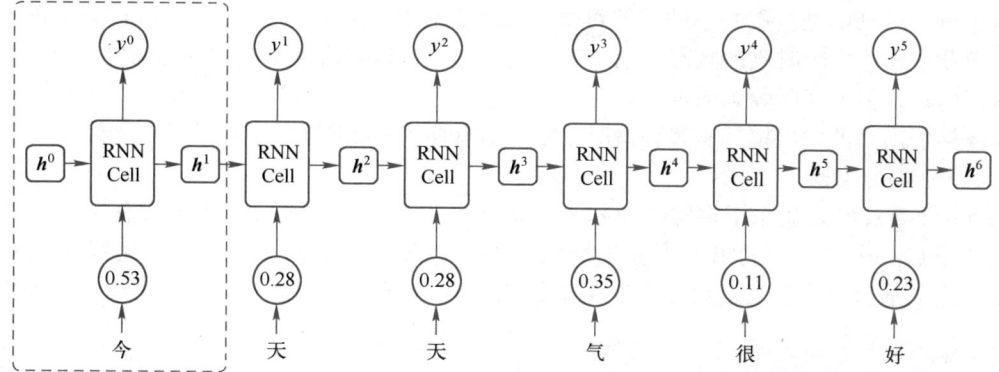

图 6-2 第一时刻循环神经网络的输入与输出

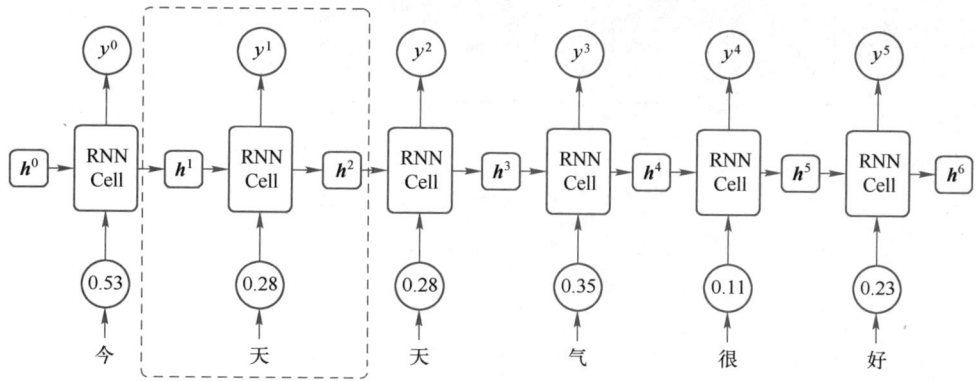

图 6-3 第二时刻循环神经网络的输入与输出

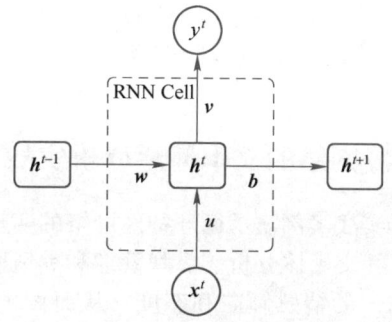

图 6-4 循环单元

假设有一序列 $X=\{x^0,x^1,\cdots,x^t\}$，对于某一时刻 t，可以使用如下两个公式来表示循环单元的操作。

$$h^t=f(wh^{t-1}+ux^t+b)$$
$$y^t=vh^t+b$$

式中，w，u，v 是权重系数，是神经网络在梯度下降过程中需要学习的参数。特别地，循环神经网络对于每一时刻都是权重共享的，即对每一时刻都使用相同的 w、u、v 进行计算。需要注意的是，隐藏层在第一个时刻的状态通常是人为定义的，可以定义为全 0 的状态向量，也可定义为随机状态向量，根据实际效果而定。

循环神经网络的输出模式有多种情况，常见的有序列-分类器和编码器-解码器。

(1) 序列-分类器

序列-分类器模式适用于多输入单输出的形式，主要用于情感分析等分类任务。此模式下通常使用最后一个时刻的输出作为分类标准，因为它包含了前面循环神经网络操作系列得到的记忆，然后通过分类器对最后一个时刻的输出序列进行分类，即可得到分类结果，如图 6-5 所示。

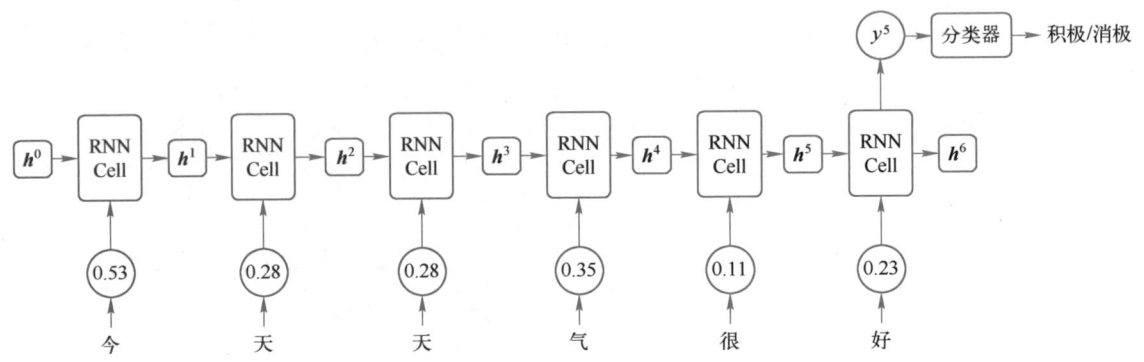

图 6-5 循环神经网络的序列-分类器模式

(2) 编码器-解码器

编码器-解码器模式适用于多输入多输出的形式，常用于机器翻译等任务，如图 6-6 所示。此模式下循环神经网络被分为编码器与解码器两个部分。编码器的作用是将输入序列编码成一个固定长度的向量，该向量包含了输入序列的语义信息。解码器接受编码器输出的语义表示，并生成输出序列。解码器是一个自回归的动态过程，能够将上一时刻的输出作为下一时刻的输入。

6.1.3 案例：基于循环神经网络的文本情感分析实战

本节将会通过文本情感分析实战案例演示循环神经网络的实现与应用。

情感分析技术在文本挖掘、社交媒体分析、品牌管理和舆情监测等领域有着广泛的应用，可以帮助企业和组织更好地理解用户的情感倾向和态度，从而做出更加有效的决策。案例通过构建一个循环神经网络，对 IMDb 数据集中包含明显偏向的评论进行情感分析。

1. 加载 IMDb 数据集

IMDb 数据集包含来自互联网的 50000 条具有明显偏向的电影评论，其中划分了 25000 条作为训练集，25000 条作为测试集。标签分为积极和消极。该数据集已经经过预处理，评论（单词序列）已经被转换为整数序列，其中每个整数代表字典中的某个单词。对应单词在字典中的下标排名越靠前，说明该单词出现的频率越高。

第 6 章 循环神经网络

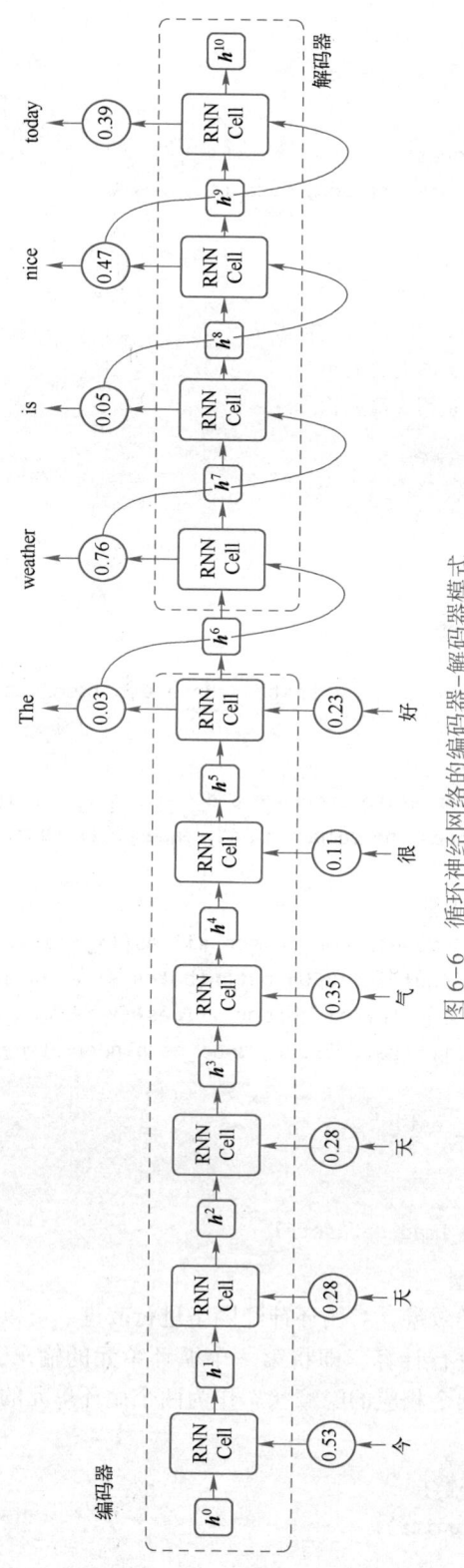

图 6-6 循环神经网络的编码器–解码器模式

代码如下:

```python
import tensorflow as tf
import os
from tensorflow import keras
from keras import layers, optimizers, datasets, losses


batch_size = 128          # 批量大小
embedding_len = 100       # 词向量特征长度 n
total_words = 10000       # 词汇表大小
max_review_len = 80       # 句子最大长度


def get_imdb_dataset():
    """
    获取 IMDb 数据集
    :return: 训练集，测试集
    """
    (x_train, y_train), (x_test, y_test) = datasets.imdb.load_data(num_words=total_words)
    # 截断和填充句子
    x_train = keras.preprocessing.sequence.pad_sequences(x_train, maxlen=max_review_len)
    x_test = keras.preprocessing.sequence.pad_sequences(x_test, maxlen=max_review_len)

    # 构建数据集，并做预处理
    db_train = tf.data.Dataset.from_tensor_slices((x_train, y_train))
    db_train = db_train.shuffle(1000).batch(batch_size, drop_remainder=True)
    db_test = tf.data.Dataset.from_tensor_slices((x_test, y_test))
    db_test = db_test.batch(batch_size, drop_remainder=True)

    return db_train, db_test


db_train, db_test = get_imdb_dataset()
```

2. 定义循环神经网络模型

为了能够实现更好的分类效果，对循环神经网络进行改进。可以对循环单元进行堆叠，即对每个时刻使用两个循环单元进行计算，即将第一个循环单元的输出，作为第二个循环单元的输入。需要注意的是，也要有两个相应的隐藏状态作为两个循环单元的输入。

代码如下:

```python
class RNN(tf.keras.Model):
    def __init__(self, units):
```

```
    """
    初始化函数
    :param units: 隐藏层单元个数
    """
    super(RNN, self).__init__()
    # 为了增强模型效果,定义两个隐藏状态
    self.state0 = [tf.zeros([batch_size, units])]
    self.state1 = [tf.zeros([batch_size, units])]
    # 词嵌入层,将文本序列转换成特征序列
    self.embedding = layers.Embedding(total_words, embedding_len, input_length=max_review_len)
    # 为了增强模型效果,定义两个循环单元
    self.rnn_cell0 = layers.SimpleRNNCell(units=units, dropout=0.2)
    self.rnn_cell1 = layers.SimpleRNNCell(units=units, dropout=0.2)
    # 分类器
    self.out_layer = layers.Dense(1)

def call(self, inputs, training=None, mask=None):
    """
    前向传播函数
    :param inputs: 输入
    :param training: 是否为训练阶段
    :param mask: 是否使用掩码
    :return: 返回概率输出
    """
    # 获取初始状态
    state0 = self.state0
    state1 = self.state1

    # 将输入转化为张量
    inputs = tf.convert_to_tensor(inputs)

    # 将文本向量化
    x = self.embedding(inputs)

    # 通过循环,分别遍历每一时刻的序列
    for word in tf.unstack(x, axis=1):
        # 将每一时刻的序列输入至循环单元
        out0, state0 = self.rnn_cell0(word, state0, training=training)
        # 将第一层循环单元的输出输入至第二层循环单元
        out1, state1 = self.rnn_cell1(out0, state1, training=training)

    # 获取最后一个时刻的输出,并将其分类
```

```
        x = self.out_layer(out1)
        # 输出概率
        prob = tf.sigmoid(x)

        return prob
```

3. 训练与评估

由于数据集的标签分为两类,所以这是一个二分类问题,循环神经网络的输出是一个概率值,因此在损失函数的选择上,更倾向于使用在分类问题中表现较好的二元交叉熵(Binary Crossentropy)损失函数。对于输出概率值的模型,交叉熵通常是较好的选择。模型训练完成后,将会被评估并保存。

代码如下:

```
def train():
    """
    训练模型
    :return:
    """
    units = 64        # 状态向量长度
    epoch = 10        # 训练轮数

    # 定义优化器
    optim = optimizers.Adam()
    # 定义模型
    model = RNN(units)

    # 编译模型
    model.compile(optimizer=optim, loss=losses.BinaryCrossentropy(), metrics=['accuracy'])

    # 训练模型
    his = model.fit(db_train, epochs=epoch, validation_data=db_test)
    # his.history 是对训练过程中指标变化的记录
    print(his.history)

    # 评估模型
    result = model.evaluate(db_test)
    print(result)

    # 保存模型
    model.save('the_save_model', save_format="tf")

train()
```

控制台输出如下所示：

```
Epoch 1/10
195/195 [==============================] - 24s 108ms/step - loss: 0.5339 - accuracy: 0.7046 - val_loss: 0.4107 - val_accuracy: 0.8147
Epoch 2/10
195/195 [==============================] - 20s 105ms/step - loss: 0.3226 - accuracy: 0.8651 - val_loss: 0.4060 - val_accuracy: 0.8213
Epoch 3/10
195/195 [==============================] - 21s 108ms/step - loss: 0.2079 - accuracy: 0.9187 - val_loss: 0.4927 - val_accuracy: 0.8216
Epoch 4/10
195/195 [==============================] - 22s 112ms/step - loss: 0.1118 - accuracy: 0.9591 - val_loss: 0.6877 - val_accuracy: 0.8161
Epoch 5/10
195/195 [==============================] - 22s 113ms/step - loss: 0.0736 - accuracy: 0.9735 - val_loss: 0.7184 - val_accuracy: 0.8123
Epoch 6/10
195/195 [==============================] - 22s 113ms/step - loss: 0.0502 - accuracy: 0.9821 - val_loss: 0.8090 - val_accuracy: 0.8109
Epoch 7/10
195/195 [==============================] - 22s 115ms/step - loss: 0.0422 - accuracy: 0.9850 - val_loss: 0.8589 - val_accuracy: 0.8057
Epoch 8/10
195/195 [==============================] - 22s 113ms/step - loss: 0.0376 - accuracy: 0.9858 - val_loss: 0.9116 - val_accuracy: 0.8119
Epoch 9/10
195/195 [==============================] - 24s 124ms/step - loss: 0.0361 - accuracy: 0.9877 - val_loss: 0.9289 - val_accuracy: 0.7690
Epoch 10/10
195/195 [==============================] - 23s 116ms/step - loss: 0.0229 - accuracy: 0.9921 - val_loss: 0.9203 - val_accuracy: 0.7964
{'loss': [0.5339115262031555, 0.32264018058776855, 0.20789605379104614, 0.11180208623409271,
0.07361356168985367, 0.050164658576250076, 0.04216092452406883, 0.03764434531331062,
0.03610290214419365, 0.02289348840713501], 'accuracy': [0.704607367515564, 0.8651041388511658,
0.918749988079071, 0.9591346383094788, 0.9734775424003601, 0.9821314215660095,
0.9849759340286255, 0.9858173131942749, 0.9876602292060852, 0.9921073913574219],
'val_loss': [0.4107212424278259, 0.40603867173194885, 0.49271640181541443, 0.6877098679542542,
0.7183709740638733, 0.8089863061904907, 0.8589354157447815, 0.9116200804710388,
0.9289203882217407, 0.9203355312347412 ], 'val_accuracy': [ 0.8147035241127014,
0.8212740421295166, 0.8216345906257629, 0.8161057829856873, 0.8122596144676208,
0.810857355594635, 0.8057291507720947, 0.8119391202926636, 0.7689903974533081,
```

```
0.7963541746139526]}
195/195 [====================] - 4s 19ms/step - loss: 0.9203 - accuracy: 0.7964
[0.9203355312347412, 0.7963541746139526]
```

通过分析训练过程中控制台的输出信息可以发现，训练集的准确率一直在上升，而验证集的准确率出现了下降的趋势；训练集损失持续下降，而验证集损失有上升趋势，说明模型出现了过拟合的问题。为了解决这个问题，可以在训练过程中加入早停机制，避免模型因为过度训练而出现过拟合。

📖 **早停机制**：若模型在多轮训练中都没有出现指标提升，此时就可以停止训练，避免模型出现过拟合。

代码如下：

```python
def train():
    """
    训练模型
    :return:
    """
    units = 64      # 状态向量长度
    epoch = 10      # 训练轮数

    # 定义优化器
    optim = optimizers.Adam()
    # 定义模型
    model = RNN(units)

    # 编译模型
    model.compile(optimizer=optim, loss=losses.BinaryCrossentropy(), metrics=['accuracy'])

    # 早停机制
    early_stop = keras.callbacks.EarlyStopping(monitor='val_accuracy', patience=3, mode='max', min_delta=0.01)

    # 训练模型
    his = model.fit(db_train, epochs=epoch, validation_data=db_test, callbacks=[early_stop])
    # his.history 是对训练过程中指标变化的记录
    print(his.history)

    # 评估模型
    result = model.evaluate(db_test)
    print(result)
```

```
# 保存模型
model.save('the_save_model', save_format="tf")


train()
```

控制台输出如下所示:

```
Epoch 1/10
195/195 [==============================] - 11s 44ms/step - loss: 0.5808 - accuracy: 0.6590 - val_loss: 0.4017 - val_accuracy: 0.8204
Epoch 2/10
195/195 [==============================] - 8s 41ms/step - loss: 0.3308 - accuracy: 0.8599 - val_loss: 0.4080 - val_accuracy: 0.8315
Epoch 3/10
195/195 [==============================] - 8s 40ms/step - loss: 0.1871 - accuracy: 0.9292 - val_loss: 0.5717 - val_accuracy: 0.8237
Epoch 4/10
195/195 [==============================] - 7s 38ms/step - loss: 0.1031 - accuracy: 0.9630 - val_loss: 0.6633 - val_accuracy: 0.7959
Epoch 5/10
195/195 [==============================] - 21s 110ms/step - loss: 0.0554 - accuracy: 0.9805 - val_loss: 0.7671 - val_accuracy: 0.7964
{'loss': [0.5807512402534485, 0.3308008015155792, 0.18714100122451782, 0.10306114703416824, 0.05544242262840271], 'accuracy': [0.6589743494987488, 0.8598557710647583, 0.9292067289352417, 0.9629807472229004, 0.9804887771606445], 'val_loss': [0.4017390310764313, 0.4080149233341217, 0.5717382431030273, 0.6633210182189941, 0.7670760154724121], 'val_accuracy': [0.8204326629638672, 0.831450343132019, 0.8236778974533081, 0.7959134578704834, 0.7963541746139526]}
195/195 [====================] - 6s 32ms/step - loss: 0.7671 - accuracy: 0.7964
[0.7670760154724121, 0.7963541746139526]
```

模型仅在五轮训练后就停止了,有效抑制了过拟合问题。

上述案例展示了循环神经网络模型在实际项目中的应用,并完成了双层循环神经网络的模型改进。通过使用循环神经网络模型,可以有效地捕获文本中的语义信息,完成文本情感分析。

6.2 LSTM 模型

6.2.1 LSTM 简介

长短期记忆(Long Short-Term Memory,LSTM)是一种常用于处理序列数据的循环神经网络的变体。与传统的循环神经网络相比,LSTM 具有更强大的建模能力,可以更有效地处理长期依赖关系,避免了梯度消失的问题,因此在许多序列建模任务中表现得更好。

在循环神经网络中,往往存在以下两个问题。

(1) 梯度消失与梯度爆炸问题

在传统的循环神经网络中,如果序列很长,通过反向传播算法计算梯度时,由于反向传播过程中梯度的连续相乘,梯度会呈指数级衰减或增大,导致在长序列上训练时,模型无法有效地学习到长期依赖关系。这会导致模型无法捕捉到序列中的重要信息,从而影响模型的性能和泛化能力。LSTM通过引入门控结构,有效地缓解了梯度消失与梯度爆炸问题,使得模型能够更好地处理长期依赖关系。

(2) 短期记忆问题

在传统的循环神经网络中,由于缺乏有效的机制来控制信息的流动和更新,模型往往只能记住最近的几个时间步的信息,而忽略了更长距离的依赖关系。这种短期记忆问题限制了循环神经网络在处理长序列时的表现。

为了解决以上问题,LSTM引入记忆单元和门控结构。LSTM认为在一个时间序列中,不是所有信息都是同等有效的,大多数情况存在"关键词"或者"关键帧",对于不重要的信息,可以选择"遗忘"。同时,在处理序列的同时,也要不断地概括已处理的内容,并用之前的内容帮助理解后续内容。

6.2.2 LSTM 结构

LSTM是循环神经网络的变体,与循环神经网络相同,LSTM对时间序列也需要以滑动的形式单独对每一时刻进行处理。LSTM与循环神经网络的不同之处主要在于计算单元。

LSTM计算单元如图6-7所示。LSTM与循环神经网络的不同在于,LSTM在计算单元中加入了记忆单元与门控结构。

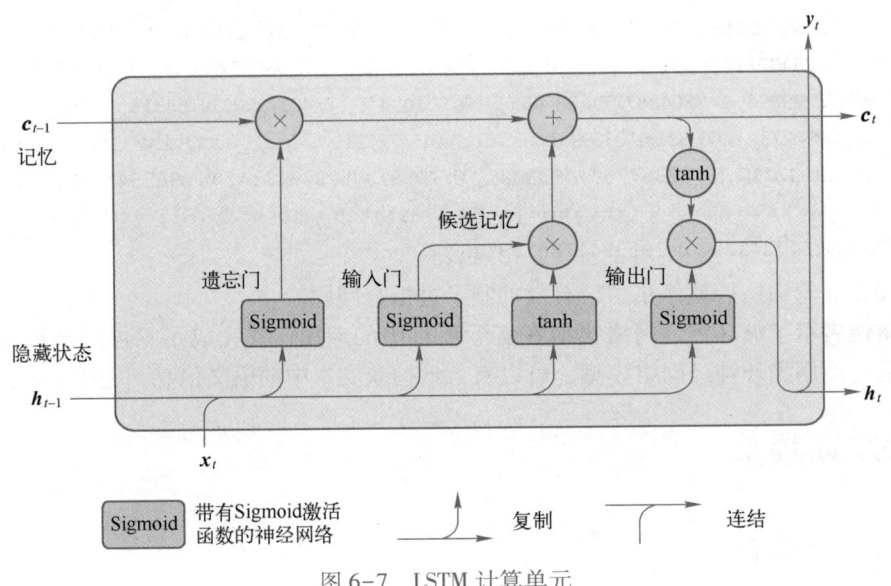

图6-7 LSTM计算单元

1. 记忆单元

LSTM的关键在于从计算单元上方贯穿而过的线,这条线被称为LSTM的记忆,如图6-8所示。对记忆仅有两种操作：相乘与相加。在相乘操作中，LSTM 的记忆向量会与一个 0~1 之间的向量相乘，若乘数趋近于 0，那么相乘结果也趋于 0，则可以认为这个数值被遗忘；在相加操作中，记忆向量会与相乘操作得到的向量相加，可以看作记忆的保存。

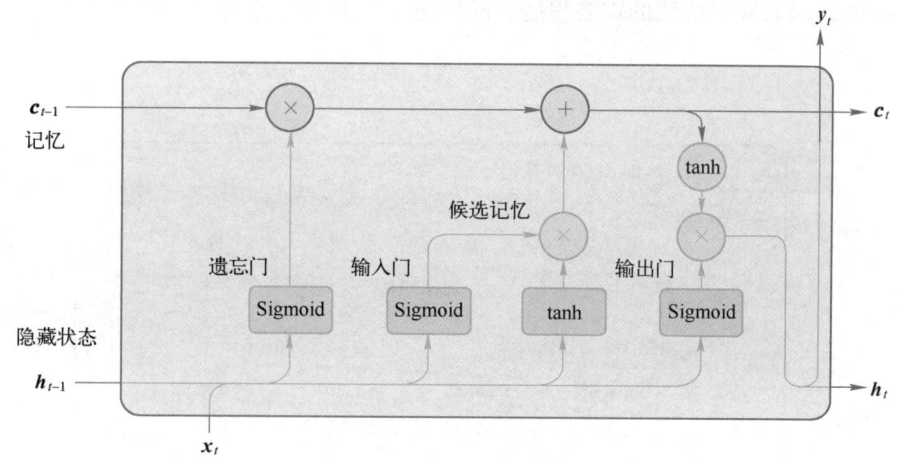

图 6-8　LSTM 的记忆

2. 门控结构

LSTM 的门控结构主要分为三个：遗忘门、输入门、输出门。三个门控结构相互配合，以完成对记忆的遗忘和保存。

（1）遗忘门

遗忘门的主要结构是一个带有 Sigmoid 激活函数的神经网络，其计算公式如下所示：

$$f_t = \sigma(W_f \cdot [h_{t-1}, x_t] + b_f)$$

式中，W_f 与 b_f 是神经网络需要学习的参数。神经网络的输入是每一时刻的数据 x_t 与上一时刻的隐藏状态 h_{t-1}，两个向量通过拼接后，输入至遗忘门神经网络中，神经网络通过学习，输出一个 0~1 之间的遗忘向量，若遗忘向量的某一位趋于 0，就意味着这一位的记忆要被遗忘；若某一位趋于 1，则意味着这一位的记忆要被保留。最后，隐藏状态与记忆相乘，即可实现对记忆的遗忘与保留。遗忘门的结构如图 6-9 所示。

（2）输入门

输入门是一个选择记忆阶段，即确定什么样的新信息会存放到记忆中。输入门主要由两个神经网络组成，一个以 Sigmoid 激活函数输出，另一个则以 tanh 激活函数输出，其计算公式如下所示：

$$i_t = \sigma(W_i \cdot [h_{t-1}, x_t] + b_i)$$
$$\widetilde{C}_t = \tanh(W_c \cdot [h_{t-1}, x_t] + b_c)$$

式中，W_i、W_c、b_i、b_c 是模型需要学习的参数。Sigmoid 函数确定了要保留的信息的比例，而 tanh 函数确定了信息更新的幅度。输入门的网络结构如图 6-10 所示。

（3）输出门

输出门是 LSTM 单元用于计算当前时刻的输出值的神经网络层。需要注意的是，LSTM 的输出 y 与 h 是相同的，即 LSTM 单元的特征输出与隐藏状态一致。输出门主要由一个神经网络组成，其计算公式如下所示：

$$o_t = \sigma(W_i \cdot [h_{t-1}, x_t] + b_i)$$

式中，W_i，b_i 是模型需要学习的参数，其目的是将当前输入值与上一时刻输出值进行整合，再通过 Sigmoid 激活函数确定特征的重要程度，随后通过下面的计算公式，将整合信息与记忆进行融合。

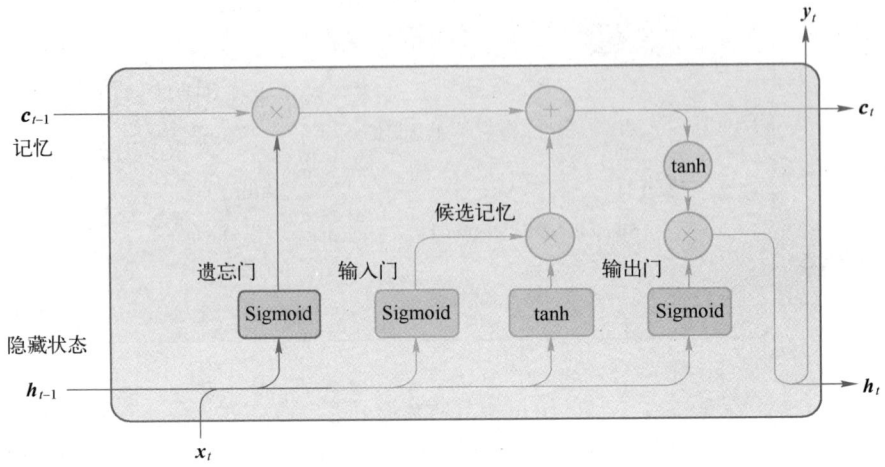

图 6-9　LSTM 的遗忘门

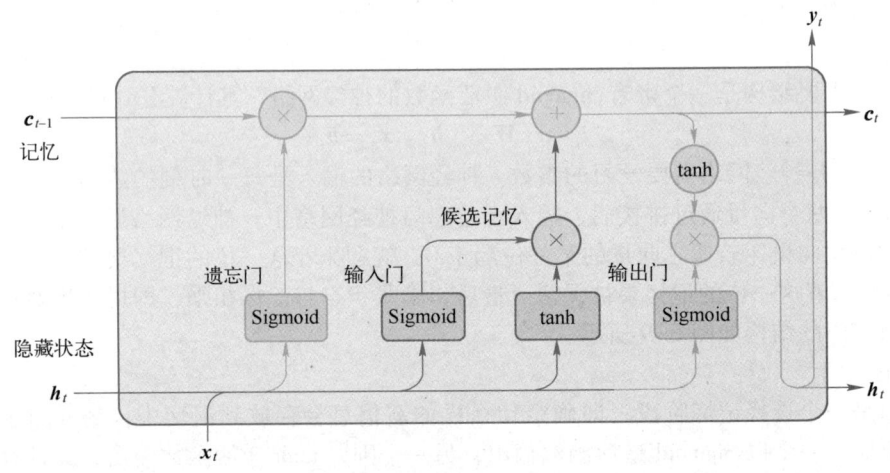

图 6-10　LSTM 的输入门

$$h_t = o_t \times \tanh(c_t)$$

对于记忆 c，使用 tanh 激活函数将其映射到 $(-1,1)$ 区间内，再与神经网络输出按位相乘，即可得到每一时刻的特征输出。LSTM 的输出门如图 6-11 所示。

综上所述，相比于循环神经网络只有一个传递状态，LSTM 拥有两个传输状态，分别是记忆和隐藏状态（相当于循环神经网络中的隐藏状态），LSTM 正是通过门控结构这样巧妙的设计，实现了对时间序列的归纳与记忆，从而提高了神经网络对于长期依赖关系的适应能力。

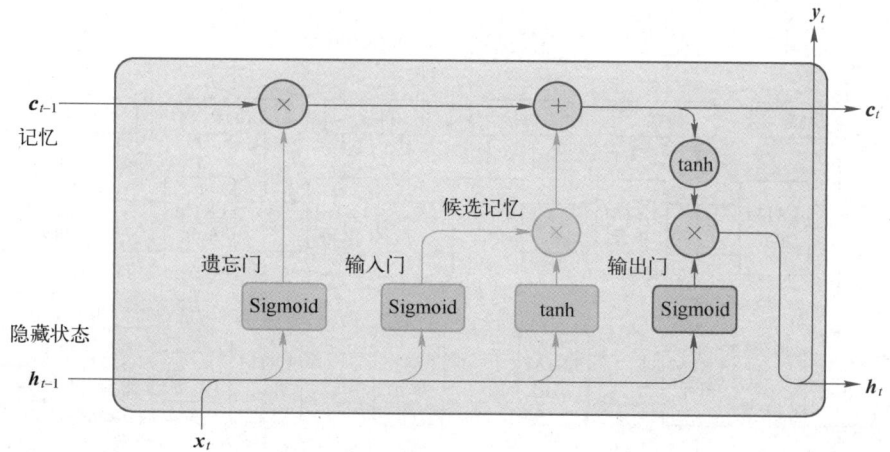

图 6-11　LSTM 的输出门

6.2.3　Bi-LSTM

循环神经网络和 LSTM 都只能依据之前时刻的时序信息来预测下一时刻的输出,但在有些问题中,当前时刻的输出不仅与之前的状态有关,还可能和未来的状态有关系。比如,预测一句话中缺失的单词,不仅需要根据前文来判断,还需要考虑它后面的内容,真正做到基于上下文判断。

比如,在机器翻译任务中,有文本"There are some apples",对于该文本,词语 are 是由 apples 决定的,这种依赖是由右向左的。而在循环神经网络与 LSTM 中,文本输入的方向是由左向右的,因此循环神经网络与 LSTM 很难捕获这种由右向左的依赖关系。

双向长短期记忆(Bi-directional Long Short-Term Memory,Bi-LSTM)网络的基本思想是将每一个训练序列向前和向后分别输入两个 LSTM,且两个 LSTM 连接到同一个输出层。这样的结构就能够给输出层的输入序列中的每一个点完整的过去和未来的上下文信息。时序信息在单向 LSTM 网络中是从前往后单向传输的,未能综合考虑上下文的时序信息。比如,对于一个语句的某个单词,单向 LSTM 模型只能获取到该单词前面的信息,但实际上该单词前后的信息对此单词的预测都有重要作用,这就需要采用 Bi-LSTM 网络。Bi-LSTM 模型可以同时训练两个相反方向的LSTM,即可以同时获取某个单词的前后信息,并用来预测,所以一般来讲 Bi-LSTM 效果会优于单向 LSTM。Bi-LSTM 的结构如图 6-12 所示。

双向 LSTM 模型的最终输出是由两个单向 LSTM 网络的输出进行拼接得到的。假设前向 LSTM 隐藏状态为 h_t,后向 LSTM 隐藏状态为 h'_t,则双向 LSTM 模型的输出公式为

$$y_t = \mathrm{concat}(h_t, h'_t)$$

6.2.4　案例:基于 LSTM 的文本情感分析实战

本节将会通过文本情感分析实战案例演示 LSTM 的实现与应用。

在 6.1.3 节中,使用循环神经网络实现了文本情感分析任务,在这一节中,将会复用 6.1.3 节的代码,以替换模型的方式完成基于 LSTM 的文本情感分析实战。

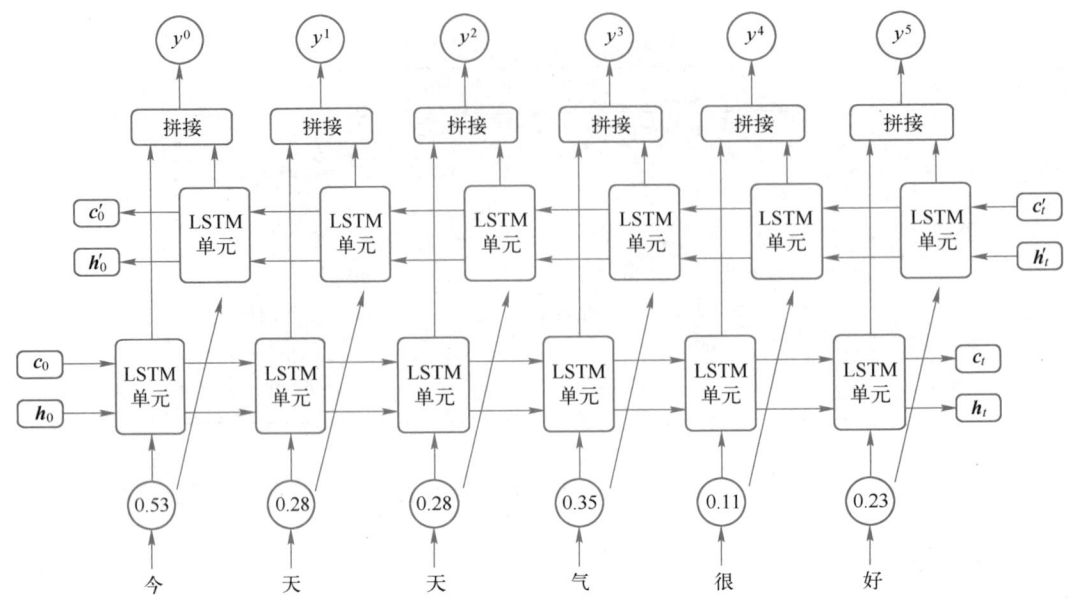

图 6-12　Bi-LSTM 的结构

1. 定义 LSTM 模型

仿照循环神经网络的模型定义模式,定义一个双层的 LSTM 模型。与循环神经网络不同的是,LSTM 模型具有两个状态,分别为隐藏状态与记忆状态。call 函数中展示了 LSTM 模型状态的定义方式。

代码如下:

```python
class LSTM(tf.keras.Model):
    def __init__(self, units):
        """
        初始化函数
        :param units: 隐藏层单元个数
        """
        super(LSTM, self).__init__()

        # 词嵌入层 将文本序列转换成特征序列
        self.embedding = layers.Embedding(total_words, embedding_len, input_length=max_review_len)
        # 为了增强模型效果,定义两个 LSTM 单元
        self.lstm_cell0 = layers.LSTMCell(units=units, dropout=0.2)
        self.lstm_cell1 = layers.LSTMCell(units=units, dropout=0.2)
        # 分类器
        self.out_layer = layers.Dense(1)

    def call(self, inputs, training=None, mask=None):
```

```
"""
前向传播函数
:param inputs: 输入
:param training: 是否为训练阶段
:param mask: 是否使用掩码
:return: 返回概率输出
"""
state0 = tf.zeros((2, batch_size, 64))
state1 = tf.zeros((2, batch_size, 64))

# 将输入转化为张量
inputs = tf.convert_to_tensor(inputs)

# 将文本向量化
x = self.embedding(inputs)

# 通过循环，分别遍历每一时刻的序列
for word in tf.unstack(x, axis=1):
    # 将每一时刻的序列输入至 LSTM 单元
    out0, state0 = self.lstm_cell0(word, state0, training=training)
    # 将第 1 层 LSTM 单元的输出输入至第 2 层 LSTM 单元
    out1, state1 = self.lstm_cell1(out0, state1, training=training)

# 获取最后一个时刻的输出，并将其分类
x = self.out_layer(out1)
# 输出概率
prob = tf.sigmoid(x)

return prob
```

训练模型，控制台输出如下所示：

```
Epoch 1/10
195/195 [==============================] - 43s 165ms/step - loss: 0.4486 - accuracy: 0.7774 - val_loss: 0.3582 - val_accuracy: 0.8431
Epoch 2/10
195/195 [==============================] - 30s 155ms/step - loss: 0.2856 - accuracy: 0.8806 - val_loss: 0.3825 - val_accuracy: 0.8367
Epoch 3/10
195/195 [==============================] - 78s 403ms/step - loss: 0.2226 - accuracy: 0.9142 - val_loss: 0.4562 - val_accuracy: 0.8272
Epoch 4/10
```

```
195/195 [==============================] - 30s 152ms/step - loss: 0.1631 - accuracy: 0.9406 - val_loss: 0.5012 - val_accuracy: 0.8111
{'loss': [0.44861093163490295, 0.28563809394836426, 0.22256657481193542, 0.1631482094526291],
'accuracy': [0.7774438858032227, 0.8806490302085876, 0.914222776889801, 0.940625011920929],
'val_loss': [0.35821354389190674, 0.38251104950904846, 0.45623037219047546, 0.5011518001556396],
'val_accuracy': [0.8431089520454407, 0.8366987109184265, 0.8271634578704834, 0.8110977411270142]}
195/195 [=======================] - 8s 43ms/step - loss: 0.5012 - accuracy: 0.8111
[0.5011518001556396, 0.8110977411270142]
```

通过分析控制台输出，可以发现，相较于循环神经网络模型，LSTM 模型能够达到更高的准确率。

2. 使用 LSTM 的封装模型

在 Keras 库中，已经预先定义好了 LSTM 的封装模型，为了方便起见，可以直接调用 LSTM 的封装模型。

代码如下：

```python
class LSTM(tf.keras.Model):
    def __init__(self, units):
        """
        初始化函数
        :param units: 隐藏层单元个数
        """
        super(LSTM, self).__init__()

        # 词嵌入层：将文本序列转换成特征序列
        self.embedding = layers.Embedding(total_words, embedding_len, input_length=max_review_len)

        # 定义第 1 层 LSTM 返回序列输出
        self.lstm1 = layers.LSTM(units=units, dropout=0.2, return_sequences=True)

        # 定义第 2 层 LSTM 返回最后时刻输出
        self.lstm2 = LSTM(units=units, dropout=0.2, return_sequences=False)

        # 分类器
        self.out_layer = layers.Dense(1)

    def call(self, inputs, training=None, mask=None):
        """
        前向传播函数
        :param inputs: 输入
        :param training: 是否为训练阶段
        :param mask: 是否使用掩码
```

```
:return: 返回概率输出
"""
# 将输入转化为张量
inputs = tf.convert_to_tensor(inputs)

# 将文本向量化
x = self.embedding(inputs)

# 第 1 层 LSTM
out = self.lstm1(x)

# 第 2 层 LSTM
out = self.lstm2(out)

# 获取最后一个时刻的输出, 并将其分类
x = self.out_layer(out)
# 输出概率
prob = tf.sigmoid(x)

return prob
```

训练模型, 控制台输出如下所示:

```
Epoch 1/10
195/195 [==============================] - 132s 672ms/step - loss: 0.4701 - accuracy: 0.7643 - val_loss: 0.3647 - val_accuracy: 0.8405
Epoch 2/10
195/195 [==============================] - 126s 649ms/step - loss: 0.2887 - accuracy: 0.8796 - val_loss: 0.3752 - val_accuracy: 0.8345
Epoch 3/10
195/195 [==============================] - 130s 669ms/step - loss: 0.2264 - accuracy: 0.9132 - val_loss: 0.4555 - val_accuracy: 0.8212
Epoch 4/10
195/195 [==============================] - 133s 686ms/step - loss: 0.1739 - accuracy: 0.9383 - val_loss: 0.5322 - val_accuracy: 0.8174
{'loss': [0.4700811505317688, 0.2886970639228821, 0.22640255093574524, 0.17389899492263794],
 'accuracy': [0.7642627954483032, 0.879647433757782, 0.9132211804389954, 0.9382612109184265],
 'val_loss': [0.364468181014060974, 0.37518611550331116, 0.45546984672546387, 0.5322400331497192],
 'val_accuracy': [0.8405448794364929, 0.834455132484436, 0.8211939334869385, 0.8174278736114502]}
195/195 [==============================] - 37s 190ms/step - loss: 0.5322 - accuracy: 0.8174
[0.5322400331497192, 0.8174278736114502]
```

3. Bi-LSTM

在 Keras 库中，同样对 Bi-LSTM 实现了较好的封装。

代码如下：

```python
class LSTM(tf.keras.Model):
    def __init__(self, units):
        """
        初始化函数
        :param units: 隐藏层单元个数
        """
        super(LSTM, self).__init__()

        # 词嵌入层 将文本序列转换成特征序列
        self.embedding = layers.Embedding(total_words, embedding_len, input_length=max_review_len)

        # 定义第1层 Bi-LSTM 返回序列输出
        self.lstm1 = layers.Bidirectional(layers.LSTM(units=units, dropout=0.2, return_sequences=True))

        # 定义 Bi-LSTM 返回最后一时刻输出
        self.lstm2 = layers.Bidirectional(layers.LSTM(units=units, dropout=0.2, return_sequences=False))

        # 分类器
        self.out_layer = tf.keras.layers.Dense(1)

    def call(self, inputs, training=None, mask=None):
        """
        前向传播函数
        :param inputs: 输入
        :param training: 是否为训练阶段
        :param mask: 是否使用掩码
        :return: 返回概率输出
        """
        # 将输入转化为张量
        inputs = tf.convert_to_tensor(inputs)

        # 将文本向量化
        x = self.embedding(inputs)

        # 第1层 LSTM
```

```
            out = self.lstm1(x)

            # 第 2 层 LSTM
            out = self.lstm2(out)

            # 获取最后一个时刻的输出，并将其分类
            x = self.out_layer(out)
            # 输出概率
            prob = tf.sigmoid(x)

            return prob
```

训练模型，控制台输出如下所示：

```
Epoch 1/10
195/195 [==============================] - 89s 446ms/step - loss: 0.4345 - accuracy: 0.7838 - val_loss: 0.3410 - val_accuracy: 0.8495
Epoch 2/10
195/195 [==============================] - 79s 405ms/step - loss: 0.2524 - accuracy: 0.8984 - val_loss: 0.3796 - val_accuracy: 0.8406
Epoch 3/10
195/195 [==============================] - 82s 419ms/step - loss: 0.1822 - accuracy: 0.9317 - val_loss: 0.3956 - val_accuracy: 0.8338
Epoch 4/10
195/195 [==============================] - 83s 427ms/step - loss: 0.1181 - accuracy: 0.9573 - val_loss: 0.5271 - val_accuracy: 0.8261
{'loss': [0.43451988697052, 0.2524057626724243, 0.1821722537279129, 0.11811797320842743],
 'accuracy': [0.7838141322135925, 0.8983573913574219, 0.9316506385803223, 0.9573317170143127],
 'val_loss': [0.3104407304763794, 0.3796387016773224, 0.39563778042793274, 0.5271151661872864],
 'val_accuracy': [0.8495192527770996, 0.840624988079071, 0.8337740302085876, 0.8260817527770996]}
195/195 [==============================] - 15s 78ms/step - loss: 0.5271 - accuracy: 0.8261
[0.5271151661872864, 0.8260817527770996]
```

通过分析控制台输出可以发现，相较于 RNN 模型与 LSTM 模型，Bi-LSTM 由于加入了双向的设计，达到了更高的准确率。

6.3 思考与练习

1. 选择题

1）对于时间序列数据，下列描述不正确的是（　　）。

A. 时间序列数据按时间顺序排列

B. 时间序列数据中的每个数据点与某时刻的时间点相关联

C. 时间序列数据通常用于描述静态数据，如图片

D. 时间序列数据通常用于描述随时间变化的现象，如股票价格、气温、销售额等

2）下列关于 RNN 的说法正确的是（　　）。

A. RNN 是一种前向神经网络
B. RNN 对于每一时刻的输出只与当前时刻的输入有关
C. RNN 通过隐藏状态实现对之前时刻的"记忆"，具有记忆性
D. RNN 的隐藏状态在每个时间步都是独立的，不受之前时刻的影响

3）关于 RNN 的描述，下列说法错误的是（　　）。

A. RNN 循环单元有两个输入：特征 x 与隐藏状态 h
B. RNN 循环单元有两个输出：特征输出 y 与隐藏状态 h
C. RNN 循环单元的输出只与输入 x 相关
D. RNN 循环单元的隐藏状态在第一个时刻通常是人为定义的，可以是全 0 状态向量

4）下列关于 LSTM 隐藏状态和门控结构的描述正确的是（　　）。

A. 遗忘门用于控制记忆的保留
B. 输入门用于控制记忆的遗忘
C. 输出门用于控制记忆的输出
D. LSTM 单元的隐藏状态可以作为单元的序列输出

5）关于 Bi-LSTM 的描述错误的是（　　）。

A. Bi-LSTM 的基本思想是将每个训练序列分别输入两个 LSTM，然后将两个 LSTM 的输出进行拼接
B. Bi-LSTM 的输出是两个单向 LSTM 的拼接
C. Bi-LSTM 能够同时参考过去和未来的信息
D. Bi-LSTM 只能用于处理与语言模型相关的任务，无法应用于其他领域

2. 问答题

1）简述 RNN 与全连接神经网络的不同之处。
2）简述 LSTM 的门控结构中激活函数的作用。
3）RNN 与 LSTM 还能够应用在哪些领域？请简述你的设想与思路。

第 7 章 Transformer 模型

第 7 章
Transformer 模型

Transformer 是一种非常流行的深度学习模型,广泛应用于自然语言处理领域,例如机器翻译、文本分类、问答系统等。Transformer 模型是由 Google 在 2017 年提出的,其优点在于可以在处理长文本时保持较好的性能,并且可以并行计算,提高训练速度。Transformer 模型不仅能应用于自然语言处理,在序列预测、计算机视觉、语音识别等其他领域也展现了前所未有的性能,在 Transformer 模型的加持下引发了 ChatGPT 等大模型的技术突破。本章将主要介绍自注意力机制、自编码(Auto-Encoder,AE)器和 Transformer 的机制及应用。

7.1 自注意力机制

Transformer 的核心是自注意力(Self-Attention)机制。时间序列数据往往在不同的时刻之间存在着很强的相关性。对于这种相关性的处理,RNN 与 LSTM 都是通过递归性质与隐藏状态来实现的。但隐藏层的能力是有限的,虽然 LSTM 在 RNN 的基础上进行了改进,在一定程度上缓解了梯度爆炸与梯度消失的问题,增强了模型处理较长依赖的能力,但其对于处理时序数据的实质仍然是通过管理隐藏状态实现的,依然存在连续乘法的情况;对于过长的依赖关系,也容易超出 LSTM 的能力范围。为了解决上述问题,Transformer 提出了自注意力机制。

为了更好地理解 Transformer 中的自注意力机制,首先引入视觉中的注意力机制,如图 7-1 所示。

图 7-1 视觉中的注意力机制

当看到一幅图像时,很容易被图中的主体部分所吸引。例如在图 7-1 中,如果想得到的结果是"狗",那么注意力就会自然集中在图像左侧;如果想得到的结果是"猫",那么注意力会自然集中在图像右侧。这是一种由人类大脑产生的注意力机制,这种注意力机制可以理解为一种思维与图像区域的相关性，即"狗"与图像左侧区域具有很强的相关性，"猫"与图像右侧区域具有很强的相关性。

Transformer 就是通过注意力机制捕获时序数据中的依赖关系。Transformer 中的注意力机制被称为"自注意力机制"，自注意力机制作用于数据本身，它允许输入的每个元素都与其他所有元素进行交互，从而获取全局信息。在自注意力过程中，每一个输入元素的表示都会更新，这个更新是基于它与序列中其他元素的关系。图 7-1 中展示的是输入与输出的注意力关系，而自注意力机制是输入与输入之间的注意力关系，例如小狗的鼻子与眼睛可能存在很强的依赖性。

在时间序列数据中，自注意力机制可以用于捕获不同时刻之间的依赖性。图 7-2 中展示了实际任务中的自注意力机制。

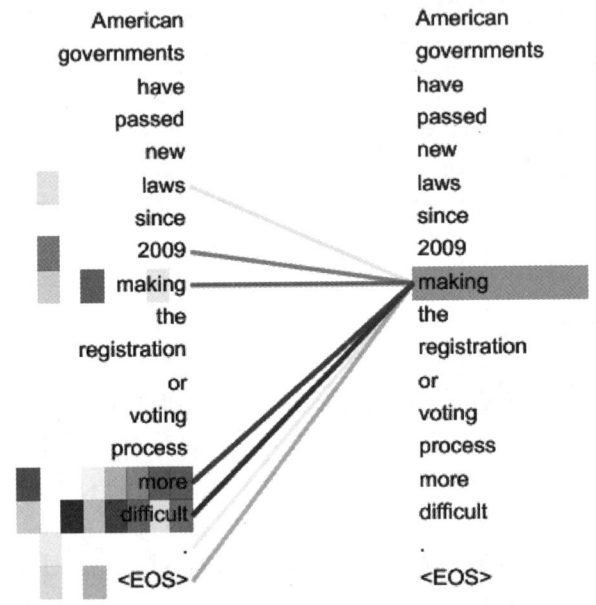

图 7-2 实际任务中的自注意力机制

图 7-2 中的"making"与"more"和"difficult"产生了连线，说明"making"与"more"和"difficult"之间产生了较强的相关性。捕获词语之间的相关性，有助于神经网络更好地理解文本中的语义。

自注意力机制的核心由 Query（Q）、Key（K）与 Value（V）组成。

1. Query

Query 可以理解为代表当前元素（或位置）的信息请求。它是对输入序列的一种查询表达，用来探索序列中其他部分与当前部分的关联度。Query 与序列中所有 Key 的相互作用决定了当前元素对序列中其他元素的关注程度。

当你在图书馆里寻找与特定主题相关的书籍时，Query 是你的搜索查询，用它来描述你想要找到的信息。在自注意力机制中，Query 代表当前位置的信息需求，用于寻找与之相关的内容。

2. Key

Key 代表序列中每个元素的地址或标识，可以视为能被 Query "寻址"的一种标签。每个 Key 都用来与 Query 相匹配，匹配程度高的 Key 表明其对应的 Value 对当前 Query 更为重要，即当前元素应该更加关注与该 Key 相关的内容。

在图书馆中，Key 相当于每本书的目录或索引，你会根据目录找到可能包含所需信息的书籍。在自注意力机制中，每个位置生成一个 Key，用于匹配 Query。

3. Value

Value 代表序列中每个元素的实际内容，它包含了序列中每个位置的实际信息。一旦 Query 和 Key 之间的匹配程度被计算出来，Value 就会根据这些匹配度被加权求和，形成每个位置最终的输出表示。

在图书馆中，Value 代表书籍的实际内容，一旦基于目录找到书籍，你就会阅读书籍内容以获取信息。在自注意力机制中，Value 包含实际的信息负载，一旦 Key 和 Query 匹配，相应的 Value 就会用来构建输出。

通过 Query、Key、Value 三者之间的相互配合，自注意力机制允许模型动态地重构输入序列的表示，使之更加关注与当前任务相关的信息，极大地提高了模型处理序列数据的能力。

自注意力机制的计算过程可以概括为以下步骤。

1）输入序列通过三组不同的线性变换（通常是权重矩阵乘法）生成对应的 **Q**、**K**、**V** 三组向量，如图 7-3 所示。

> 注：线性层中的矩阵在初始阶段是随机的，此时 **Q**、**K**、**V** 三组向量还不具备各自的功能，通过神经网络的反向传播与梯度下降算法不断更新线性层矩阵参数，**Q**、**K**、**V** 三组向量逐渐向各自的功能靠近。因此自注意力机制只需训练线性层的三个矩阵。

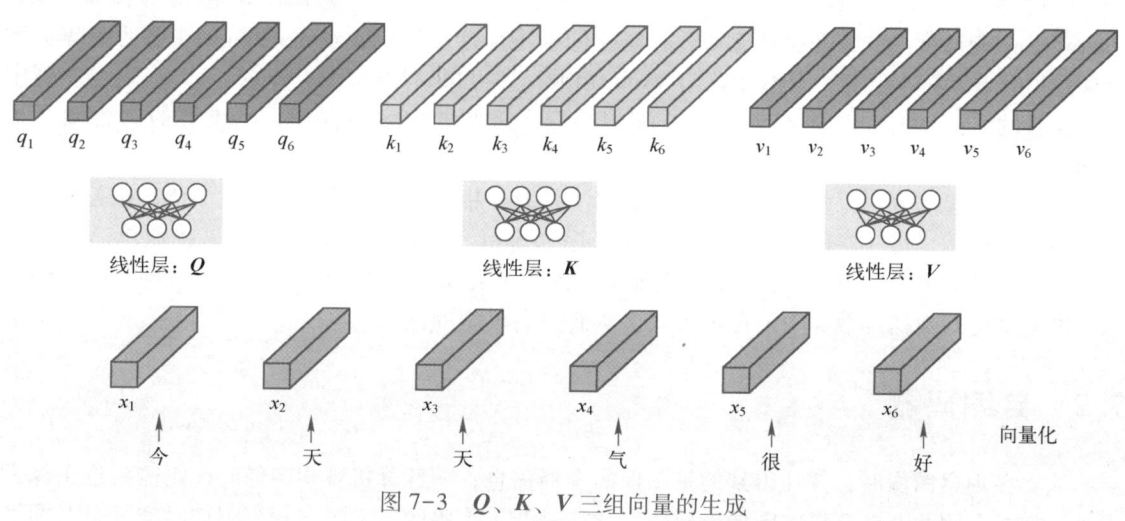

图 7-3　**Q**、**K**、**V** 三组向量的生成

2）计算每个 Query 与所有 Key 之间的匹配分数，通过 softmax 函数转换成概率形式，表示每个元素对序列中其他元素的关注程度，其公式如下所示。

$$\text{Attention}(\boldsymbol{Q},\boldsymbol{K},\boldsymbol{V})=\text{softmax}\left(\frac{\boldsymbol{Q}\boldsymbol{K}^{\text{T}}}{\sqrt{d}}\right)\boldsymbol{V}$$

式中，d 是输入序列的维度。

> 注：Query 与 Key 实际上是通过相似度进行匹配的。上述公式可以理解为对 QK 求余弦相似度，再对其进行缩放，最后乘以 V。此过程不产生任何需要训练的参数。

注意力的计算过程如图 7-4 所示。

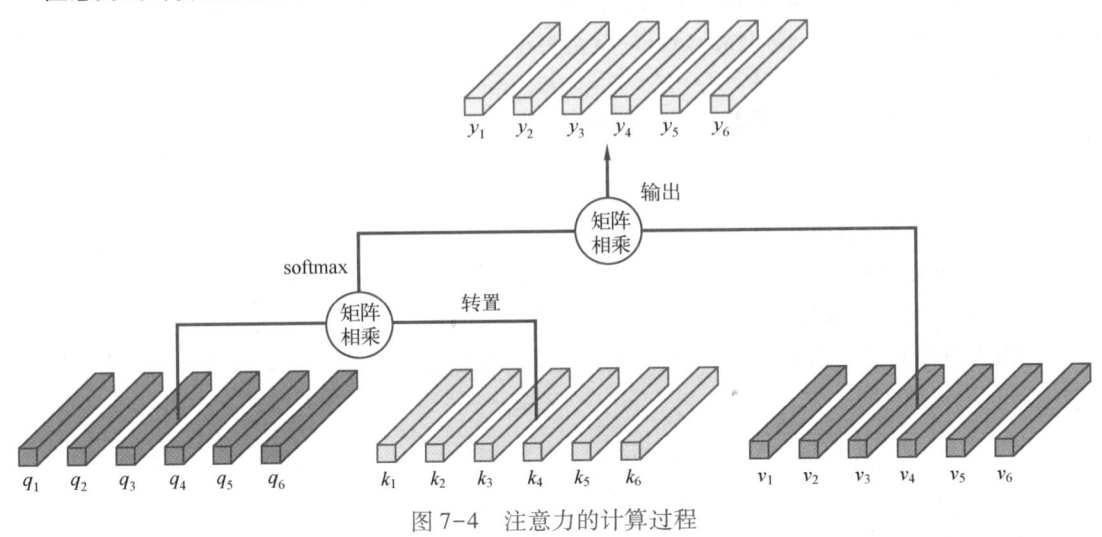

图 7-4　注意力的计算过程

经过 Query、Key 的匹配与 softmax 的映射，Query、Key 的相关程度被转化为概率表示，Query、Key 相似度高的特征会被保留，相似度低的特征会被抑制，经过 softmax 映射的矩阵被称为注意力分数矩阵。注意力分数矩阵与 Value 相乘，即可得到加权后的 Value。Value 表示序列中每个位置的实际信息，与注意力分数矩阵相乘后，重要的内容被保留，不重要的内容则会被抑制。

自注意力机制也可以多层叠加。通过叠加注意力，相关性高的特征一直被保留，相关性低的特征持续被抑制，每一层都可以通过关注输入序列中的不同部分之间的关系来提取更高级的特征。随着层数的增加，模型会越来越关注输入序列中更细致、更复杂的相关性。这种分层结构可以帮助模型更好地捕捉数据中的各种关联，从而提高模型的性能。

7.2　自编码器

人类在观察图像时，往往得到的是图像的全局信息；而计算机观察图像时，则需要逐个像素点进行扫描。因此，计算机的图像处理效率往往是低于人眼的。人眼在观察图像时实际是对图像进行了隐式的压缩，对于计算机而言，也可先对图像进行压缩，再做后续处理，以此提高计算机的处理效率。自编码器则实现了对数据的压缩。

7.2.1　自编码器简介

自编码器属于无监督学习，可以自动从无标注的数据中学习特征，是一种以重构输入信号为目标的神经网络，它可以给出比原始数据更好的特征描述，具有较强的特征学习能力，在深度学习中常用自编码器生成的特征来取代原始数据，以得到更好的结果。

自编码器的主要用途有以下几点。

(1) 预训练

自编码器可以在深度学习模型中用于预训练，将数据的基本特征提取出来，为后续任务提供更好的初始化参数。例如，自编码器可以用于图像分类任务的预训练，通过对大量图像进行无监督学习，提取出常见的图像特征，再将这些特征用作分类模型的初始参数，这样可以加速训练并提高分类准确性。

(2) 数据生成

自编码器可以将复杂的数据转换为简单的潜在空间，再从潜在空间生成新数据，实现自动创作。变分自编码器（VAE）通过学习图像的潜在表示，可以在该表示的基础上生成新图像。例如，VAE 可以生成类似手写数字、自然风景或人物肖像的新图像。

(3) 去除噪声

自编码器通过学习输入数据的表示，可以有效识别出数据中的噪声部分，从而进行去噪操作。自编码器可以通过学习正常数据的潜在表示，识别出与正常数据差别较大的异常数据点，从而进行异常检测并去除异常点。

(4) 数据降维

自编码器通过学习数据的紧凑表示，将高维数据压缩到低维潜在空间中。因此，它能够作为一种降维工具使用。自编码器的编码器部分将输入数据映射到低维的潜在表示，解码器部分可以从潜在表示中重建原始数据。

(5) 信息检索

自编码器可以用于信息检索，通过学习数据的紧凑表示来提高检索的准确性和效率。自编码器通过无监督学习生成输入数据的低维表示，从而提取更具判别性和紧凑的特征表示。使用自编码器将数据编码为潜在表示后，可以在该低维空间中计算不同数据之间的相似性，从而提高检索速度。

7.2.2 最简单的自编码器

自编码器是输入等于输出的网络，最基本的模型可以视为三层的神经网络，即输入层、隐藏层、输出层，其结构如图 7-5 所示。其中，输入层的样本也会充当输出层的标签角色。

其中，输入层也可称为编码器。这部分网络将输入数据转换为一个较小的、密集的表示形式，通常称为编码或潜在空间表示。编码器试图捕捉数据中的重要特征，并以更简洁的形式表达这些特征。在图 7-5 中，输入特征长度为 6，通过编码器处理，特征长度

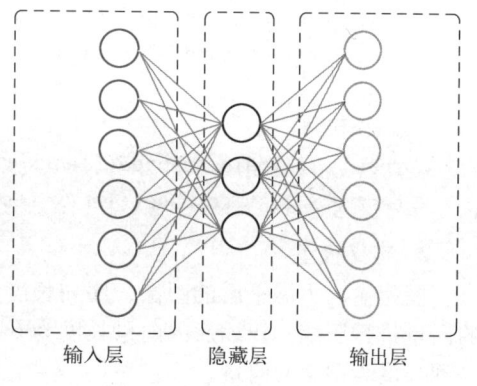

图 7-5　自编码器示意图

被压缩为 3。隐藏层是自编码器的编码空间，这是网络的中间层，存储压缩后的数据表示。这个表示通常具有比输入数据更低的维度，是数据的"压缩"形式。输出层也可称为解码器。解码器部分的任务是通过潜在空间表示重建输入数据。自编码类似 PCA（主成分分析）算法，用于找到可以代表原信息的主要成分。

自编码器要求输出尽可能等于输入,并且其隐藏层必须满足一定的稀疏性。这是通过将隐藏层中的后一层个数比前一层神经元个数少的方式来实现稀疏效果的,相当于隐藏层对输入进行了压缩,并在输出层中解压。整个过程中肯定会丢失信息,但训练能够使丢失的信息尽量减少,最大化地保留其主要特征。若自编码器的激活函数使用线性函数,那么自编码器可等价于 PCA 模型。

7.2.3 案例:基于自编码器的 MNIST 数据集重建实战

本节通过实例演示自编码器的具体实现,构建一个两层降维的自编码器,将 MNIST 数据集的数据特征提取出来,并通过这些特征对 MNIST 数据集进行重建。

案例分为如下几个步骤。

1. 引入头文件,并加载 MNIST 数据集

无须额外下载 MNIST 数据集,只需要利用 keras 加载 keras.datasets 中的 MNIST 即可,随后对数据进行归一化、展平等操作。

代码如下:

```python
import keras
from keras.layers import Input, Dense
from keras.models import Model
from keras.datasets import mnist
import matplotlib.pyplot as plt

# 加载 MNIST 数据集
(x_train, _), (x_test, _) = mnist.load_data()

# 数据归一化
x_train = x_train.astype('float32') / 255.
x_test = x_test.astype('float32') / 255.

# 将数据展平
x_train = x_train.reshape((len(x_train), 28 * 28))
x_test = x_test.reshape((len(x_test), 28 * 28))
```

2. 定义模型

模型输入为展平后的图像,序列长度为 784,隐藏层维度设为 64,即编码器会将长度为 784 的向量进行压缩,压缩后的向量长度为 64;解码器根据长度为 64 的隐藏层向量进行解码,解码得到长度为 784 的向量。

代码如下:

```python
# 输入层的维度
input_dim = x_train.shape[1]
# 隐藏层维度
encoding_dim = 64
```

第 7 章 Transformer 模型

```python
# 自定义自编码器类
class AutoEncoder(Model):
    def __init__(self, input_dim, encoding_dim):
        super(AutoEncoder, self).__init__()
        # 输入维度
        self.input_dim = input_dim
        # 隐藏层维度
        self.encoding_dim = encoding_dim

        # 编码器
        self.encoder = keras.Sequential([
            Input(shape=(input_dim,)),
            Dense(encoding_dim, activation='relu')
        ])

        # 解码器
        self.decoder = keras.Sequential([
            Dense(input_dim, activation='sigmoid')
        ])

    def call(self, inputs):
        # 编码
        encoded = self.encoder(inputs)
        # 解码
        decoded = self.decoder(encoded)

        return decoded
```

3. 训练自编码器

接下来对自编码器进行训练。
代码如下：

```python
# 训练轮数
epochs = 20
# 批次大小
batch_size = 256
# 优化器
optimizer = 'adam'
# 损失函数
loss = 'mse'

# 实例化并编译模型
auto_encoder = AutoEncoder(input_dim=input_dim, encoding_dim=encoding_dim)
```

```python
auto_encoder.compile(optimizer=optimizer, loss=loss)

# 训练模型
# 这里训练时，输入与标签一致
auto_encoder.fit(x_train, x_train,
        epochs=epochs,
        batch_size=batch_size,
        shuffle=True,
        validation_data=(x_test, x_test))
```

控制台输出如下所示：

```
Epoch 1/20
235/235 [==========================] - 1s 4ms/step - loss: 0.0597 - val_loss: 0.0315
Epoch 2/20
235/235 [==========================] - 1s 3ms/step - loss: 0.0255 - val_loss: 0.0203
Epoch 3/20
235/235 [==========================] - 1s 3ms/step - loss: 0.0176 - val_loss: 0.0148
Epoch 4/20
235/235 [==========================] - 1s 3ms/step - loss: 0.0132 - val_loss: 0.0113
Epoch 5/20
235/235 [==========================] - 1s 3ms/step - loss: 0.0103 - val_loss: 0.0090
Epoch 6/20
235/235 [==========================] - 1s 3ms/step - loss: 0.0085 - val_loss: 0.0075
Epoch 7/20
235/235 [==========================] - 1s 3ms/step - loss: 0.0072 - val_loss: 0.0065
Epoch 8/20
235/235 [==========================] - 1s 3ms/step - loss: 0.0063 - val_loss: 0.0058
Epoch 9/20
235/235 [==========================] - 1s 3ms/step - loss: 0.0057 - val_loss: 0.0053
Epoch 10/20
235/235 [==========================] - 1s 3ms/step - loss: 0.0053 - val_loss: 0.0050
Epoch 11/20
235/235 [==========================] - 1s 3ms/step - loss: 0.0050 - val_loss: 0.0047
Epoch 12/20
235/235 [==========================] - 1s 3ms/step - loss: 0.0048 - val_loss: 0.0045
Epoch 13/20
235/235 [==========================] - 1s 3ms/step - loss: 0.0046 - val_loss: 0.0044
Epoch 14/20
235/235 [==========================] - 1s 3ms/step - loss: 0.0045 - val_loss: 0.0043
Epoch 15/20
235/235 [==========================] - 1s 3ms/step - loss: 0.0044 - val_loss: 0.0042
```

```
Epoch 16/20
235/235 [==============================] - 1s 3ms/step - loss: 0.0043 - val_loss: 0.0042
Epoch 17/20
235/235 [==============================] - 1s 3ms/step - loss: 0.0043 - val_loss: 0.0041
Epoch 18/20
235/235 [==============================] - 1s 3ms/step - loss: 0.0042 - val_loss: 0.0041
Epoch 19/20
235/235 [==============================] - 1s 3ms/step - loss: 0.0042 - val_loss: 0.0040
Epoch 20/20
235/235 [==============================] - 1s 3ms/step - loss: 0.0041 - val_loss: 0.0040
```

通过分析控制台输出可以发现，训练集与验证集的损失逐渐降低，最后趋于收敛。

4. 可视化

完成模型训练后，通过对比原图与重建图的方式，可视化模型效果。

代码如下：

```
# 使用训练好的模型生成编码和解码图像
encoded_imgs = auto_encoder.encoder(x_test)
decoded_imgs = auto_encoder.decoder(encoded_imgs).numpy()

# 设置字体
plt.rcParams['font.sans-serif'] = ['SimHei']

# 可视化图像个数
n = 4
plt.figure()
for i in range(n):
    # 原始图像
    ax = plt.subplot(2, n, i + 1)
    plt.title('原始图像')
    plt.imshow(x_test[i].reshape(28, 28))
    plt.gray()
    ax.get_xaxis().set_visible(False)
    ax.get_yaxis().set_visible(False)

    # 重建图像
    ax = plt.subplot(2, n, i + 1 + n)
    plt.title('重建图像')
    plt.imshow(decoded_imgs[i].reshape(28, 28))
    plt.gray()
    ax.get_xaxis().set_visible(False)
    ax.get_yaxis().set_visible(False)
```

```
plt.tight_layout()
plt.show()
```

自编码器重建可视化效果图如图 7-6 所示。对比原始图像与重建图像可以发现，自编码器基本能够做到对图像的还原，但是图像边缘处仍存在一定程度的虚化，即自编码器在编码和解码的过程中，存在一定程度的信息丢失。

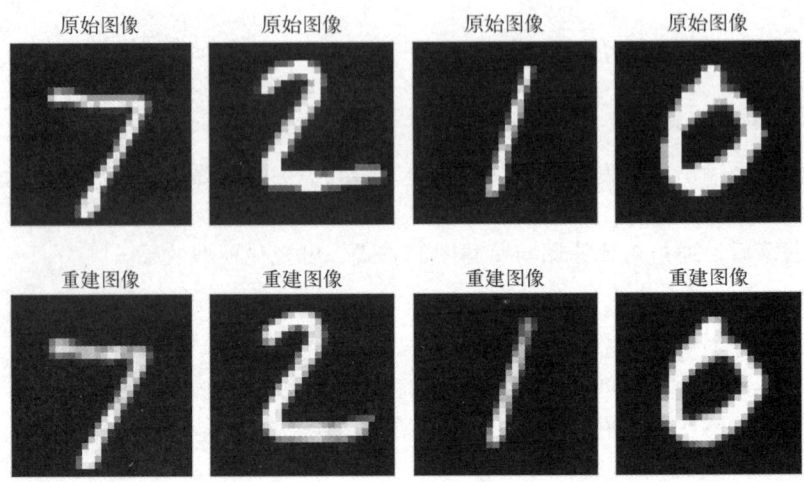

图 7-6 自编码器重建可视化效果图

7.3 Transformer 机制及应用

7.3.1 Transformer 机制

Transformer 模型被广泛应用于语言任务，其创新性的结构为各种语言任务提供了强大的建模能力，在文本分类、机器翻译和问答等任务中展现出了卓越的性能。现有的框架通常应用全局或局部自注意力机制。与大多数序列对序列（seq2seq）模型相似，Transformer 由编码器和解码器组成，如图 7-7 所示。图 7-7 中，左侧的结构是 Transformer 的编码器，它将输入序列进行位置编码后映射成特征向量，右侧结构对应解码器，它通过利用编码器生成的上下文信息和自身的自注意力机制来生成输出序列。

1. 编码器

Transformer 编码器由四个部分组成，结构如图 7-8 所示。

（1）输入

输入部分分为两个子模块：输入嵌入（Input Embedding）与位置编码（Positional Encoding）。

输入嵌入是对输入的映射，即对数据进行升维，统一数据维度，方便后续计算。在使用 Transformer 进行自然语言处理时，输入嵌入也称为词嵌入，能够把词典索引转化为向量，使语义相近的词语在特征空间中更加接近。

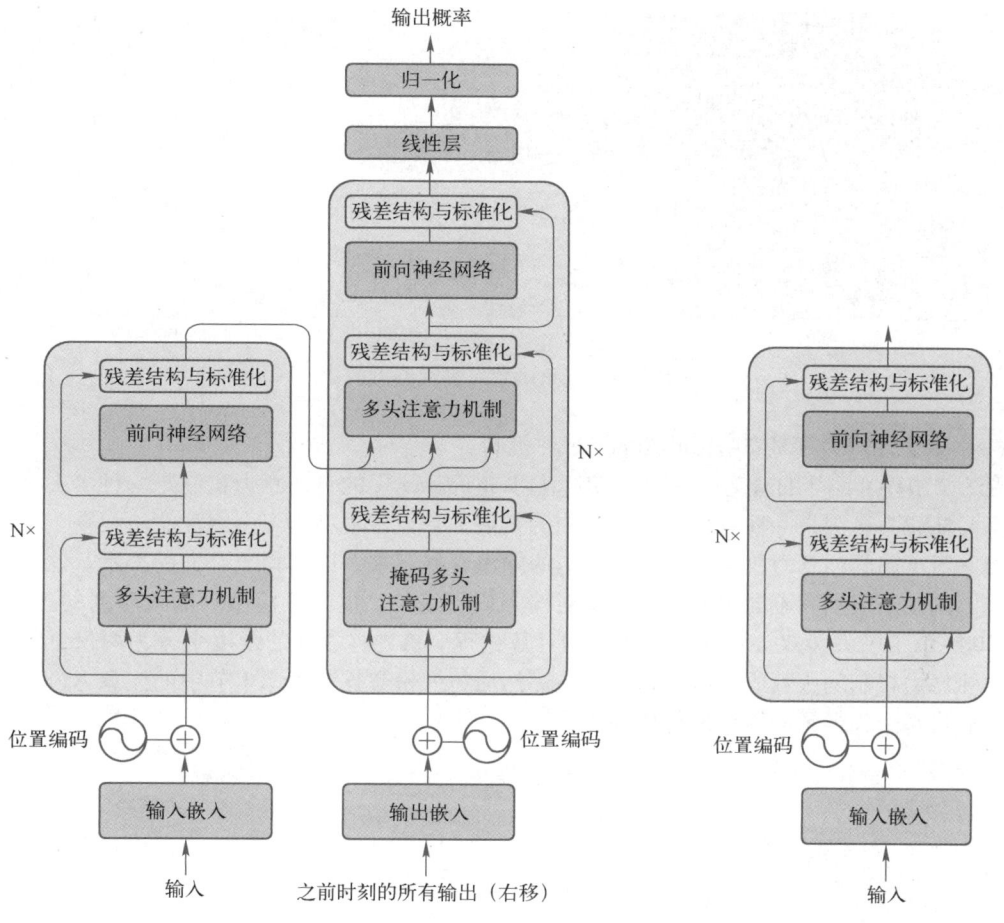

图 7-7 Transformer 模型结构　　　　图 7-8 Transformer 编码器结构

位置编码的目的是为输入添加位置信息。自注意力机制对输入的位置是不敏感的，无法捕获输入中的位置信息，即自注意力机制无法区分"今天不一定下雨"与"今天一定不下雨"。为了解决这个问题，就需要通过位置编码为输入添加位置信息。Transformer 中使用三角函数进行位置编码，编码计算公式如下：

$$PE_{(pos,2i)} = \sin(pos/10000^{2i/d_{model}})$$
$$PE_{(pos,2i+1)} = \cos(pos/10000^{2i/d_{model}})$$

式中，pos 表示序列索引；i 表示维度索引；d_{model} 是序列维度，当维度为奇数时，位置编码使用 sin 函数，当维度为偶数时，位置编码使用 cos 函数。如此产生的位置编码是固定不变的。图 7-9 是长度为 256，维度为 512 的三角函数位置编码的可视化，纵轴为序列长度，横轴为序列维度，可以发现序列的位置不同，位置编码的表示也不同。

得到位置编码后，将其与原本的序列相加，即为输入多头自注意力机制的向量，公式如下所示。

$$x' = x + PE$$

式中，x 为输入嵌入序列；PE 为位置编码；x' 为最终得到的输入特征。

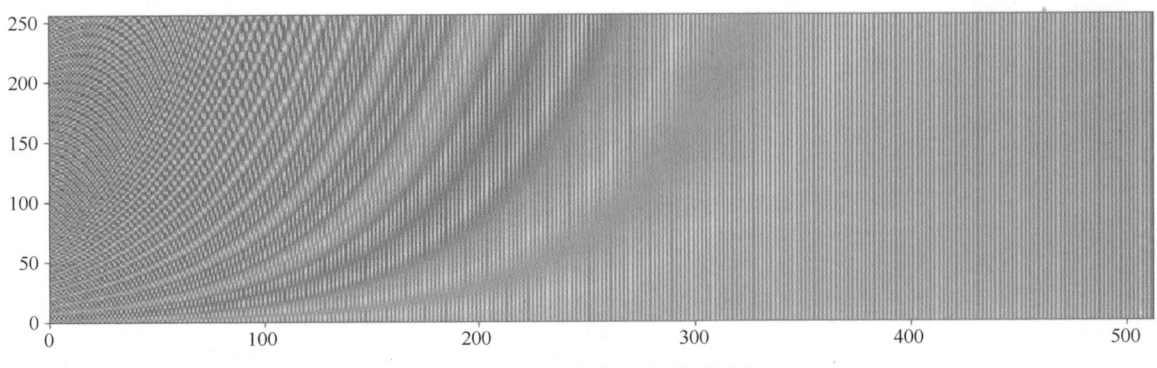

图 7-9 三角函数位置编码可视化

（2）多头注意力（Multi-Head-Attention）机制

在 7.1 节中介绍了自注意力机制。实际上 Transformer 中的自注意力机制是一种多头注意力机制。多头注意力机制是一种对自注意力机制的扩展，它允许模型学习多组注意力权重。每个注意力头都学习不同的注意力权重，然后将它们的输出合并起来，以获得更全面的表示。这样，模型可以在不同抽象级别和不同注意力焦点下对输入进行编码，提高了模型对输入序列的理解能力。图 7-10 展示了多头（双头）注意力机制的计算过程。首先将数据的维度平分为两份，数据的维度与自注意力机制的头数应当满足整除关系。然后每一份数据都以 7.1 节中的注意力公式进行运算，最后将每个头得到的结果进行拼接作为输出。

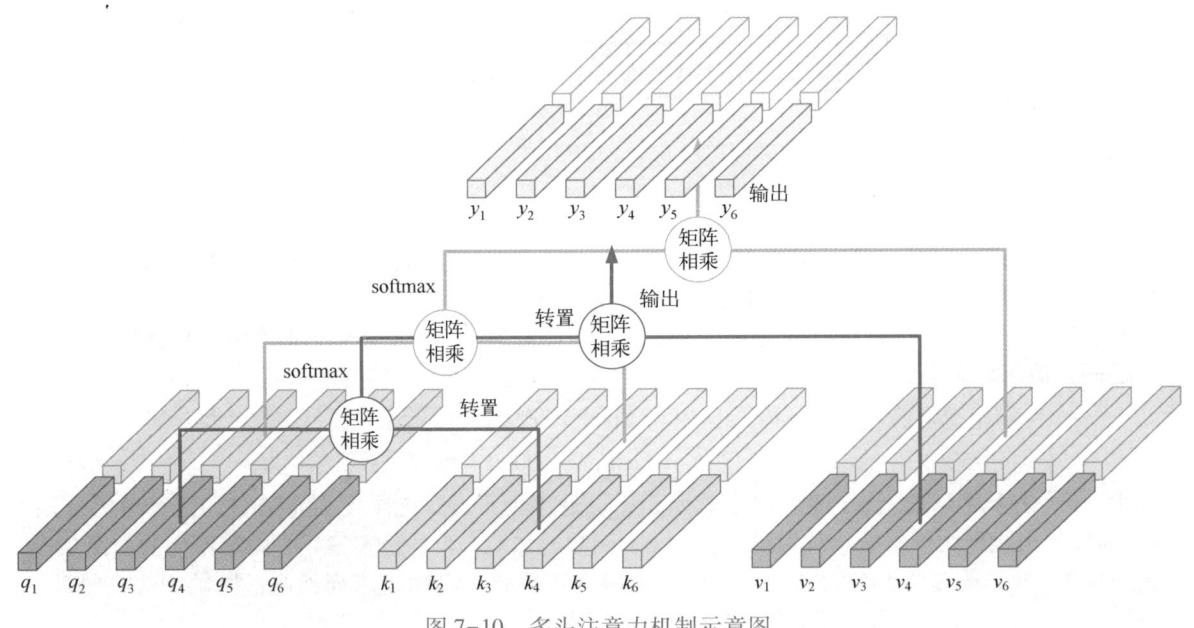

图 7-10 多头注意力机制示意图

（3）残差结构与标准化（Add & Norm）

在 Transformer 中，使用了 ResNet 中的残差结构，模块的输出与其输入进行相加，这有助于防止梯度消失或爆炸，并使得模型更容易学习残差信息，从而能够更有效地训练更深的模型。

标准化通常是神经网络中不可或缺的一环，在卷积神经网络中，往往使用批标准化（Batch Normalization）对数据进行标准化处理，而 Transformer 中使用的是层标准化（Layer Normalization）。批标准化对每个批次中的特征计算均值和方差来标准化；而层标准化对每个样本中的特征计算均值和方差来标准化。层标准化计算公式如下：

首先计算样本的平均值 μ 与方差 σ^2：

$$\mu = \frac{1}{d}\sum_{i=1}^{d} x_i$$

$$\sigma^2 = \frac{1}{d}\sum_{i=1}^{d}(x_i - \mu)^2$$

接下来对样本进行归一化，其中 ε 是一个很小的值，目的是防止分母为 0，其公式如下所示：

$$\hat{x}_i = \frac{x_i - \mu}{\sqrt{\sigma^2 + \varepsilon}}$$

经过归一化处理后，数据被映射至均值为 0、方差为 1 的分布（标准正态分布），层标准化中还增加了两个可以学习的参数 γ 与 β，以便于模型将数据映射至特定分布，计算公式如下所示：

$$y_i = \gamma \hat{x}_i + \beta$$

（4）前向神经网络

前向神经网络是一个全连接神经网络，主要用于对每个位置的特征进行非线性变换和映射。前向神经网络接收来自自注意力机制的输出，将每个位置的特征向量进行线性变换和非线性映射，有助于模型学习到更高级别的特征表示，从而提高模型的表征能力。

2. 解码器

解码器与编码器相似，其结构如图 7-11 所示，与编码器的不同在于：解码器有两个输入，且自注意力机制使用带掩码的注意力机制与交叉注意力机制。

（1）解码器的输入

不同于编码器只有一个输入，解码器有两个输入。第一个输入为之前生成的部分输出序列，第二个是编码器的输出。以文本问答任务为例，如图 7-12 所示，用户向模型提出问题"今天天气怎么样"，模型给出回答"不错"。首先，用户的输入"今天天气怎么样"会被送入编码器，编码器通过自注意力机制将文本输入转化为特征向量，随后给解码器输入一个指令"<start>"，同时将编码器输出的特征序列输入解码器中，解码器就会根据指令"<start>"与特征序列输出第一个字"不"；随后将"不"输入解码器，同时输入特征序列，解码器会根据"不"与特征序列输出第二个字"错"；最后将"错"输入解码器，同时输入特征序列，解码器会根据"错"与特征序列输出"<end>"，此时程序就会检测到模型的生成结束，就可以将整个过程中的输出返回给用户，显示在界面上。

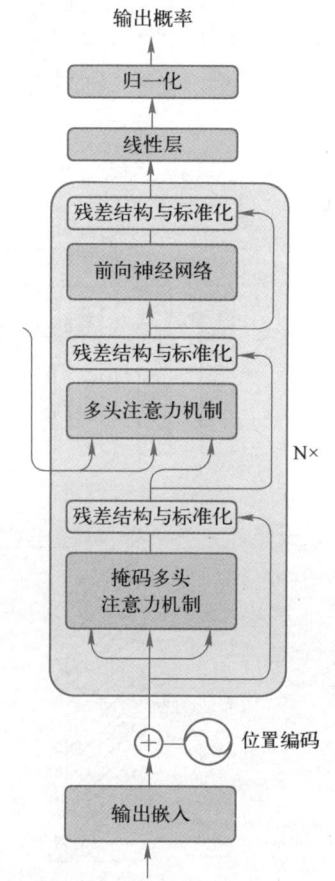

图 7-11 Transformer 解码器结构

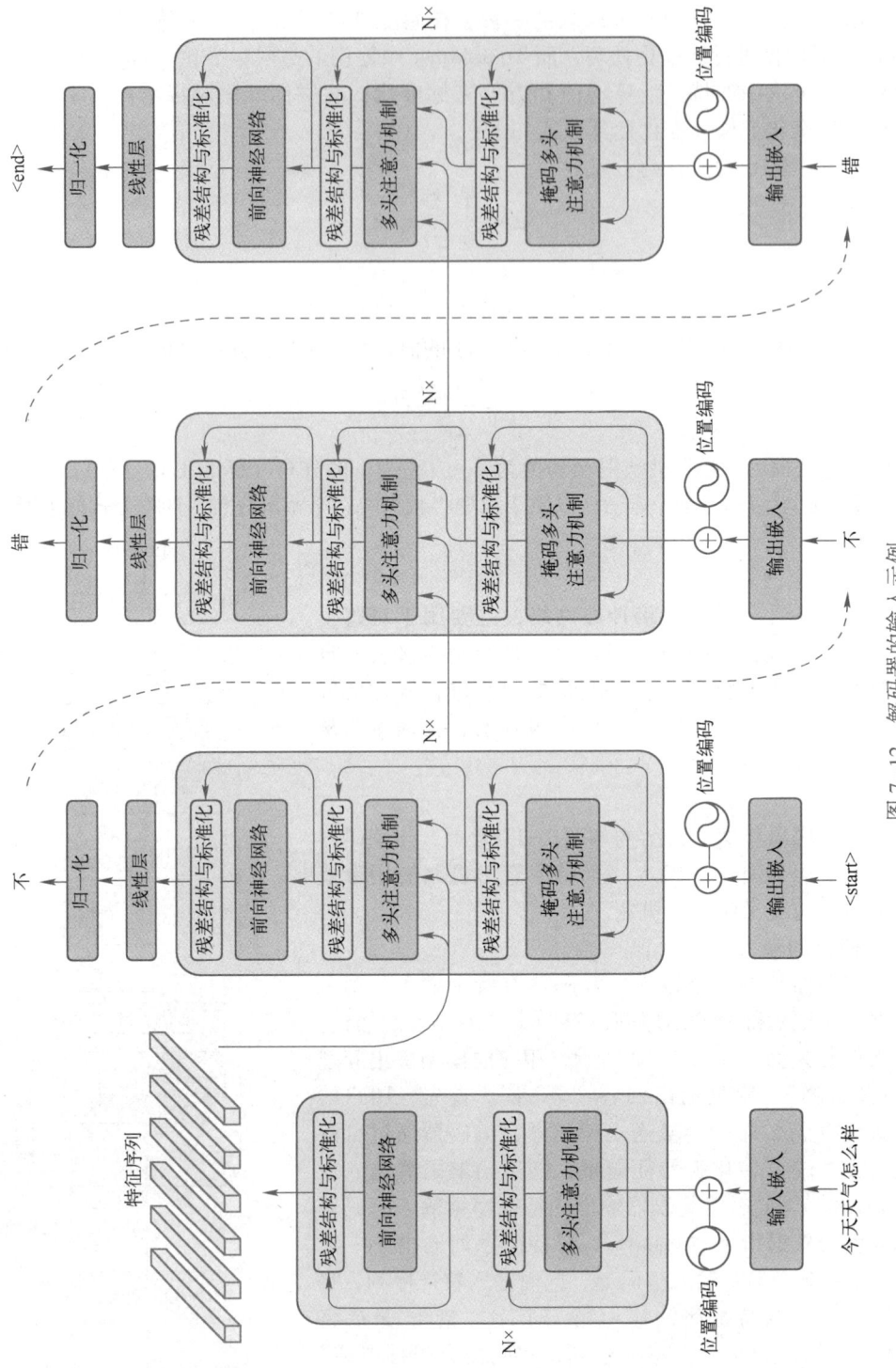

图 7-12 解码器的输入示例

（2）掩码多头注意力（Masked Multi-Head Attention）机制

掩码多头注意力机制是解码器中的一种特殊的自注意力机制。加入掩码的目的是保证模型在训练过程中只能访问到当前位置及之前的信息，避免信息泄露，提前"看到"未来的信息。在训练阶段，如果要生成句子的第一个词，但模型能够看到整个句子，它可能会直接根据整个句子的内容选择最适合的第一个词，而非仅根据真实场景下已知的上下文。这不仅违背了生成文本的自回归性质，而且会导致模型在训练和推理（生成新文本时）之间的行为不一致。

加入掩码的方式是对注意力分数矩阵进行遮盖，遮盖方式如下所示：

$$\begin{pmatrix} 1.00 & 0 & 0 & 0 \\ 0.73 & 0.27 & 0 & 0 \\ 0.20 & 0.25 & 0.55 & 0 \\ 0.28 & 0.32 & 0.10 & 0.30 \end{pmatrix}$$

掩码注意力机制实质上是将注意力矩阵填充为下三角矩阵，假设第一时刻的值向量为 $v1$，第二时刻的值向量为 $v2$。当注意力矩阵与 V 相乘时，$v1$ 与注意力矩阵的第一行相乘，此时 $v1$ 能获得的注意力仅有对自身的注意力；而当计算 $v2$ 时，$v2$ 获得的注意力不仅包含自身的注意力，还包含之前时刻的注意力，后面的时刻以此类推。掩码多头注意力机制正是通过这种方式，避免了注意力机制中的信息泄露。

（3）交叉注意力（Cross-Attention）机制

交叉注意力机制通常是指在 Transformer 模型结构中，不同组件之间的交叉注意力。这种机制常见于将 Transformer 应用于如机器翻译等任务，其中模型的编码器和解码器需要交互来处理信息。它允许解码器在每个时间步骤都能够访问整个编码器的输出。解码器在生成每个输出词时，都会使用其当前状态来查询编码器输出的序列，这个查询过程通过交叉注意力层实现。这样做可以帮助解码器根据编码器提供的上下文信息来决定下一个最合适的词是什么。交叉注意力机制结构如图 7-13 所示。

交叉注意力机制中的 Q 来自于解码器，而 K、V 来自于编码器。即通过解码器的输入产生一个 Q，用于与来自编码器中的 K 做查询匹配（计算相似度），得到解码器输入与编码器输出的注意力分数矩阵，再将注意力分数矩阵与来自编码器的 V 相乘，产生最后的输出结果。交叉注意力机制可以有效地在两个不同的数据源中进行交互，除了在 Transformer 解码器中使用，还经常用于多模态任务中，通过交叉注意力机制，模型可以更好地理解和整合不同模态的信息，从而提高处理复杂场景的能力。

7.3.2　Transformer 模型的应用及研究进展

1. 应用

Transformer 模型已经得到了广泛应用，包括机器翻译、文本分类、问答系统、序列预测、计算机视觉任务等。下面将分别介绍这些应用场景。

（1）机器翻译

在机器翻译中，Transformer 模型主要用于将源语言文本转化为目标语言文本。具体而言，输入序列为源语言文本，输出序列为目标语言文本。Transformer 模型通过编码器将源语言文本转化为一个定长向量表示，然后通过解码器将该向量表示解码为目标语言文本。其中，编码器和解码器均使用自注意力机制，可以有效地捕捉输入文本的语义信息，从而提高翻译质量。

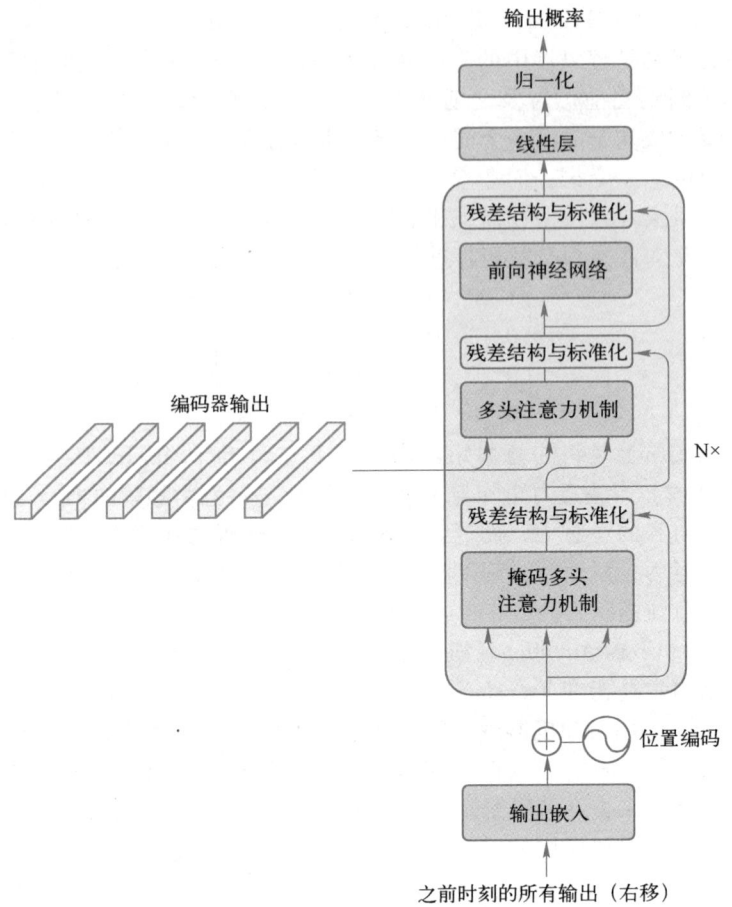

图 7-13 交叉注意力机制结构

(2) 文本分类

在文本分类中，Transformer 模型主要用于将文本转化为向量表示，并使用该向量表示进行分类。具体而言，输入序列为文本，输出为文本所属类别。Transformer 模型通过编码器将文本转化为一个定长向量表示，然后通过全连接层将该向量表示映射到类别空间。由于 Transformer 模型具有处理长文本的优势，因此在处理自然语言处理任务时，取得了很好的效果。

(3) 问答系统

在问答系统中，Transformer 模型主要用于对问题和答案进行匹配，从而提供答案。具体而言，输入序列为问题和答案，输出为问题和答案之间的匹配分数。Transformer 模型通过编码器将问题和答案分别转化为向量表示，然后通过多头注意力计算问题和答案之间的注意力分布，最终得到匹配分数。

(4) 序列预测

在序列预测任务中，Transformer 可基于其强大的处理序列数据能力，完成序列预测任务。序列预测任务涉及预测给定历史数据点后的下一数据点或者一系列未来数据点。采用编码器—解码器架构的 Transformer 时，编码器处理整个输入序列，将信息编码到一个固定长度的向量中，解码器逐步生成输出序列，每一步都使用前一步的输出、编码器的输出以及已生成的所有输出的累积信息来预测下一个输出。

（5）计算机视觉任务

Transformer 不仅仅可以应用在序列中，同样也可以应用在计算机视觉任务中。通过将图像均匀分割成一个个的图像块，就可以将图像视作序列。Transformer 通过编码器寻找图像块之间的依赖关系，捕获图像块中的注意力，可实现对图像的特征提取，进而实现计算机视觉的分类、目标检测、分割等任务。

2. 研究进展

自从 2017 年 Google 首次提出 Transformer 模型以来，这一架构已经迅速发展并在许多研究领域和实际应用中产生了重大影响。在 Transformer 的改进和应用工作中，产生了如 BERT 和 GPT 这样的代表性成果。

（1）BERT

由于原始的 Transformer 模型的训练策略只能关注句子中给定单词左侧的上下文，这对任务的提升是有限制的，因为在大多数语言任务中，来自左右两侧的上下文信息都是非常重要的。

2018 年，Google 提出一种新型的语言表示模型，称为 BERT（Bidirectional Encoder Representations from Transformer）。这个模型旨在考虑每个单词的上下文联系而进行预训练。它的主要创新在于采用双向 Transformer 架构，这使得 BERT 能够在处理文本时考虑到整个句子的上下文，而不仅仅是单向的信息流。这种全面的上下文理解使得 BERT 在多种语言理解任务上表现出色，如情感分析、问答系统等。

BERT 的预训练主要包括两种任务。

1）掩码语言模型（Masked Language Model，MLM）。在这个任务中，训练过程会随机地从输入数据中选择一些单词并将其替换为一个特殊的掩码符号（如"[MASK]"）。BERT 的任务是预测这些被掩码的单词原本是什么。通过这种方式，模型学习到了更加深入的语言理解能力，因为它必须依赖于句子中未被掩码的其他单词来预测缺失的单词。这种方法允许模型从双向（左侧和右侧的上下文）学习单词的含义，而不是传统的从左到右或从右到左的单向学习。

2）下一句预测（Next Sentence Prediction，NSP）。在这个任务中，BERT 需要判断两个句子是否是连续的。在预训练过程中，模型会被给予一对句子，其中一半的句子对是真实的连续句子对，而另一半则是随机组合的句子对。模型的任务是判断这两个句子是否是顺序关系。这种训练可以帮助 BERT 学习理解句子间的关系，这对很多下游任务如问答系统和自然语言推断等是非常有用的。

BERT 模型的出现提升了包括问答系统、机器翻译、文本摘要、情感分析等多个 NLP 任务的性能。其先在大量通用文本上进行预训练，然后在特定任务上进行微调的训练方式已成为许多后续模型的标准做法。这种方法的成功证明了在大量数据上学习通用语言表示的有效性，随后可以通过较小规模的微调适应具体任务需求。BERT 不仅提升了自然语言处理（NLP）技术的处理能力和应用范围，也为未来的人工智能研究和实际应用提供了新的思路和工具。

（2）GPT

GPT（Generative Pre-trained Transformer）是一个由 OpenAI 公司开发的自然语言处理模型，发布于 2018 年，旨在通过深度学习技术理解和生成人类语言。作为一个基于 Transformer 架构的模型，GPT 特别强调通过大规模数据预训练和微调来适应具体的文本生成任务。它的主要特点是使用非常大的数据集进行预训练,学习广泛的语言模式和知识,然后可以针对特定的应用进行微调,以提高任务特定的表现。

GPT 使用自回归(Autoregressive)语言建模作为其预训练任务。在自回归语言建模中,模型被训练来预测给定一系列单词后的下一个单词。例如,对于句子"今天天气非常",模型需要预测出"好"这个词,这要求模型理解上文的内容并基于此生成下文。

GPT-2 是 OpenAI 公司继 GPT 之后推出的一种更高级的语言处理模型,发布于 2019 年。GPT-2 在多方面对其前身 GPT 进行了改进和扩展,特别是在模型规模、数据处理和生成能力方面。GPT-2 提供了几种规模的模型,最大的版本拥有 15 亿个参数,远超 GPT 的 1.17 亿参数。这使得 GPT-2 能够处理更复杂的语言模式和更广泛的数据类型。

2020 年,OpenAI 公司发布 GPT-3,其模型规模达到了惊人的 1750 亿个参数。GPT-3 的出现,为人们提供了一种全新的方式来解决 NLP 问题。它能生成连贯、富有创造力的文本,显示出了强大的语言理解和生成能力。然而,尽管 GPT-3 在许多任务上都表现出了优秀的性能,但它仍然存在一些挑战,如有时候可能生成与输入不相关或者不准确的内容,或者在处理复杂问题或长篇文章时出现困难。

2023 年,OpenAI 公司发布 GPT-4,进一步扩展了前代模型 GPT-3 的功能,引入了更大的模型规模和更复杂的算法,以提供更精准的文本理解和生成能力。这一版本在多方面都实现了显著的改进,包括文本的生成质量、多模态能力以及对不同语言的支持。

从 GPT 到 GPT-2,再到 GPT-3 和 GPT-4,每一代模型都在规模、复杂性和语言处理能力上有所提升。这些模型能够执行多种语言任务,如文本生成、摘要、翻译、问答,以及更具创造性的任务,如编写代码或创作诗歌。GPT 模型的核心优势在于其生成能力,能够创作出连贯、逻辑性强的文本,这使其在多种应用场景中表现出色。

GPT 的影响力广泛,它不仅推动了自然语言处理技术的发展,还促进了人工智能领域的众多创新,成为研究和商业应用中极为重要的工具。随着技术的进步和模型的进一步优化,GPT 的应用前景看起来非常广阔,期待在未来能够解决更多复杂的语言处理问题。

7.3.3 案例:Transformer 编码器的简单实现

本节通过实例演示 Transformer 编码器的简单实现。

案例分为以下几个步骤。

1. 引入头文件

引入所需头文件,代码如下:

```python
import tensorflow as tf
from keras.layers import Layer, MultiHeadAttention, LayerNormalization, Dropout, Dense, Embedding
from keras.models import Model
import numpy as np
```

2. 构建前向神经网络与位置编码

首先,构建 Transformer 编码器中需要自定义的组件,即前向神经网络与位置编码,代码如下:

```python
# 前向神经网络
class FeedForward(Layer):
    def __init__(
        self,
        d_model,                           # 模型维度
        dff                                # 前向神经网络维度
    ):
        super(FeedForward, self).__init__()
        # 前向神经网络
        self.ffn = tf.keras.Sequential([
            # 第一层全连接
            Dense(dff, activation='relu'),
            # 第二层全连接,输出维度为 d_model
            Dense(d_model)
        ])

    def call(self, x):
        # 前向传播
        x = self.ffn(x)
        return x


# 位置编码
class PositionalEncoding(Layer):
    def __init__(
        self,
        maximum_position_encoding,         # 最大序列长度
        d_model,                           # 模型维度
    ):
        super(PositionalEncoding, self).__init__()
        # 保存最大序列长度
        self.position = maximum_position_encoding
        # 保存模型维度
        self.d_model = d_model

        # 生成位置编码
        self.positional_encoding = self.get_positional_encoding()

    def get_positional_encoding(self):
        # 生成位置编码
        angle_rads = self.get_angles(
```

```
            np.arange(self.position)[:, np.newaxis],    # 生成每个位置
            np.arange(self.d_model)[np.newaxis, :],     # 生成维度
        )
        # 偶数位置使用 sin
        angle_rads[:, 0::2] = np.sin(angle_rads[:, 0::2])
        # 奇数位置使用 cos
        angle_rads[:, 1::2] = np.cos(angle_rads[:, 1::2])
        # 扩展维度
        pos_encoding = angle_rads[np.newaxis, ...]
        # 转换为张量
        return tf.cast(pos_encoding, dtype=tf.float32)

    def get_angles(self, pos, i):
        # 获取角度
        angle_rates = 1 / np.power(10000, (2 * (i // 2)) / np.float32(self.d_model))
        return pos * angle_rates

    def call(self, x):
        return self.positional_encoding
```

3. 构建单层 Transformer 编码器结构

Transformer 编码器是一个多层堆叠结构，需要先构建单层 Transformer 编码器结构。代码如下：

```
# 构建 Transformer 编码器
class TransformerEncoderLayer(Layer):
    def __init__(
        self,
        d_model,           # 模型维度
        num_heads,         # 自注意力机制头数
        dff,               # 前向神经网络维度
        rate=0.1           # Dropout 概率
    ):
        super(TransformerEncoderLayer, self).__init__()
        # 多头自注意力机制
        self.mha = MultiHeadAttention(num_heads=num_heads, key_dim=d_model)

        # 前向神经网络
        self.ffn = FeedForward(d_model=d_model, dff=dff)

        # 层归一化
        self.layernorm1 = LayerNormalization(epsilon=1e-6)
        self.layernorm2 = LayerNormalization(epsilon=1e-6)
```

```python
        # 正则化
        self.dropout1 = Dropout(rate)
        self.dropout2 = Dropout(rate)

    def call(self, x, training):
        # 多头注意力机制
        attn_output = self.mha(x, x, x)   # q = k = v = x
        # 正则化
        attn_output = self.dropout1(attn_output, training=training)

        # 残差连接
        attn_output = x + attn_output
        # 标准化
        out1 = self.layernorm1(attn_output)

        # 前向网络
        ffn_output = self.ffn(out1)
        # 正则化
        ffn_output = self.dropout2(ffn_output, training=training)

        # 残差连接
        ffn_output = out1 + ffn_output
        # 标准化
        out2 = self.layernorm2(ffn_output)

        return out2
```

4. 封装 Transformer 编码器结构

在完成 Transformer 编码器所需要的所有结构后，对 Transformer 编码器进行封装，代码如下：

```python
# Transformer 编码器
class TransformerEncoder(Model):
    def __init__(
            self,
            num_layers,                   # 编码器层数
            d_model,                      # 模型维度
            num_heads,                    # 自注意力机制头数
            dff,                          # 前向神经网络维度
            input_vocab_size,             # 词典大小
            maximum_position_encoding,    # 位置编码最大长度
            rate=0.1                      # Dropout 概率
    ):
```

```python
        super(TransformerEncoder, self).__init__()
        # 模型维度
        self.d_model = d_model
        # 编码器的层数
        self.num_layers = num_layers

        # 词嵌入层
        self.embedding = Embedding(input_vocab_size, d_model)

        # 位置编码
        self.pos_encoding = PositionalEncoding(maximum_position_encoding, d_model)

        # 多层编码器
        self.enc_layers = [TransformerEncoderLayer(d_model, num_heads, dff, rate)
                            for _ in range(num_layers)]

        # 正则化
        self.dropout = Dropout(rate)

    def call(self, x, training):
        # 获取序列长度
        seq_len = tf.shape(x)[1]

        # 获取输入编码
        x = self.embedding(x)

        # 获取位置编码
        pos_encoding = self.pos_encoding(x)
        # 将位置编码与输入相加
        x += pos_encoding[:, :seq_len, :]

        # Dropout 正则化
        x = self.dropout(x, training=training)

        # 将特征输入到堆叠的编码器中
        for i in range(self.num_layers):
            x = self.enc_layers[i](x, training)

        # (batch_size, input_seq_len, d_model)
        return x
```

5. 测试 Transformer 编码器

完成 Transformer 编码器封装后，创建模型，并输入模拟数据，观察是否得到想要的结果。代码如下：

```
# 使用案例
encoder = TransformerEncoder(
    num_layers=6,
    d_model=512,
    num_heads=8,
    dff=2048,
    input_vocab_size=8500,
    maximum_position_encoding=10000,
    rate=0.1
)
# 模型输入：假设输入是词汇索引
input = tf.random.uniform((64, 43))

# 模型前向传播
sample_output = encoder(input, training=False)

# (batch_size, input_seq_length, d_model)
print(sample_output.shape)
```

控制台输出如下：

```
(64, 43, 512)
```

得到输出的形状为（64，43，512），即 batchsize 为 64，序列长度为 43，特征维度为 512。

7.4 思考与练习

1. 选择题

1）对于 Query、Key、Value 的描述，下列描述不正确的是（　　）。

A. Query 可以被理解为代表当前元素（或位置）的信息请求

B. Key 代表序列中每个元素的地址或标识

C. Value 代表序列中每个元素的实际内容

D. Query、Key、Value 三者相互独立，不具备相关性

2）下列关于自编码器的应用，错误的是（　　）。

A. 基于时间序列的预测性分析

B. 从简化的潜在空间生成数据

C. 为深度学习模型的预训练提取数据的基本特征

D. 在学习输入数据的表示的同时去除数据噪声

3）Transformer 编码器中，位置编码的主要作用是（　　）。

A. 增加模型的非线性能力

B. 为输入添加位置信息，以补充自注意力机制的位置不敏感性

C. 降低模型的计算复杂度

D. 增加输入数据的维度

4）在 Transformer 模型中，多头自注意力机制的优势为（　　）。

A. 允许模型在单一注意力焦点下进行运算

B. 减少模型的训练时间

C. 提高模型对输入序列的理解能力，通过学习多组注意力权重

D. 仅用于生成模型的输出

5）（　　）正确描述了 BERT 模型的特点。

A. BERT 只能处理单向上下文信息

B. BERT 通过单向 Transformer 架构来处理文本

C. BERT 在预训练阶段不使用任何掩码语言模型

D. BERT 通过双向 Transformer 架构，能同时考虑文本中左侧和右侧的上下文信息

2. 问答题

1）请简述自注意力机制中的 Query、Key 和 Value 的作用，并解释它们如何配合工作以增强模型处理序列数据的能力。

2）简述 Transformer 中编码器与解码器的不同之处。

第 8 章 生成对抗网络

深度学习在很多领域的应用都取得了突破性进展,但大家似乎发现了这样一个现实,即深度学习取得突破性进展的工作基本都是判别模型相关的。2014 年,Goodfellow 等人受到博弈论的启发,开创性地提出了生成对抗网络。生成对抗网络包含一个生成模型和一个判别模型。其中,生成模型负责捕捉样本数据的分布,而判别模型一般情况下是一个二分类器,判别输入是真实数据还是生成的样本。这个模型的优化过程是一个"二元极小极大博弈"问题,训练时固定其中一个模型(判别网络或生成网络),更新另一个模型的参数,交替迭代,最终生成模型能够估测出样本数据的分布。生成对抗网络的出现对无监督学习和图像生成的研究起到了极大的促进作用。生成对抗网络已经从最初的图像生成拓展到计算机视觉的各个领域,如图像分割、视频预测、风格迁移等。本章主要介绍生成对抗网络模型,并介绍它的变体 DCGAN 和 CGAN。

第 8 章 生成对抗网络

8.1 生成对抗网络简介

8.1.1 GAN 模型

生成对抗网络(Generative Adversarial Network,GAN)是一种深度学习模型,是近年来复杂分布上无监督学习最具前景的方法之一。模型通过框架中(至少)两个模块,即生成模型(Generative Model,G)和判别模型(Discriminative Model,D)的互相博弈学习产生相对较好的输出。原始 GAN 理论中,并不要求 G 和 D 都是神经网络,只要是能拟合相应的生成和判别的函数即可。但实用中一般均使用深度神经网络作为 G 和 D。一个优秀的 GAN 应用需要有良好的训练方法,否则可能因为神经网络模型的自由性而导致输出不理想。

1. GAN 的基本结构

GAN 的基本结构包括一个生成器(Generator)和一个判别器(Discriminator),如图 8-1 所示,生成器的输入为随机噪声向量,生成器通过随机噪声向量生成假图像。随后在训练集中随机取出一批真实图像,判别器将判断图像是真实的还是虚假的。

(1)生成器

生成器的主要任务是创建尽可能逼真的假数据,以欺骗判别器。它通常是一个深度神经网络,以随机噪声向量作为输入,输出与真实数据相似的数据。这个随机噪声向量通常称为"潜在空间"(Latent Space)向量,它通过网络的层次结构逐渐转化成数据。生成器在训练过程中不断调整其参数(通过反向传播算法),以使产生的数据越来越难以被判别器识别。

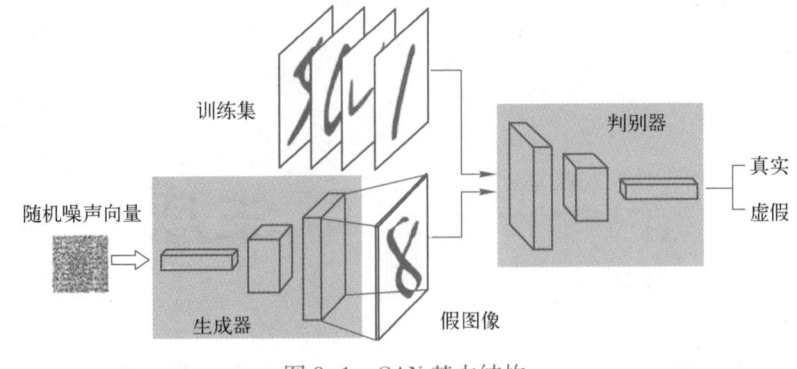

图 8-1　GAN 基本结构

（2）判别器

判别器的任务是准确判断输入数据是真实的还是由生成器生成的假数据。它通常也是一个基于深度神经网络的分类器。判别器同样通过训练调整其参数，目的是提高其判断真伪的准确性。在判别器看来，真实数据应该被分类为"真"，而生成的数据则被分类为"假"。

2. GAN 的训练方式

生成器和判别器在 GAN 中通过一个极具竞争性的互动过程进行训练，训练流程如下。

（1）初始化阶段

在训练开始之前，需要初始化生成器和判别器的参数。这些参数通常通过随机初始化的方式获得。

（2）生成假数据

生成器接收一个随机噪声向量（通常来自某种概率分布，如高斯分布）作为输入。生成器通过一个包含多层神经网络的模型，将这个随机噪声向量转化为与真实数据具有相同维度的假数据。

（3）训练判别器

首先，将从真实数据集中抽取的样本和生成器产生的假数据进行混合，其中真样本标记为 1，假样本标记为 0。随后将数据输入判别器中，判别器给出判断结果。接下来计算判别器的损失，通常使用二元交叉熵损失函数，这个损失函数会惩罚判别器对真样本和假样本的错误分类。随后使用梯度下降法（或其他优化算法）更新判别器的参数，以减少分类误差。

（4）训练生成器

生成器的训练过程旨在提高生成假数据的质量，以至于判别器不能轻易区分真假数据。生成器首先产生新的假数据，这些假数据再次被送入判别器进行评估，但这次，生成器的目标是让判别器将这些假数据判断为真实数据（即尽量让判别器的输出接近 1）。生成器的损失基于判别器对假数据的评估结果，如果判别器准确识别出假数据，则生成器的损失增加。同样使用梯度下降法更新生成器的参数，目标是提高生成的假数据质量，使其更加难以被判别器识别。

（5）迭代优化

训练过程需要多次迭代，每一次迭代包括上述的判别器和生成器的训练步骤。通常，训练判别器的频率会高于训练生成器的频率，以保持双方的平衡。

GAN 训练过程中，生成器、判别器与样本示意图如图 8-2 所示。

第 8 章 生成对抗网络

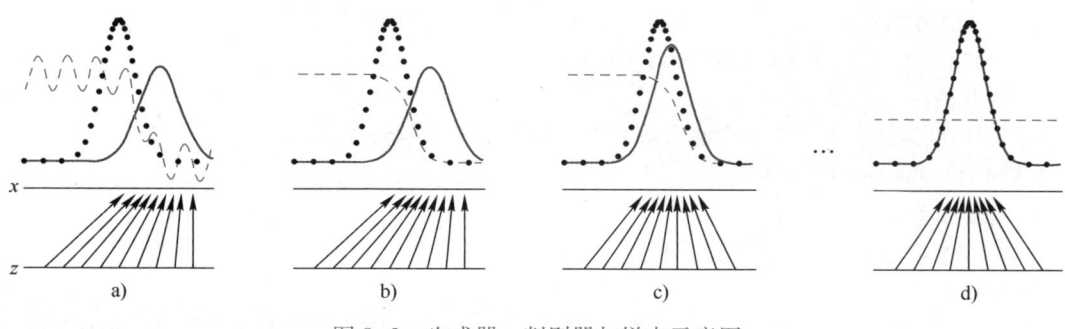

图 8-2 生成器、判别器与样本示意图

图 8-2 中,生成对抗网络的目标是使用生成的样本分布(实线)去拟合真实的样本分布(黑色虚线),来达到生成以假乱真的样本的目的。

可以看到在图 8-2a 中,训练处于最初始状态,生成器生成的样本分布和真实的样本分布区别较大,并且判别器(蓝色虚线)判别出样本的概率不是很稳定,因此会先训练判别器来更好地分辨样本。通过多次训练判别器来达到图 8-2b 中的样本状态,此时判别器对样本区分得非常显著和良好,然后对生成器进行训练。生成器经过训练之后达到图 8-2c 中的样本状态,此时生成器生成的样本分布更加逼近真实的样本分布。经过多次反复训练迭代之后,最终希望能够达到图 8-2d 中的状态,即生成的样本分布拟合于真实的样本分布,并且判别器分辨不出样本是生成的还是真实的(判别概率均为 0.5)。

8.1.2 案例:基于 GAN 的手写数字识别实战

本节将使用 MNIST 手写数字数据集进行 GAN 模型的代码实战。

在机器学习中,尤其是深度学习,模型的性能依赖于大量的数据。手写数字生成可以用来扩展现有的数据集,增加样本的多样性,从而提升模型的泛化能力。生成手写数字的技术可以扩展到生成手写字母、符号甚至艺术字,应用于艺术创作和设计中。

1. 引入依赖库

首先,将 GAN 模型所需要的库引入到代码中。

代码如下:

```python
import numpy as np
import matplotlib.pyplot as plt
from keras.datasets import mnist
from keras.models import Sequential, Model
from keras.layers import Dense, LeakyReLU, BatchNormalization, Reshape, Flatten, Input
from keras.optimizers import Adam
```

2. 加载 MNIST 数据集

加载代码实战所需要的 MNIST 手写数字数据集,并进行归一化。

代码如下:

```python
# 加载MNIST数据集
(X_train, _), (_, _) = mnist.load_data()
# 归一化到[-1, 1]之间
X_train = (X_train.astype(np.float32) - 127.5) / 127.5
X_train = np.expand_dims(X_train, axis=3)
```

3. 构建模型

构建GAN模型中的生成器与鉴别器。

代码如下：

```python
def build_generator():
    model = Sequential()
    model.add(Dense(256, input_dim=100))
    model.add(LeakyReLU(alpha=0.2))
    model.add(BatchNormalization(momentum=0.8))
    model.add(Dense(512))
    model.add(LeakyReLU(alpha=0.2))
    model.add(BatchNormalization(momentum=0.8))
    model.add(Dense(1024))
    model.add(LeakyReLU(alpha=0.2))
    model.add(BatchNormalization(momentum=0.8))
    model.add(Dense(28 * 28 * 1, activation='tanh'))
    model.add(Reshape((28, 28, 1)))
    return model


def build_discriminator():
    model = Sequential()
    model.add(Flatten(input_shape=(28, 28, 1)))
    model.add(Dense(512))
    model.add(LeakyReLU(alpha=0.2))
    model.add(Dense(512))
    model.add(LeakyReLU(alpha=0.2))
    model.add(Dense(256))
    model.add(LeakyReLU(alpha=0.2))
    model.add(Dense(1, activation='sigmoid'))
    return model
```

4. 编译模型

在完成生成器与鉴别器的构建后，将生成器与判别器组合到一起，生成器的输出是判别器的输入。对模型进行编译，在训练过程中，使用二元交叉熵函数与Adam优化器进行优化。

代码如下：

```python
# 判别器
discriminator = build_discriminator()
```

```
discriminator.compile(loss='binary_crossentropy', optimizer=Adam(0.0002, 0.5), metrics=['accuracy'])

# GAN 生成器
generator = build_generator()

# GAN 模型
z = Input(shape=(100,))
img = generator(z)
discriminator.trainable = False
valid = discriminator(img)

combined = Model(z, valid)
combined.compile(loss='binary_crossentropy', optimizer=Adam(0.0002, 0.5))
```

5. 训练模型

最后对模型进行训练。每次迭代仅从数据集中随机采样一个批次作为训练判别器的真实样本，同时，生成同样批次的噪声作为生成器的输入，使其生成假样本。由于每次迭代中的数据量较少，对模型进行 10000 次迭代训练，并每隔 200 次保存生成样本，以观察模型的训练情况。

代码如下：

```
def train(epochs, batch_size=128, save_interval=50):

    # 创建标签
    valid = np.ones((batch_size, 1))
    fake = np.zeros((batch_size, 1))

    for epoch in range(epochs):
        # ---------------------
        #  训练判别器
        # ---------------------

        # 选择一个随机批次的图像
        idx = np.random.randint(0, X_train.shape[0], batch_size)
        imgs = X_train[idx]

        # 生成一个批次的噪声样本
        noise = np.random.normal(0, 1, (batch_size, 100))
        gen_imgs = generator.predict(noise)

        # 训练判别器
        d_loss_real = discriminator.train_on_batch(imgs, valid)
```

```python
            d_loss_fake = discriminator.train_on_batch(gen_imgs, fake)
            d_loss = 0.5 * np.add(d_loss_real, d_loss_fake)

            # ---------------------
            #  训练生成器
            # ---------------------

            noise = np.random.normal(0, 1, (batch_size, 100))

            # 训练生成器
            g_loss = combined.train_on_batch(noise, valid)

            # 打印进度
            print(f"{epoch} [D loss: {d_loss[0]}, acc.: {100 * d_loss[1]}%] [G loss: {g_loss}]")

            # 保存生成的图像
            if epoch % save_interval == 0:
                save_imgs(epoch)


def save_imgs(epoch):
    r, c = 5, 5
    noise = np.random.normal(0, 1, (r * c, 100))
    gen_imgs = generator.predict(noise)

    # 归一化到[0, 1]之间
    gen_imgs = 0.5 * gen_imgs + 0.5

    fig, axs = plt.subplots(r, c)
    fig.suptitle(f'Epoch {epoch}')
    cnt = 0
    for i in range(r):
        for j in range(c):
            axs[i, j].imshow(gen_imgs[cnt, :, :, 0], cmap='gray')
            axs[i, j].axis('off')
            cnt += 1
    fig.savefig(f"images/mnist_{epoch}.png")
    plt.close()
```

```
# 开始训练
train(epochs=10000, batch_size=128, save_interval=200)
```

控制台部分输出如下所示：

```
4/4 [==============================] - 0s 2ms/step
0 [D loss: 0.7054079174995422, acc.: 42.578125%] [G loss: 0.7215986847877502]
1/1 [==============================] - 0s 55ms/step
4/4 [==============================] - 0s 2ms/step
1 [D loss: 0.35473743826150894, acc.: 92.1875%] [G loss: 0.7465304732322693]
4/4 [==============================] - 0s 3ms/step
2 [D loss: 0.3253946267068386, acc.: 93.359375%] [G loss: 0.8437875509262085]
4/4 [==============================] - 0s 3ms/step
3 [D loss: 0.30309223756194115, acc.: 96.484375%] [G loss: 1.011417031288147]
4/4 [==============================] - 0s 2ms/step
4 [D loss: 0.2710184617899358, acc.: 98.828125%] [G loss: 1.1895053386688232]
4/4 [==============================] - 0s 2ms/step
5 [D loss: 0.23247419437393546, acc.: 99.609375%] [G loss: 1.448891282081604]
4/4 [==============================] - 0s 3ms/step
6 [D loss: 0.17886821180582047, acc.: 100.0%] [G loss: 1.803950309753418]
4/4 [==============================] - 0s 2ms/step
7 [D loss: 0.1350019983947277, acc.: 100.0%] [G loss: 2.073486089706421]
4/4 [==============================] - 0s 2ms/step
8 [D loss: 0.10138186067342758, acc.: 100.0%] [G loss: 2.3666954040527344]
4/4 [==============================] - 0s 3ms/step
9 [D loss: 0.07878409419208765, acc.: 100.0%] [G loss: 2.6639771461486816]
4/4 [==============================] - 0s 2ms/step
10 [D loss: 0.059554457664489746, acc.: 100.0%] [G loss: 2.8840837478637695]
……
9990 [D loss: 0.6262336075305939, acc.: 68.75%] [G loss: 1.1972607374191284]
4/4 [==============================] - 0s 7ms/step
9991 [D loss: 0.5867605209350586, acc.: 69.140625%] [G loss: 1.070681095123291]
4/4 [==============================] - 0s 6ms/step
9992 [D loss: 0.6060336828231812, acc.: 63.28125%] [G loss: 1.1831493377685547]
4/4 [==============================] - 0s 6ms/step
9993 [D loss: 0.6228442192077637, acc.: 62.5%] [G loss: 1.1726912260055542]
4/4 [==============================] - 0s 6ms/step
9994 [D loss: 0.6101853251457214, acc.: 62.109375%] [G loss: 1.1897691488265991]
4/4 [==============================] - 0s 6ms/step
9995 [D loss: 0.617253452539444, acc.: 66.40625%] [G loss: 1.091201901435852]
4/4 [==============================] - 0s 6ms/step
9996 [D loss: 0.6438726782798767, acc.: 60.15625%] [G loss: 1.0807502269744873]
4/4 [==============================] - 0s 6ms/step
```

```
9997 [D loss: 0.5925973951816559, acc.: 71.09375%] [G loss: 1.1156954765319824]
4/4 [==============================] - 0s 6ms/step
9998 [D loss: 0.6090530753135681, acc.: 66.015625%] [G loss: 1.1978905200958252]
4/4 [==============================] - 0s 6ms/step
9999 [D loss: 0.6097795367240906, acc.: 65.234375%] [G loss: 1.1621670722961426]
```

这里仅截取了训练前10轮与训练最后10轮的训练情况。可以发现，鉴别器仅用了5轮就实现了100%的准确率，而生成器的损失还在持续上升。可见判别器的训练要比生成器的训练简单得多。在训练的后10轮中，判别器的识别准确率仅有65%左右，生成器的损失相较于初始阶段持续下降，并趋于稳定，此时鉴别器已经难以鉴别真实数据与生成数据，生成器生成的图像也更加逼近真实图像，迭代生成的图像如图8-3~图8-7所示。

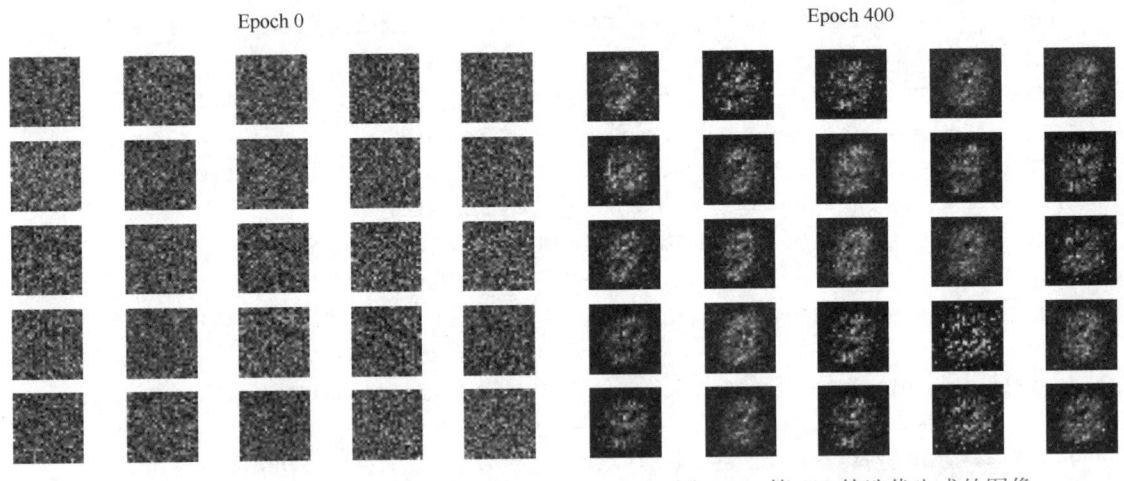

图8-3　初始生成的噪声图　　　　　图8-4　第400轮迭代生成的图像

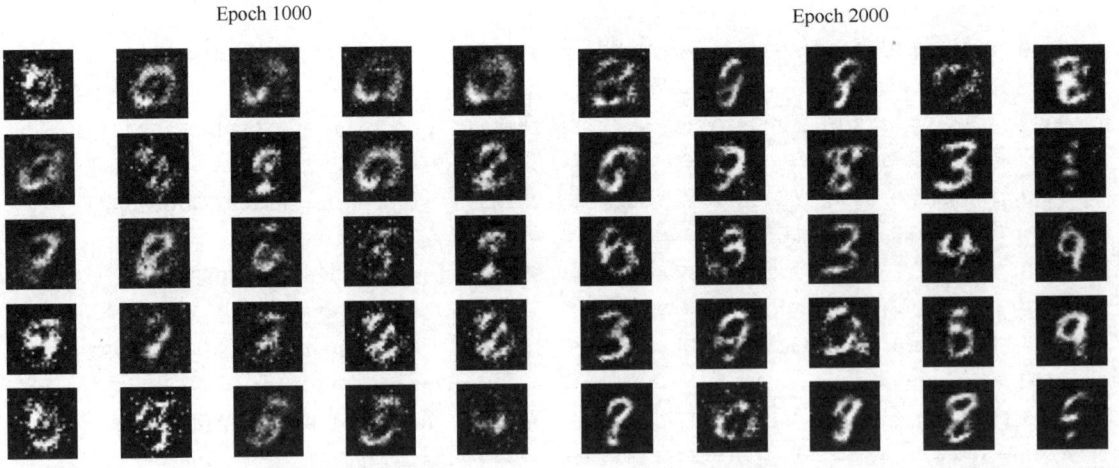

图8-5　第1000轮迭代产生的图像　　　图8-6　第2000轮迭代产生的图像

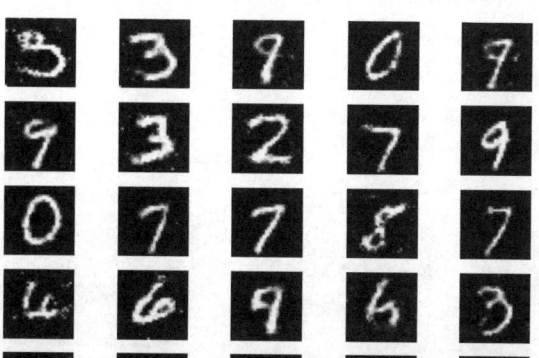

图 8-7　第 9800 轮迭代产生的图像

在没有经过训练时，生成器产生的图像为噪声图。随着循环迭代地进行，白色的噪声点逐渐聚合，随后出现了形状，生成的图像逐渐逼真。在迭代的第 9800 轮，大部分图像已经与真实图像无异，但部分图像的生成效果依然不够逼真，存在边缘模糊等问题。

8.2 DCGAN

深度学习中，通常使用卷积神经网络处理图像数据，因此可以考虑将卷积的概念引入 GAN 中。DCGAN（Deep Convolution GAN）完成的就是这样的工作，将卷积引入 GAN 中。

8.2.1 DCGAN 模型

DCGAN 把 GAN 中的生成器（G）和判别器（D）换成了两个卷积神经网络。D 可以理解为一个用于分类的卷积网络，G 则是一个全卷积的生成网络。DCGAN 不是简单地将网络结构进行替换，而是对卷积神经网络的结构做了一些改进，以提高样本的质量和收敛的速度，DCGAN 的改进如下。

（1）用卷积层替代池化层

池化层的作用是缩小特征图的大小，但缩小特征图的代价是抛弃一些特征值。DCGAN 的提出者认为，直接抛弃特征值会造成特征的损失，不利于特征的学习。使用卷积替代池化仅需将卷积的步长 stride 设置为大于 1 的数值。用卷积层替代池化层，使得下采样过程不再是固定抛弃某些位置的像素值，而是可以让网络自己去学习下采样方式。

（2）使用全局平均池化

DCGAN 的提出者通过实验发现了全局平均池化有助于模型的稳定性。全局平均池化是对每个特征图进行全局平均操作，将每个特征图转化为一个单一的数值，从而减少参数数量，降低过拟合的风险，并简化模型。

（3）采用 BN 层

BN 的全称是 Batch Normalization，是一种用于卷积层后面的归一化方法，能够起到加速网络的收敛等作用。

DCGAN 生成器的网络结构如图 8-8 所示。

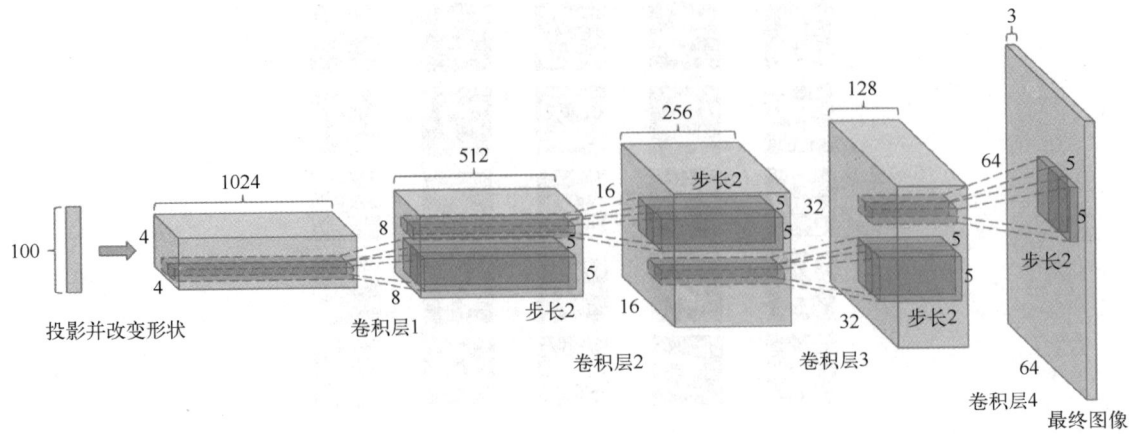

图 8-8　DCGAN 生成器的网络结构

DCGAN 在进行上采样时，使用了一个重要的卷积结构：转置卷积（Transposed Convolution）。

转置卷积也称为反卷积（Deconvolution）或上采样卷积（Upsampling Convolution），是一种用于上采样的卷积操作。它的主要作用是增加特征图的空间维度（即高和宽），即增大特征图的尺寸。

转置卷积的基本思想是通过填充零值的方式实现卷积操作。

第一种方式是在像素值之间进行零填充，如图 8-9 所示。这种方式可以均匀地放大原始的特征图，从而实现上采样的目的。

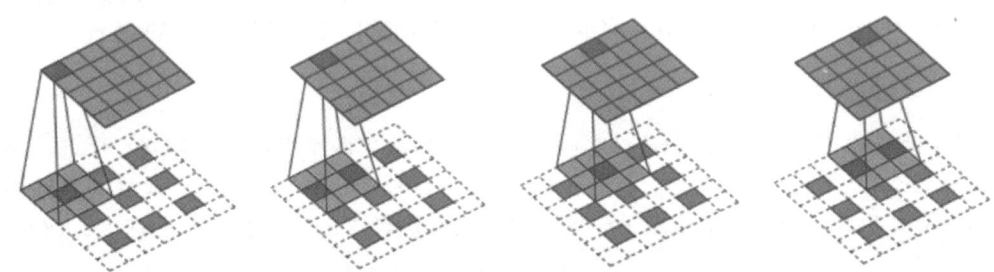

图 8-9　在像素值之间进行零填充

转置卷积的另一种方式是对特征图的边缘进行零填充，如图 8-10 所示。这种方式是对原始特征图的边缘进行填充，但是容易造成中心区域的过采样和边缘区域的欠采样。

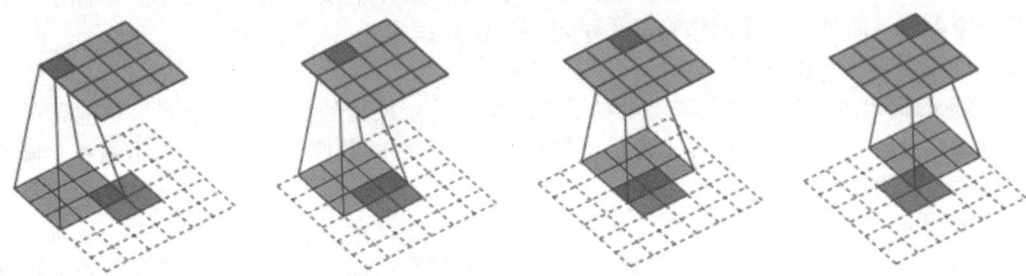

图 8-10　对特征图的边缘进行零填充

8.2.2 案例：基于 DCGAN 的手写数字数据生成

本节将使用 MNIST 手写数字数据集进行 DCGAN 模型的代码实战。

1. 引入依赖库

首先，将 DCGAN 模型所需要的库引入到代码中，由于 DCGAN 使用了卷积神经网络，因此需要导入 DCGAN 所需的 Conv2D 与 Conv2DTranspose。

代码如下：

```python
import numpy as np
import matplotlib.pyplot as plt
from keras.datasets import mnist
from keras.models import Sequential, Model
from keras.layers import Dense, LeakyReLU, BatchNormalization, Reshape, Flatten, Input, Conv2DTranspose, Conv2D, Dropout
from keras.optimizers import Adam
```

2. 加载 MNIST 数据集

加载代码实战所需要的 MNIST 手写数字数据集，并进行归一化处理，这里 DCGAN 与 GAN 的处理一致。

代码如下：

```python
# 加载 MNIST 数据集
(X_train, _), (_, _) = mnist.load_data()
# 归一化到[-1, 1]之间
X_train = (X_train.astype(np.float32) - 127.5) / 127.5
X_train = np.expand_dims(X_train, axis=3)
```

3. 构建模型

DCGAN 中的生成器与判别器均为卷积神经网络，因此需要定义卷积生成器与卷积判别器。

代码如下：

```python
def build_generator():
    model = Sequential()
    model.add(Dense(7 * 7 * 256, activation="relu", input_dim=100))
    model.add(Reshape((7, 7, 256)))
    model.add(BatchNormalization(momentum=0.8))
    model.add(Conv2DTranspose(128, kernel_size=4, strides=2, padding='same', kernel_initializer='he_normal'))
    model.add(LeakyReLU(alpha=0.2))
    model.add(BatchNormalization(momentum=0.8))
    model.add(Conv2DTranspose(64, kernel_size=4, strides=2, padding='same', kernel_initializer='he_normal'))
    model.add(LeakyReLU(alpha=0.2))
    model.add(BatchNormalization(momentum=0.8))
```

```python
        model.add(Conv2DTranspose(1, kernel_size = 4, strides = 1, padding = 'same',
activation = 'tanh', kernel_initializer = 'he_normal'))
        return model


def build_discriminator():
        model = Sequential()
        model.add(Conv2D(64, kernel_size=4, strides=2, input_shape=(28, 28, 1), padding
= 'same', kernel_initializer = 'he_normal'))
        model.add(LeakyReLU(alpha=0.2))
        model.add(Dropout(0.25))
        model.add(Conv2D(128, kernel_size=4, strides=2, padding = 'same', kernel_initial-
izer = 'he_normal'))
        model.add(LeakyReLU(alpha=0.2))
        model.add(Dropout(0.25))
        model.add(Conv2D(256, kernel_size=4, strides=2, padding = 'same', kernel_initial-
izer = 'he_normal'))
        model.add(LeakyReLU(alpha=0.2))
        model.add(Dropout(0.25))
        model.add(Flatten())
        model.add(Dense(1, activation = 'sigmoid'))
        return model
```

4. 编译模型

此处直接复用 GAN 中的代码。

代码略。

5. 训练模型

模型训练过程与 GAN 一致,可以直接复用。

代码略。

控制台部分输出如下所示:

```
4/4 [==============================] - 0s 21ms/step
0 [D loss: 1.334330976009369, acc.: 14.0625% ] [G loss: 0.3234080672264099]
4/4 [==============================] - 0s 19ms/step
1 [D loss: 0.90601547062397, acc.: 52.734375% ] [G loss: 0.5993558764457703]
4/4 [==============================] - 0s 18ms/step
2 [D loss: 0.1476823091506958, acc.: 98.828125% ] [G loss: 0.9541223645210266]
4/4 [==============================] - 0s 19ms/step
3 [D loss: 0.035137902945280075, acc.: 100.0% ] [G loss: 1.0736141204833984]
4/4 [==============================] - 0s 18ms/step
4 [D loss: 0.022186254151165485, acc.: 100.0% ] [G loss: 1.0690982341766357]
```

```
4/4 [==============================] - 0s 19ms/step
5 [D loss: 0.02205378096550703, acc.: 99.609375% ] [G loss: 1.0041770935058594]
4/4 [==============================] - 0s 19ms/step
6 [D loss: 0.013312488794326782, acc.: 100.0% ] [G loss: 0.8775625228881836]
4/4 [==============================] - 0s 19ms/step
7 [D loss: 0.012264562770724297, acc.: 100.0% ] [G loss: 0.8916089534759521]
4/4 [==============================] - 0s 19ms/step
8 [D loss: 0.013370208442211151, acc.: 100.0% ] [G loss: 0.8573434948921204]
4/4 [==============================] - 0s 19ms/step
9 [D loss: 0.014323177747428417, acc.: 100.0% ] [G loss: 0.7378480434417725]
4/4 [==============================] - 0s 19ms/step
10 [D loss: 0.013277935329824686, acc.: 100.0% ] [G loss: 0.5991072654724121]
……
9990 [D loss: 0.5957333147525787, acc.: 66.796875% ] [G loss: 1.0793101787567139]
4/4 [==============================] - 0s 35ms/step
9991 [D loss: 0.6562187075614929, acc.: 58.59375% ] [G loss: 1.0323991775512695]
4/4 [==============================] - 0s 37ms/step
9992 [D loss: 0.6218872964382172, acc.: 63.671875% ] [G loss: 1.003770351409912]
4/4 [==============================] - 0s 36ms/step
9993 [D loss: 0.6109737157821655, acc.: 66.40625% ] [G loss: 1.0452868938446045]
4/4 [==============================] - 0s 36ms/step
9994 [D loss: 0.6423585116863251, acc.: 60.9375% ] [G loss: 1.1632988452911377]
4/4 [==============================] - 0s 38ms/step
9995 [D loss: 0.6572837233543396, acc.: 60.9375% ] [G loss: 1.1135332584381104]
4/4 [==============================] - 0s 36ms/step
9996 [D loss: 0.624827116727829, acc.: 66.015625% ] [G loss: 1.039461612701416]
4/4 [==============================] - 0s 36ms/step
9997 [D loss: 0.6377258896827698, acc.: 62.109375% ] [G loss: 0.9489682912826538]
4/4 [==============================] - 0s 35ms/step
9998 [D loss: 0.6573163568973541, acc.: 60.546875% ] [G loss: 1.0149815082550049]
4/4 [==============================] - 0s 37ms/step
9999 [D loss: 0.600916177034378, acc.: 66.796875% ] [G loss: 1.0203871726989746]
```

DCGAN 使用了复杂的卷积神经网络，这使得训练过程难以调参，训练过程很难达到稳定的状态。但随着迭代的持续，判别器的准确率也在持续下降。迭代生成的图像如图 8-11～图 8-15 所示。

与 GAN 不同的是，DCGAN 在第 200 轮迭代就实现了白色区域的聚合，但仍与真实图像相差较远。随着后续的不断迭代，生成的图像逐渐逼真。相比于 GAN，DCGAN 在边缘的处理上更加真实，图像中的噪声点也更少。

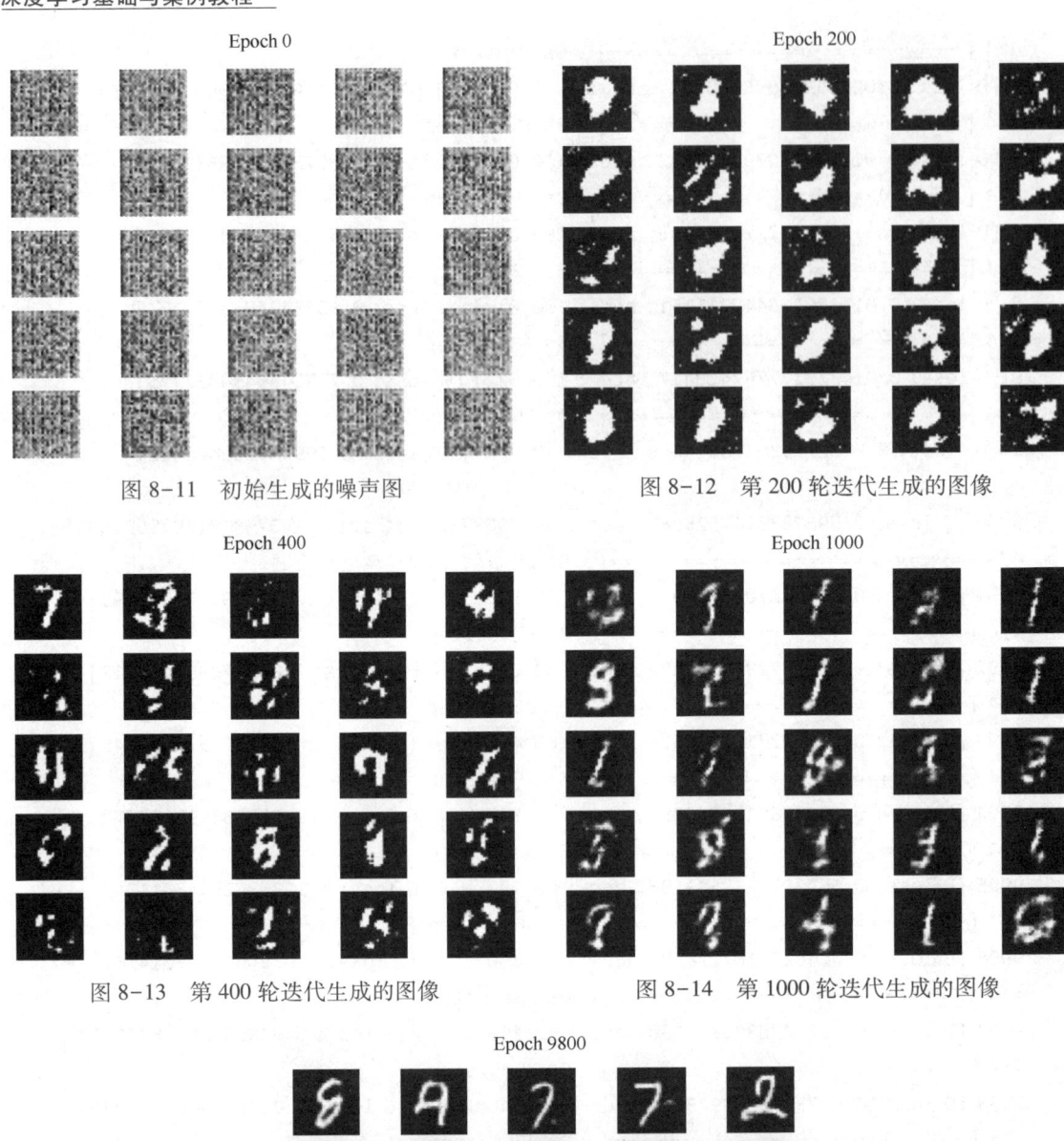

图 8-11 初始生成的噪声图

图 8-12 第 200 轮迭代生成的图像

图 8-13 第 400 轮迭代生成的图像

图 8-14 第 1000 轮迭代生成的图像

图 8-15 第 9800 轮迭代生成的图像

8.3 CGAN

GAN 与 DCGAN 都属于无监督学习,即二者生成图像的过程中不考虑标签信息。如果想要生成特定标签的图像,如生成 0 或 1 的图像,就需要通过 CGAN(Conditional GAN)来实现。

8.3.1 CGAN 模型

原始 GAN 的生成器只能根据随机噪声生成图像,图像生成的结果完全取决于噪声,判别器也只能接收输入的图像,判别其是否来自生成器。相比之下,CGAN 允许用户指定生成的数据的特定条件。这些条件可以是任何形式的附加信息,例如类别标签、文本描述、图像等。通过将条件信息输入生成器和判别器,CGAN 可以学习在给定条件下生成更具结构性和多样性的数据。

CGAN 的结构通常包括两部分:一个生成器和一个判别器。生成器接收随机噪声和条件信息作为输入,并生成与条件匹配的合成数据。判别器接收真实数据和条件信息,或者生成器生成的数据和条件信息,然后尝试区分哪些数据是真实的,哪些是生成的。

CGAN 中的判别器与生成器均有两个输入,如图 8-16 所示。生成器有两个输入,分别记作 z 与 y,z 表示随机噪声,y 表示标签信息。标签信息会被转化为 one-hot 编码,与随机噪声拼接后输入生成器中,此时图像生成的信息来源既包含噪声信息,又包含标签信息。判别器也有两个输入,分别记作 x 与 y,其中 x 表示真实或生成的图像,y 表示标签信息,判别器不仅要判别 x 是否为真实图像,还要判别图像 x 是否属于标签 y 的类别。

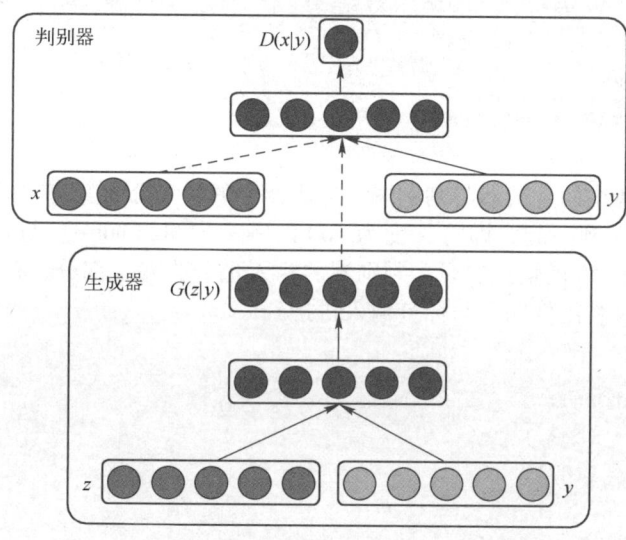

图 8-16 CGAN 中的生成器与判别器

8.3.2 案例:基于 CGAN 的手写数字数据生成

本节将使用 MNIST 手写数字数据集进行 CGAN 模型的代码实战。

1. 引入依赖库

首先，将 CGAN 模型所需要的库引入到代码中。

代码如下：

```python
import numpy as np
import matplotlib.pyplot as plt
from keras.datasets import mnist
from keras.models import Sequential, Model
from keras.layers import Dense, LeakyReLU, BatchNormalization, Reshape, Flatten, Input, Concatenate
from keras.optimizers import Adam
from keras.utils import to_categorical
```

2. 加载 MNIST 数据集

加载代码实战所需要的 MNIST 手写数字数据集，并进行归一化处理，CGAN 中不仅需要获取数据，还需要获取每个数据的标签，并将标签转化为 one-hot 编码。

代码如下：

```python
# 加载 MNIST 数据集
(X_train, y_train), (_, _) = mnist.load_data()
# 归一化到[-1, 1]之间
X_train = (X_train.astype(np.float32) - 127.5) / 127.5
X_train = np.expand_dims(X_train, axis=3)

# 将标签转为独热编码
y_train = to_categorical(y_train, 10)
```

3. 构建模型

接下来定义 CGAN 中的生成器与判别器。生成器中的输入分为噪声与标签两个部分，因此需要将两部分的输入拼接到一起，即将长度为 100 的噪声向量（noise）与长度为 10 的标签向量（label）拼接为长度为 110 的输入向量。判别器的输入也分为两个部分，首先通过全连接层将标签进行放大，以便能够将图像输入与标签输入拼接到一起。

代码如下：

```python
def build_generator():
    noise_shape = (100,)
    label_shape = (10,)

    noise = Input(shape=noise_shape)
    label = Input(shape=label_shape)

    # 将噪声和标签拼接在一起
    model_input = Concatenate()([noise, label])

    model = Sequential()
```

```python
    model.add(Dense(256, input_dim=110))    # 100 (noise) + 10 (label)
    model.add(LeakyReLU(alpha=0.2))
    model.add(BatchNormalization(momentum=0.8))
    model.add(Dense(512))
    model.add(LeakyReLU(alpha=0.2))
    model.add(BatchNormalization(momentum=0.8))
    model.add(Dense(1024))
    model.add(LeakyReLU(alpha=0.2))
    model.add(BatchNormalization(momentum=0.8))
    model.add(Dense(28 * 28 * 1, activation='tanh'))
    model.add(Reshape((28, 28, 1)))

    img = model(model_input)
    return Model([noise, label], img)


def build_discriminator():
    img_shape = (28, 28, 1)
    label_shape = (10,)

    img = Input(shape=img_shape)
    label = Input(shape=label_shape)
    # 将标签大小扩展为与图像一样
    label_embedding = Dense(np.prod(img_shape))(label)
    label_embedding = Reshape(img_shape)(label_embedding)

    model_input = Concatenate(axis=-1)([img, label_embedding])

    model = Sequential()
    model.add(Flatten(input_shape=(28, 28, 2)))
    model.add(Dense(512))
    model.add(LeakyReLU(alpha=0.2))
    model.add(Dense(512))
    model.add(LeakyReLU(alpha=0.2))
    model.add(Dense(256))
    model.add(LeakyReLU(alpha=0.2))
    model.add(Dense(1, activation='sigmoid'))

    validity = model(model_input)
    return Model([img, label], validity)
```

4. 编译模型

定义生成器与判别器的输入形式,并编译模型。

代码如下:

```
# 判别器
discriminator = build_discriminator()
discriminator.compile(loss='binary_crossentropy', optimizer=Adam(0.0002, 0.5), metrics=['accuracy'])

# CGAN 生成器
generator = build_generator()

# CGAN 模型
noise = Input(shape=(100,))
label = Input(shape=(10,))
img = generator([noise, label])
discriminator.trainable = False
valid = discriminator([img, label])


combined = Model([noise, label], valid)
combined.compile(loss='binary_crossentropy', optimizer=Adam(0.0002, 0.5))
```

5. 训练模型

最后对模型进行训练。

代码如下:

```
def train(epochs, batch_size=128, save_interval=50):
    # 创建标签
    valid = np.ones((batch_size, 1))
    fake = np.zeros((batch_size, 1))

    for epoch in range(epochs):
        # ---------------------
        #  训练判别器
        # ---------------------

        # 选择一个随机批次的图像
        idx = np.random.randint(0, X_train.shape[0], batch_size)
        imgs = X_train[idx]
        labels = y_train[idx]

        # 生成一个批次的噪声样本
        noise = np.random.normal(0, 1, (batch_size, 100))
```

```python
        gen_labels = np.random.randint(0, 10, batch_size)
        gen_labels = to_categorical(gen_labels, 10)
        gen_imgs = generator.predict([noise, gen_labels])

        # 训练判别器
        d_loss_real = discriminator.train_on_batch([imgs, labels], valid)
        d_loss_fake = discriminator.train_on_batch([gen_imgs, gen_labels], fake)
        d_loss = 0.5 * np.add(d_loss_real, d_loss_fake)

        # ---------------------
        #  训练生成器
        # ---------------------

        noise = np.random.normal(0, 1, (batch_size, 100))
        gen_labels = np.random.randint(0, 10, batch_size)
        gen_labels = to_categorical(gen_labels, 10)

        # 训练生成器
        g_loss = combined.train_on_batch([noise, gen_labels], valid)

        # 打印进度
        print(f"{epoch} [D loss: {d_loss[0]}, acc.: {100 * d_loss[1]}%] [G loss: {g_loss}]")

        # 保存生成的图像
        if epoch % save_interval == 0:
            save_imgs(epoch)


def save_imgs(epoch):
    r, c = 5, 5
    noise = np.random.normal(0, 1, (r * c, 100))
    sampled_labels = np.array([np.random.randint(0, 10) for _ in range(r) for num in range(c)])
    sampled_labels_onehot = to_categorical(sampled_labels, 10)

    gen_imgs = generator.predict([noise, sampled_labels_onehot])

    # 归一化到[0, 1]之间
    gen_imgs = 0.5 * gen_imgs + 0.5
```

```python
        fig, axs = plt.subplots(r, c)
        fig.suptitle(f'Epoch {epoch}')
        cnt = 0
        for i in range(r):
            for j in range(c):
                axs[i, j].imshow(gen_imgs[cnt, :, :, 0], cmap='gray')
                axs[i, j].set_title(f"Label: {sampled_labels[cnt]}")
                axs[i, j].axis('off')
                cnt += 1
        plt.tight_layout()
        fig.savefig(f"images/mnist_{epoch}.png")
        plt.close()


# 开始训练
train(epochs=10000, batch_size=128, save_interval=200)
```

控制台输出如下：

```
4/4 [==============================] - 0s 3ms/step
0 [D loss: 0.6773707866668701, acc.: 49.21875%] [G loss: 0.44435515999794006]
4/4 [==============================] - 0s 2ms/step
1 [D loss: 0.416949151083827, acc.: 50.0%] [G loss: 0.4563189148902893]
4/4 [==============================] - 0s 2ms/step
2 [D loss: 0.3835413046181202, acc.: 57.421875%] [G loss: 0.543698787689209]
4/4 [==============================] - 0s 2ms/step
3 [D loss: 0.3656394938006997, acc.: 67.96875%] [G loss: 0.652592658996582]
4/4 [==============================] - 0s 3ms/step
4 [D loss: 0.3340247329324484, acc.: 85.546875%] [G loss: 0.8057126998901367]
4/4 [==============================] - 0s 2ms/step
5 [D loss: 0.27860519429668784, acc.: 98.4375%] [G loss: 1.026759386062622]
4/4 [==============================] - 0s 3ms/step
6 [D loss: 0.22638450749218464, acc.: 99.609375%] [G loss: 1.3018159866333008]
4/4 [==============================] - 0s 2ms/step
7 [D loss: 0.1678781397640705, acc.: 100.0%] [G loss: 1.6158123016357422]
4/4 [==============================] - 0s 2ms/step
8 [D loss: 0.12333641992881894, acc.: 100.0%] [G loss: 1.9689470529556274]
4/4 [==============================] - 0s 2ms/step
9 [D loss: 0.09368441253900528, acc.: 100.0%] [G loss: 2.2484512329101562]
4/4 [==============================] - 0s 2ms/step
10 [D loss: 0.06435236567631364, acc.: 100.0%] [G loss: 2.5990548133850098]
```

```
......
9990 [D loss: 0.6379426121711731, acc.: 63.671875%] [G loss: 0.8767621517181396]
4/4 [==============================] - 0s 8ms/step
9991 [D loss: 0.6771391034126282, acc.: 57.03125%] [G loss: 0.8865354657173157]
4/4 [==============================] - 0s 8ms/step
9992 [D loss: 0.6571441292762756, acc.: 62.890625%] [G loss: 0.8674932718276978]
4/4 [==============================] - 0s 8ms/step
9993 [D loss: 0.6513418555259705, acc.: 58.984375%] [G loss: 0.8420447111129761]
4/4 [==============================] - 0s 9ms/step
9994 [D loss: 0.6697236895561218, acc.: 60.9375%] [G loss: 0.8749326467514038]
4/4 [==============================] - 0s 8ms/step
9995 [D loss: 0.6421158313751221, acc.: 62.109375%] [G loss: 0.9065638780593872]
4/4 [==============================] - 0s 8ms/step
9996 [D loss: 0.6773388385772705, acc.: 50.0%] [G loss: 0.8789554834365845]
4/4 [==============================] - 0s 7ms/step
9997 [D loss: 0.6751878261566162, acc.: 59.765625%] [G loss: 0.8864068388938904]
4/4 [==============================] - 0s 8ms/step
9998 [D loss: 0.6380621194839478, acc.: 63.671875%] [G loss: 0.8573589324951172]
4/4 [==============================] - 0s 8ms/step
9999 [D loss: 0.6550865173339844, acc.: 60.15625%] [G loss: 0.8826518058776855]
```

通过分析控制台输出可以发现，最后阶段判别器的准确率已经向50%逼近，说明判别器已经难以分辨生成图像与真实图像。迭代生成的图像如图8-17~图8-21所示。

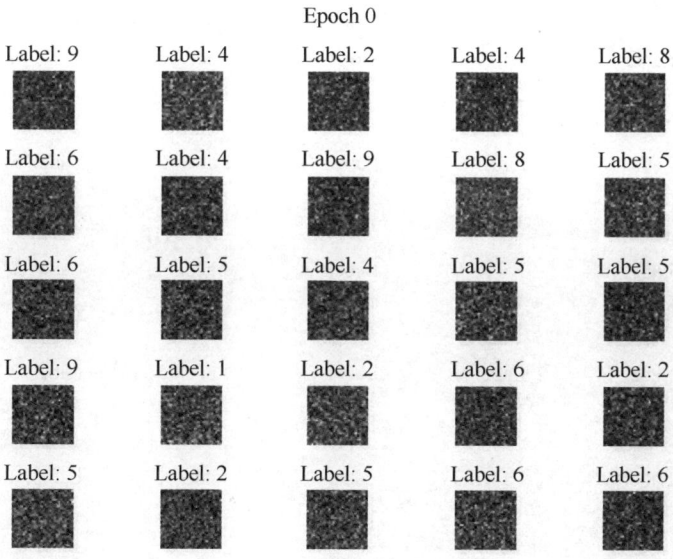

图8-17 初始生成的噪声图

生成器在第 400 轮已经出现白色像素点的聚合,随着迭代的不断进行,生成器在第 2000 轮已经能够理解基本的形状,部分生成图像已经能够跟标签匹配。在第 9800 轮迭代,模型生成的大部分图像都能够与标签匹配。值得注意的是,图 8-21 中,标签 "7" 产生了两种不同的写法,这表示模型已经理解了标签与特征之间的组合关系,能够根据标签与噪声的组合生成相应的图像。

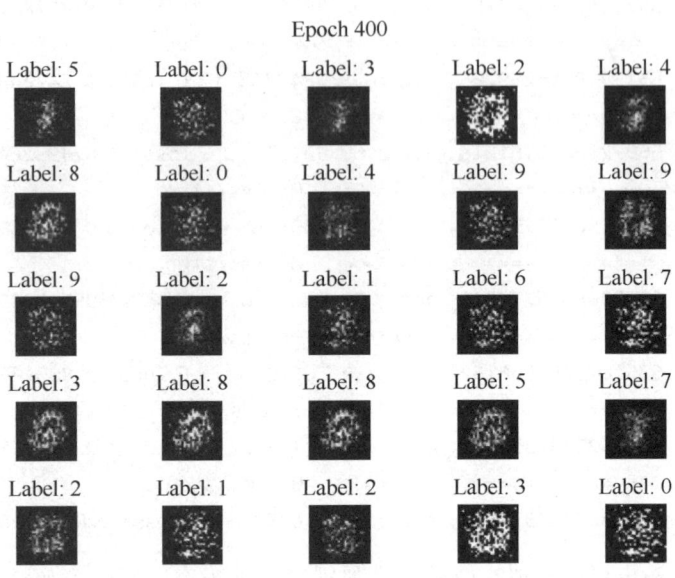

图 8-18 第 400 轮迭代生成的图像

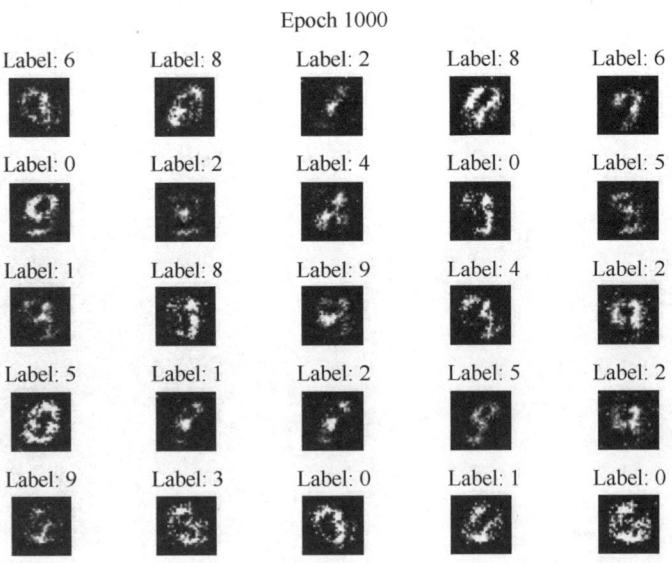

图 8-19 第 1000 轮迭代生成的图像

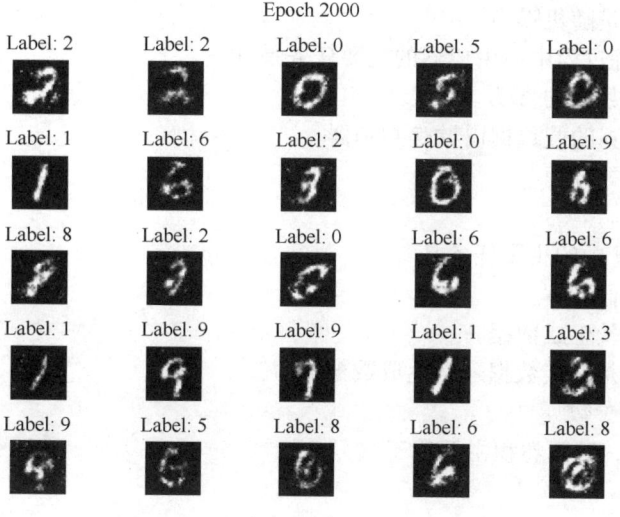

图 8-20　第 2000 轮迭代生成的图像

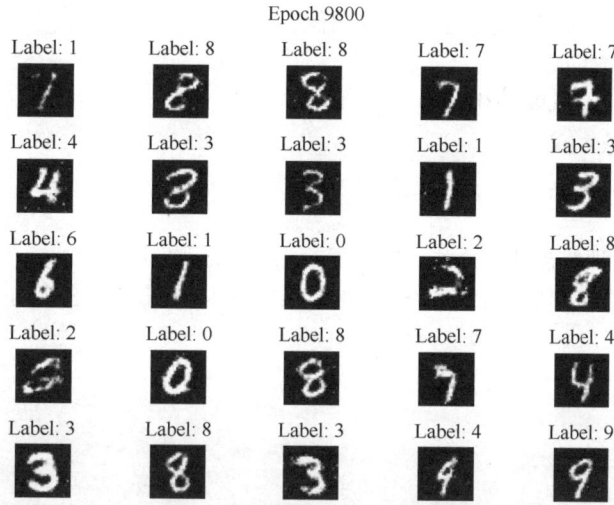

图 8-21　第 9800 轮迭代生成的图像

8.4　思考与练习

1. 选择题

1）关于 GAN 的描述，下列描述错误的是（　　）。

A. 生成器的主要任务是创建尽可能逼真的假数据，以欺骗判别器

B. 判别器的任务是准确判断输入数据是真实的还是由生成器生成的假数据

C. 判别器的输入是随机噪声

D. 生成器的输入是随机噪声

2) 在 GAN 的训练过程中，生成器的主要任务是（　　）。

A. 准确判断输入数据的真伪

B. 创建尽可能逼真的假数据以欺骗判别器

C. 提取输入数据的特征

D. 生成真实数据

3) 判别器在 GAN 中的主要任务是（　　）。

A. 生成高质量的假数据

B. 从潜在空间向量生成数据

C. 判断输入数据是真实数据还是生成数据

D. 优化生成器的参数

4) 在 DCGAN 中，转置卷积主要用于（　　）。

A. 下采样

B. 上采样

C. 数据归一化

D. 特征图的压缩

5) CGAN 通过（　　）生成特定标签的图像。

A. 仅通过随机噪声生成

B. 通过条件信息和随机噪声生成

C. 仅通过条件信息生成

D. 通过多个判别器生成

2. 问答题

1) 请简述 GAN 的训练流程。

2) CGAN 的生成器和判别器各自的输入是什么？它们如何利用这些输入实现条件生成？

第 9 章 迁移学习

在深度学习领域，迁移学习是一种强大的技术，能够显著提升模型的训练效率和性能。它通过在一个任务上预训练的模型参数，来加速和优化在另一个相关任务上的学习过程。这种方法不仅能够节省大量的数据和计算资源，还能提高模型在新任务上的泛化能力。无论是在计算机视觉、自然语言处理，还是在其他领域，迁移学习都展示了其卓越的应用价值。本章将深入探讨迁移学习的原理、方法及其在实际应用中的表现，帮助读者更好地理解和运用这一关键技术。通过对多个实际案例的分析，将揭示如何最大化利用已有知识来解决新问题，从而推动深度学习的进一步发展。

第 9 章 迁移学习

9.1 迁移学习简介

9.1.1 迁移学习的背景

随着深度学习和机器学习的发展，研究者们发现训练一个高性能的模型往往需要大量的标注数据和计算资源。然而，现实中获取大规模、高质量的标注数据既昂贵又耗时，特别是在一些特殊领域，如医学影像和自然语言处理。传统的机器学习方法通常假设训练数据和测试数据分布一致，而且需要从头开始训练模型，这在数据和资源有限的情况下，效率低下且难以实现。

在这样的背景下，迁移学习应运而生。迁移学习的核心思想是将一个领域（源领域）中已经学到的知识应用到另一个领域（目标领域）中。这一方法不仅可以节省大量的数据和计算资源，还能加速模型的训练过程，并提升其在新任务上的表现。迁移学习尤其适用于以下几种情况：

（1）数据稀缺

在许多应用场景中，目标任务的训练数据非常稀缺，而在另一个相关任务中可能存在大量的已标注数据。迁移学习通过利用这些已标注数据，可以在数据稀缺的情况下构建高性能的模型。

（2）计算资源有限

深度学习模型的训练通常需要大量的计算资源。通过在相关任务上预训练模型并迁移至目标任务，可以大幅减少计算资源的需求。

（3）训练效率低下

从头开始训练一个深度学习模型可能需要数天甚至数周的时间，而迁移学习可以利用预训练模型，大幅缩短训练时间，提高训练效率。

(4) 泛化能力弱

迁移学习能够帮助模型从源任务中学习到更通用的特征，这些特征在目标任务中也具有较好的表现，从而提高模型的泛化能力。

迁移学习的兴起与深度学习的发展密不可分。尤其是在计算机视觉和自然语言处理领域，大规模预训练模型的出现极大地推动了迁移学习的应用。例如，在计算机视觉领域，预训练的卷积神经网络（如 VGG、ResNet）在各种图像任务中表现优异；在自然语言处理领域，预训练的语言模型（如 BERT、GPT）通过迁移学习，在文本分类、情感分析等任务中取得了显著的效果。

9.1.2 迁移学习的理论

在机器学习、深度学习和数据挖掘的大多数任务中，都会假设训练和测试时，采用的数据服从相同的分布（Distribution）、来源于相同的特征空间（Feature Space）。但在现实应用中，这个假设很难成立，往往会遇到一些问题。

1）带标记的训练样本数量有限。比如，处理目标领域（Target Domain）A 的分类问题时，缺少足够的训练样本。同时，与 A 领域相关的源领域（Source Domain）B，拥有大量的训练样本，但 B 领域与 A 领域处于不同的特征空间或样本服从不同的分布。

2）数据分布会发生变化。比如，数据分布与时间、地点或其他动态因素相关，随着动态因素的变化，数据分布也会发生变化，以前收集的数据已经过时，需要重新收集数据，重建模型。

这时，知识迁移（Knowledge Transfer）是一个不错的选择，即把 B 领域中的知识迁移到 A 领域中来，提高 A 领域分类效果，不需要花大量时间去标注 A 领域数据。迁移学习作为一种新的学习范式，可以用于解决上述问题。

通常，源领域数据量充足，而目标领域数据量较小的场景适合进行迁移学习。例如要对一个任务进行分类，但是此任务中数据不充足（目标领域），然而有大量相关的训练数据（源领域），但是此训练数据与测试数据的特征分布不同（例如语音情感识别中，一种语言的语音数据充足，然而所需进行分类任务的情感数据却极度缺乏）。在这种情况下，如果采用合适的迁移学习方法，则可以大幅提高不充足样本的分类识别结果。

传统方法是孤立的，纯粹基于特定任务、数据集训练孤立模型，没有保留可以从一个模型迁移到另一个模型的任何知识。在迁移学习中，可以利用在之前训练的模型中得到的知识（特征、权重等）训练新模型，应对新任务数据较少的问题。

假定任务（记为 T1）是识别图像中的物体（领域限定为餐馆），给定这一任务的数据集，训练一个模型，并加以调试，使其在相同领域（餐馆）的未知数据上表现良好（推广）。当不具备给定领域任务所需的足够训练样本时，传统的监督机器学习算法无法工作。假定现在需要检测公园或咖啡馆图像中的物体（记为 T2），理想情况下，应该能够应用为 T1 训练的模型，但在现实中，会面临表现退化和模型概括性不好的问题。这背后有多种原因，大多数可以归纳为模型在训练数据和领域上的偏差。

迁移学习可以将之前学习任务所得的知识，应用于新的相关任务。如果在任务 T1 上明显有更多数据，可以利用其所学，并推广这一知识（特征、权重）至任务 T2。在计算机视觉领域，边缘、形状、角落、亮度之类特定的低层特征可以在任务间分享，从而使得任务间的知识迁移成为可能。同样，在学习新的目标任务时，现有任务中的知识也可以作为额外输入。

9.1.3 迁移学习的分类

根据源任务和目标任务之间的关系以及数据特征的不同，迁移学习可以分为下面六个类型。

(1) 归纳迁移学习（Inductive Transfer Learning）

在归纳迁移学习中，目标任务具有标注数据。源任务和目标任务可能相同或不同，目的是利用源任务中学到的知识来改进目标任务的学习过程。归纳迁移学习通常应用于微调预训练模型，例如，在自然语言处理领域，预训练的 BERT 模型在大量的文本数据上训练，然后通过微调在特定的下游任务（如情感分析、问答系统）上进行训练。这样做可以大幅减少训练时间，提升模型性能，尤其是在数据稀缺的情况下。但是，归纳迁移学习需要确保源任务和目标任务之间有足够的相关性，避免负迁移。

(2) 转导迁移学习（Transductive Transfer Learning）

在转导迁移学习中，目标任务没有标注数据，但源任务和目标任务的数据分布不同，主要目的是将源任务中学到的知识应用到目标任务中。领域自适应（Domain Adaptation）是这一类别的重要应用。例如，训练一个在图片分类任务上表现良好的模型，然后将其应用于不同风格的图片分类任务。这有助于在缺乏标注数据的目标任务上获得较好的性能。但是，转导迁移学习需要处理源任务和目标任务数据分布的差异，避免性能下降。

(3) 无监督迁移学习（Unsupervised Transfer Learning）

在无监督迁移学习中，源任务和目标任务都没有标注数据。这种方法通常用于无监督领域自适应，目的是通过迁移知识来提升无监督学习的效果。例如，在文本生成任务中，使用在大量未标注文本上预训练的语言模型（如 GPT），然后应用于目标任务中的文本生成。这样做可以在没有标注数据的情况下提升模型的表现。但随着无监督学习本身难度的增加，需要高效的方法来捕捉数据的本质特征。

(4) 特征迁移（Feature-Based Transfer Learning）

特征迁移是通过利用在源任务中学到的特征表示来帮助目标任务的学习。通常情况下，预训练模型的特征提取层用于目标任务中。在计算机视觉中，使用预训练的卷积神经网络（如 ResNet）提取图像特征，然后在这些特征的基础上训练一个新的分类器。利用高质量的特征可以显著提升目标任务的性能，减少数据需求。但是，特征迁移需要适当调整特征提取层，以适应目标任务的特性。

(5) 参数迁移（Parameter-Based Transfer Learning）

参数迁移是指将源任务中训练好的模型参数部分或全部迁移到目标任务中。微调（fine-tuning）是参数迁移的常见方法。例如，在自然语言处理领域，使用预训练的 Transformer 模型，然后在目标任务的数据上进行微调。这样做可以快速适应目标任务，显著提升模型性能。微调过程中需要控制参数的调整范围，以防止过拟合或负迁移。

(6) 基于示例的迁移学习（Instance-Based Transfer Learning）

基于示例的迁移学习是直接将源任务的数据迁移到目标任务中，通常需要对数据进行某种形式的适应或重新标注，以保证其在目标任务中的有效性。例如，在文本分类任务中，使用在其他相关任务中收集的文本数据，并通过重新标注适应目标任务。这样做可以充分利用已有数据，提升模型性能。但是，基于示例的迁移学习需要处理数据之间的差异，保证数据适应目标任务的要求。

9.1.4 迁移学习的实现方法

迁移学习主要有两种实现方法，即全量训练与只训练全连接层或分类层。

1. 全量训练

全量训练是指对整个预训练模型进行重新训练。具体来说，这种方法微调预训练模型的所有层，使得模型能够更好地适应目标任务的数据分布和特征。全量训练首先选择一个在大规模数据集上预训练的模型（如 ImageNet 上的 ResNet 或在大规模文本数据上预训练的 BERT）。然后，将预训练模型的所有层加载到新任务中，并在新任务的数据集上进行训练。在训练过程中，所有层的参数都参与更新，从而使模型能够根据目标任务的数据进行优化。

全量训练适用于目标任务与源任务有较大差异，或者目标任务的数据量足够大的情况。例如，在医学影像分析中，预训练模型在自然图像上训练，而目标任务是对特定疾病的 X 光片进行分类。由于自然图像和医学图像之间存在较大差异，全量训练能够使模型更好地捕捉医学图像的特征。全量训练的主要优点在于灵活性和适应性。通过微调所有层的参数，模型可以在新任务中达到最佳性能。然而，全量训练也有缺点，主要包括训练时间长和计算资源消耗大。此外，当目标任务的数据量不足时，全量训练可能会导致过拟合。

2. 只训练全连接层或分类层

只训练全连接层或分类层是另一种常见的迁移学习的实现方法。它固定预训练模型的特征提取部分（如卷积层或自注意力机制层）的参数，只训练最后的全连接层或分类层。这种方式首先要选择一个在大规模数据集上预训练的模型，并将其加载到新任务中。然后，冻结模型中除最后全连接层或分类层以外的所有层的参数，这些层的参数不再更新。仅在目标任务的数据上训练最后的全连接层或分类层，使其参数能够适应新的分类任务或预测任务。这种方法特别适用于目标任务的数据量较少且与源任务高度相似的情况。例如，在图像分类任务中，如果目标任务的数据集与预训练模型的数据集（如 ImageNet）有较高的相似性，只训练分类层可以快速而有效地完成任务。同样，在文本分类任务中，使用在大规模文本数据上预训练的 BERT 模型，只微调分类层也能取得较好的效果。

只训练全连接层或分类层的优点在于训练效率高和计算资源消耗低。由于只更新少量参数，训练过程更快，且更容易在小数据集上实现良好的性能。然而，这种方法的适用性较为有限，只有当源任务和目标任务高度相似时才能发挥最佳效果。如果源任务和目标任务之间的差异较大，只训练全连接层或分类层可能无法充分捕捉目标任务的特征，导致模型性能不足。

9.1.5 应用、挑战及意义

1. 迁移学习的应用

在计算机视觉领域，迁移学习的应用尤为广泛和成功。例如，预训练的卷积神经网络（如 VGG、ResNet）在大型数据集（如 ImageNet）上进行初步训练后，可以通过微调应用于更具体的任务，如图像分类、目标检测和图像分割。通过这种方法，即使在数据有限的情况下，也能获得卓越的性能。一个典型的应用是使用预训练的模型进行自动驾驶中的行人检测，这不仅提高了检测的准确率，还减少了训练时间。

自然语言处理领域也从迁移学习中受益匪浅。预训练的语言模型（如 BERT、GPT）已经成为该领域的基础工具。这些模型首先在大规模未标注文本数据上进行预训练，然后通过微调应用于各种下游任务，如情感分析、问答系统和机器翻译。BERT 在情感分析中的应用显著提高了分类的准确性，而 GPT 系列模型在对话生成和文本生成任务中展示了惊人的效果。

2. 迁移学习的挑战

迁移学习在实际应用中也面临诸多挑战。首先是负迁移（Negative Transfer）的风险，即当源任务和目标任务之间的相似性不足时，迁移学习可能会导致模型性能下降。如何评估和选择适当的源任务以最大化迁移学习的效果，仍然是一个亟待解决的问题。其次，数据分布差异（Domain Shift）是另一个关键挑战。源任务和目标任务的数据分布可能存在显著差异，这会影响迁移效果。为此，领域自适应技术的发展显得尤为重要。

迁移学习通常涉及复杂的模型结构和大量参数的调整，这增加了训练的难度和计算成本。模型的复杂性不仅带来了计算资源的消耗，还提高了模型训练和调试的难度。因此，在实际应用中，需要在模型性能和计算成本之间找到平衡。此外，如何确保迁移学习模型在不同任务中的泛化能力，也是一个持续的研究课题。尤其是在跨领域迁移中，模型的泛化能力尤为重要。

3. 迁移学习的意义

尽管存在诸多挑战，迁移学习的意义不可小觑。第一，它显著提高了学习效率。通过利用在源任务中学到的知识，迁移学习可以减少新任务的训练时间和数据需求，从而加快模型的开发和部署。第二，迁移学习在资源节约方面表现突出。在数据稀缺和计算资源有限的情况下，迁移学习能够充分利用已有资源，降低数据和计算成本。第三，迁移学习有助于提升模型的性能。通过从源任务中学到更通用和有效的特征，迁移学习可以在目标任务中取得更好的表现。

此外，迁移学习还推动了跨领域应用的发展，为不同领域之间的知识共享和技术融合提供了可能性。例如，将自然语言处理技术应用于法律文本分析，或将计算机视觉技术应用于农业中的病虫害检测，这些都是迁移学习在跨领域应用中的成功案例。

最后，迁移学习丰富了深度学习的理论和方法，推动了人工智能技术的进步。通过不断研究和优化，迁移学习有望在更多领域和应用场景中发挥关键作用。

迁移学习作为机器学习和深度学习的重要分支，展示了广泛的应用前景和巨大的潜力。尽管面临诸多挑战，但其在提升模型性能、节约资源和促进跨领域应用等方面的优势，使其成为未来人工智能研究和应用的关键技术。随着研究的深入和技术的发展，迁移学习必将在更多领域和应用场景中发挥更为重要的作用。

9.1.6 案例：基于迁移学习的 Cifar10 分类实战

为了展示迁移学习的效果，案例使用 DenseNet 进行迁移学习训练，首先测试不使用迁移学习对模型进行训练的效果，随后分别对迁移学习的两种实现方式进行测试，即测试全量训练与测试只训练分类层的训练效果。

1. 数据可视化

对数据集进行可视化展示。

代码如下:

```python
from keras.datasets.cifar10 import load_data
import matplotlib
import matplotlib.pyplot as plt
import random

matplotlib.use('TkAgg')

# 数据集类别
classes = ['airplane', 'automobile', 'bird', 'cat', 'deer', 'dog', 'frog', 'horse', 'ship', 'truck']
# 加载数据集
(X_train, y_train), (X_test, y_test) = load_data()


# 数据集图像可视化
def show_images():
    # 显示25张图像
    for i in range(25):
        plt.subplot(5, 5, i + 1)
        # 随机选取图像
        idx = random.randint(0, len(X_train))
        # 显示图像
        plt.imshow(X_train[idx])
        # 将类别设置为标题
        plt.title(classes[int(y_train[idx])])
        # 关闭刻度
        plt.axis('off')

    # 设置布局
    plt.tight_layout()
    # 显示结果
    plt.show()


# 调用函数
show_images()
```

数据集可视化结果如图 9-1 所示。

可以发现，Cifar10 数据集中的图像分辨率较低，跟 ImageNet 数据集有一定的差异。

2. 不使用迁移学习

首先不使用迁移学习，对模型进行训练。

图 9-1 数据集可视化（随机选取 25 张）

代码如下：

```
import tensorflow as tf
from keras.datasets import cifar10
from keras.applications import DenseNet121
from keras.layers import Dense, Flatten, Dropout
from keras.models import Model
from keras.optimizers import Adam
import matplotlib.pyplot as plt
import matplotlib
import pickle
import numpy as np
matplotlib.use('tkagg')


# 加载 Cifar10 数据集
(x_train, y_train), (x_test, y_test) = cifar10.load_data()

# 为了加速训练，仅使用 10000 张图像
random_idx = np.random.choice(np.arange(0, len(x_train)), 10000, replace=False)
x_train = x_train[random_idx]
y_train = y_train[random_idx]

# 将标签转换为 one-hot 编码
```

```python
y_train = tf.keras.utils.to_categorical(y_train, 10)
y_test = tf.keras.utils.to_categorical(y_test, 10)

# 归一化图像数据
x_train = x_train.astype('float32') / 255.0
x_test = x_test.astype('float32') / 255.0

# 加载预训练的 DenseNet121 模型，并去掉顶层的全连接层
base_model = DenseNet121(weights=None, include_top=False, input_shape=(32, 32, 3))

# 在 DenseNet121 模型的基础上添加自定义的全连接层
x = Flatten()(base_model.output)
x = Dense(512, activation='relu')(x)
x = Dropout(0.5)(x)
x = Dense(128, activation='relu')(x)
predictions = Dense(10, activation='softmax')(x)

# 创建新的模型
model = Model(inputs=base_model.input, outputs=predictions)

# 编译模型
model.compile(optimizer=Adam(lr=0.001), loss='categorical_crossentropy', metrics=['accuracy'])

# 训练模型
batch_size = 64
epochs = 10

history = model.fit(x_train, y_train, batch_size=batch_size, epochs=epochs, validation_data=(x_test, y_test))

history = history.history

# 保存训练历史
with open('training_history.pkl', 'wb') as f:
    pickle.dump(history, f)

# 绘制训练和验证的损失值
plt.figure(figsize=(12, 4))

plt.subplot(1, 2, 1)
```

```python
plt.plot(history['loss'], label='Train Loss')
plt.plot(history['val_loss'], label='Val Loss')
plt.title('Loss')
plt.xlabel('Epoch')
plt.ylabel('Loss')
plt.legend()

# 绘制训练和验证的准确率
plt.subplot(1, 2, 2)
plt.plot(history['accuracy'], label='Train Accuracy')
plt.plot(history['val_accuracy'], label='Val Accuracy')
plt.title('Accuracy')
plt.xlabel('Epoch')
plt.ylabel('Accuracy')
plt.legend()

plt.savefig('history.png')
plt.show()
```

控制台输出如下：

```
Epoch 1/10
157/157 [==============================] - 74s 389ms/step - loss: 1.9669 - accuracy: 0.2860 - val_loss: 2.6738 - val_accuracy: 0.1000
Epoch 2/10
157/157 [==============================] - 59s 378ms/step - loss: 1.6586 - accuracy: 0.3909 - val_loss: 2.9758 - val_accuracy: 0.1311
Epoch 3/10
157/157 [==============================] - 59s 379ms/step - loss: 1.4999 - accuracy: 0.4539 - val_loss: 2.5113 - val_accuracy: 0.2093
Epoch 4/10
157/157 [==============================] - 59s 377ms/step - loss: 1.3937 - accuracy: 0.5016 - val_loss: 1.8965 - val_accuracy: 0.3393
Epoch 5/10
157/157 [==============================] - 59s 379ms/step - loss: 1.2779 - accuracy: 0.5518 - val_loss: 1.8129 - val_accuracy: 0.3761
Epoch 6/10
157/157 [==============================] - 59s 377ms/step - loss: 1.1734 - accuracy: 0.5836 - val_loss: 1.4740 - val_accuracy: 0.4885
Epoch 7/10
157/157 [==============================] - 60s 381ms/step - loss: 1.0871 - accuracy: 0.6216 - val_loss: 2.5414 - val_accuracy: 0.3641
Epoch 8/10
```

```
157/157 [==============================] - 60s 386ms/step - loss: 1.0100 - accuracy: 0.6477 - val_loss: 1.6198 - val_accuracy: 0.4721
Epoch 9/10
157/157 [==============================] - 60s 381ms/step - loss: 0.9371 - accuracy: 0.6663 - val_loss: 1.8642 - val_accuracy: 0.4003
Epoch 10/10
157/157 [==============================] - 60s 383ms/step - loss: 0.8865 - accuracy: 0.6955 - val_loss: 1.6864 - val_accuracy: 0.4955
```

训练过程中的指标变化如图 9-2 所示。

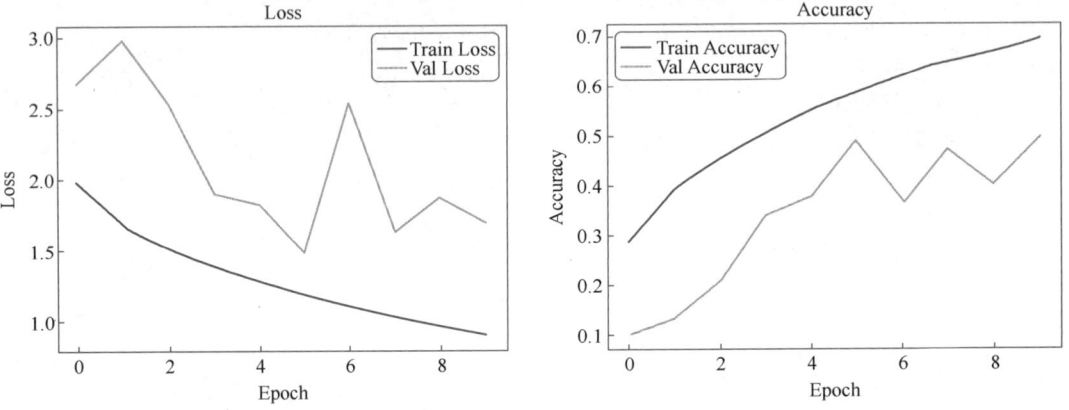

图 9-2　不使用迁移学习训练过程中损失（Loss）和准确率（Accuracy）的变化

在不使用迁移学习的情况下，经过 10 轮迭代训练，验证集准确率达到 0.4955。

3. 全量训练

接下来使用全量训练进行迁移学习。

代码如下：

```
import tensorflow as tf
from keras.datasets import cifar10
from keras.applications import DenseNet121
from keras.layers import Dense, Flatten, Dropout
from keras.models import Model
from keras.optimizers import Adam
import matplotlib.pyplot as plt
import matplotlib
import pickle
import numpy as np
matplotlib.use('tkagg')


# 加载 Cifar10 数据集
```

```python
(x_train, y_train), (x_test, y_test) = cifar10.load_data()

# 为了加速训练，仅使用10000张图像
random_idx = np.random.choice(np.arange(0, len(x_train)), 10000, replace=False)
x_train = x_train[random_idx]
y_train = y_train[random_idx]

# 将标签转换为one-hot编码
y_train = tf.keras.utils.to_categorical(y_train, 10)
y_test = tf.keras.utils.to_categorical(y_test, 10)

# 归一化图像数据
x_train = x_train.astype('float32') / 255.0
x_test = x_test.astype('float32') / 255.0

# 加载预训练的DenseNet121模型，并去掉顶层的全连接层
base_model = DenseNet121(weights = 'imagenet', include_top = False, input_shape = (32, 32, 3))

# 在DenseNet121模型的基础上添加自定义的全连接层
x = Flatten()(base_model.output)
x = Dense(512, activation = 'relu')(x)
x = Dropout(0.5)(x)
x = Dense(128, activation = 'relu')(x)
predictions = Dense(10, activation = 'softmax')(x)

# 创建新的模型
model = Model(inputs = base_model.input, outputs = predictions)

# 编译模型
model.compile(optimizer = Adam(lr = 0.001), loss = 'categorical_crossentropy', metrics = ['accuracy'])

# 训练模型
batch_size = 64
epochs = 10

history = model.fit(x_train, y_train, batch_size = batch_size, epochs = epochs, validation_data = (x_test, y_test))
```

```python
history = history.history

# 保存训练历史
with open('training_history.pkl', 'wb') as f:
    pickle.dump(history, f)

# 绘制训练和验证的损失值
plt.figure(figsize=(12, 4))

plt.subplot(1, 2, 1)
plt.plot(history['loss'], label='Train Loss')
plt.plot(history['val_loss'], label='Val Loss')
plt.title('Loss')
plt.xlabel('Epoch')
plt.ylabel('Loss')
plt.legend()

# 绘制训练和验证的准确率
plt.subplot(1, 2, 2)
plt.plot(history['accuracy'], label='Train Accuracy')
plt.plot(history['val_accuracy'], label='Val Accuracy')
plt.title('Accuracy')
plt.xlabel('Epoch')
plt.ylabel('Accuracy')
plt.legend()

plt.savefig('history.png')
plt.show()
```

控制台输出如下:

```
Epoch 1/10
157/157 [==============================] - 74s 389ms/step - loss: 1.6799 - accuracy: 0.4335 - val_loss: 2.1937 - val_accuracy: 0.4108
Epoch 2/10
157/157 [==============================] - 62s 395ms/step - loss: 1.1128 - accuracy: 0.6432 - val_loss: 1.9317 - val_accuracy: 0.5189
Epoch 3/10
157/157 [==============================] - 61s 387ms/step - loss: 1.0634 - accuracy: 0.6581 - val_loss: 1.9464 - val_accuracy: 0.4900
Epoch 4/10
157/157 [==============================] - 61s 387ms/step - loss: 0.8670 - accuracy: 0.7210 - val_loss: 1.0707 - val_accuracy: 0.6597
```

```
Epoch 5/10
157/157 [==============================] - 60s 384ms/step - loss: 0.8040 - accu-
racy: 0.7400 - val_loss: 1.6146 - val_accuracy: 0.5180
Epoch 6/10
157/157 [==============================] - 61s 387ms/step - loss: 0.7859 - accu-
racy: 0.7395 - val_loss: 3.0778 - val_accuracy: 0.5480
Epoch 7/10
157/157 [==============================] - 61s 388ms/step - loss: 0.6290 - accu-
racy: 0.7962 - val_loss: 1.0664 - val_accuracy: 0.6859
Epoch 8/10
157/157 [==============================] - 61s 387ms/step - loss: 0.5913 - accu-
racy: 0.8144 - val_loss: 1.1305 - val_accuracy: 0.6389
Epoch 9/10
157/157 [==============================] - 61s 389ms/step - loss: 0.4550 - accu-
racy: 0.8541 - val_loss: 1.2724 - val_accuracy: 0.6731
Epoch 10/10
157/157 [==============================] - 60s 385ms/step - loss: 0.3500 - accu-
racy: 0.8865 - val_loss: 0.9742 - val_accuracy: 0.7204
```

全量训练过程中的指标变化如图 9-3 所示。

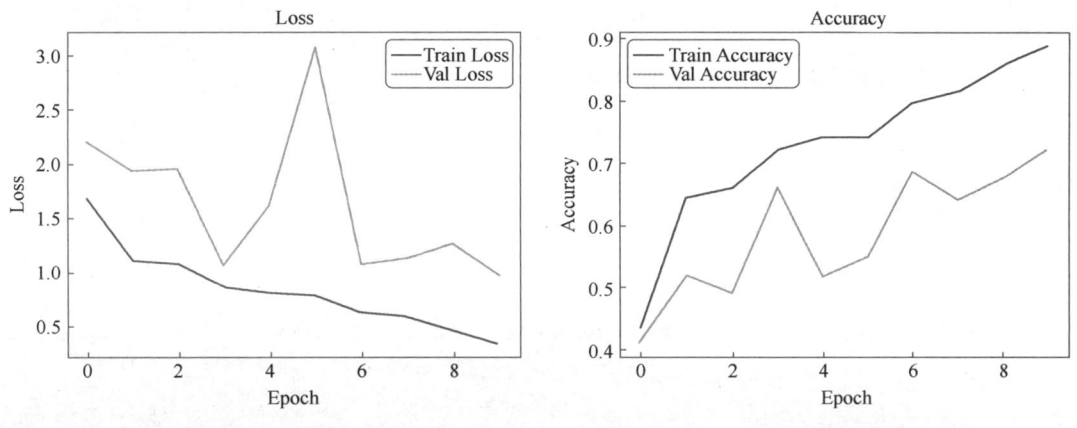

图 9-3　全量训练过程中损失（Loss）和准确率（Accuracy）的变化

在全量训练中，准确率最终达到了 0.7204，在同样的迭代次数下远高于不使用迁移学习的准确率。

4. 只训练分类层

下面通过只训练分类层进行迁移学习，其原理是将分类层之前的网络层进行冻结。

代码如下：

```
import tensorflow as tf
from keras.datasets import cifar10
from keras.applications import VGG16, DenseNet121
```

```python
from keras.layers import Dense, Flatten, Dropout
from keras.models import Model
from keras.optimizers import Adam
from keras.preprocessing.image import ImageDataGenerator
import matplotlib.pyplot as plt
import matplotlib
import pickle
import numpy as np
matplotlib.use('tkagg')


# 加载 Cifar10 数据集
(x_train, y_train), (x_test, y_test) = cifar10.load_data()

# 为了加速训练，仅使用 10000 张图像
random_idx = np.random.choice(np.arange(0, len(x_train)), 10000, replace=False)
x_train = x_train[random_idx]
y_train = y_train[random_idx]

# 将标签转换为 one-hot 编码
y_train = tf.keras.utils.to_categorical(y_train, 10)
y_test = tf.keras.utils.to_categorical(y_test, 10)

# 归一化图像数据
x_train = x_train.astype('float32') / 255.0
x_test = x_test.astype('float32') / 255.0

# 加载预训练的 DenseNet121 模型，并去掉顶层的全连接层
base_model = DenseNet121(weights='imagenet', include_top=False, input_shape=(32, 32, 3))

## 冻结预训练模型的卷积层
for layer in base_model.layers:
    layer.trainable = False

# 在 DenseNet121 模型的基础上添加自定义的全连接层
x = Flatten()(base_model.output)
x = Dense(512, activation='relu')(x)
x = Dropout(0.5)(x)
x = Dense(128, activation='relu')(x)
predictions = Dense(10, activation='softmax')(x)
```

```python
# 创建新的模型
model = Model(inputs=base_model.input, outputs=predictions)

# 编译模型
model.compile(optimizer=Adam(lr=0.001), loss='categorical_crossentropy', metrics=['accuracy'])

# 训练模型
batch_size = 64
epochs = 10

history = model.fit(x_train, y_train, batch_size=batch_size, epochs=epochs, validation_data=(x_test, y_test))

history = history.history

# 保存训练历史
with open('training_history.pkl', 'wb') as f:
    pickle.dump(history, f)

# 绘制训练和验证的损失值
plt.figure(figsize=(12, 4))

plt.subplot(1, 2, 1)
plt.plot(history['loss'], label='Train Loss')
plt.plot(history['val_loss'], label='Val Loss')
plt.title('Loss')
plt.xlabel('Epoch')
plt.ylabel('Loss')
plt.legend()

# 绘制训练和验证的准确率
plt.subplot(1, 2, 2)
plt.plot(history['accuracy'], label='Train Accuracy')
plt.plot(history['val_accuracy'], label='Val Accuracy')
plt.title('Accuracy')
plt.xlabel('Epoch')
plt.ylabel('Accuracy')
plt.legend()
```

```
plt.savefig('history.png')
plt.show()
```

控制台输出如下:

```
Epoch 1/10
157/157 [==============================] - 30s 175ms/step - loss: 1.7055 - accuracy: 0.3992 - val_loss: 1.3203 - val_accuracy: 0.5315
Epoch 2/10
157/157 [==============================] - 26s 169ms/step - loss: 1.3420 - accuracy: 0.5303 - val_loss: 1.2583 - val_accuracy: 0.5550
Epoch 3/10
157/157 [==============================] - 26s 165ms/step - loss: 1.2317 - accuracy: 0.5613 - val_loss: 1.2026 - val_accuracy: 0.5811
Epoch 4/10
157/157 [==============================] - 25s 163ms/step - loss: 1.1543 - accuracy: 0.5845 - val_loss: 1.1758 - val_accuracy: 0.5854
Epoch 5/10
157/157 [==============================] - 25s 162ms/step - loss: 1.0851 - accuracy: 0.6098 - val_loss: 1.1817 - val_accuracy: 0.5855
Epoch 6/10
157/157 [==============================] - 26s 163ms/step - loss: 1.0308 - accuracy: 0.6313 - val_loss: 1.1557 - val_accuracy: 0.6020
Epoch 7/10
157/157 [==============================] - 26s 164ms/step - loss: 0.9783 - accuracy: 0.6436 - val_loss: 1.1538 - val_accuracy: 0.5967
Epoch 8/10
157/157 [==============================] - 26s 169ms/step - loss: 0.9151 - accuracy: 0.6713 - val_loss: 1.1519 - val_accuracy: 0.6100
Epoch 9/10
157/157 [==============================] - 26s 165ms/step - loss: 0.8788 - accuracy: 0.6845 - val_loss: 1.1497 - val_accuracy: 0.6003
Epoch 10/10
157/157 [==============================] - 26s 165ms/step - loss: 0.8419 - accuracy: 0.6992 - val_loss: 1.1616 - val_accuracy: 0.6037
```

只训练分类层过程中的指标变化如图 9-4 所示。

5. 对比分析

为了能够更加直观地展示出以上几种方式的差异,进行对比分析,下面将验证集的损失与准确率绘制在同一张图像上。

代码如下:

第9章 迁移学习

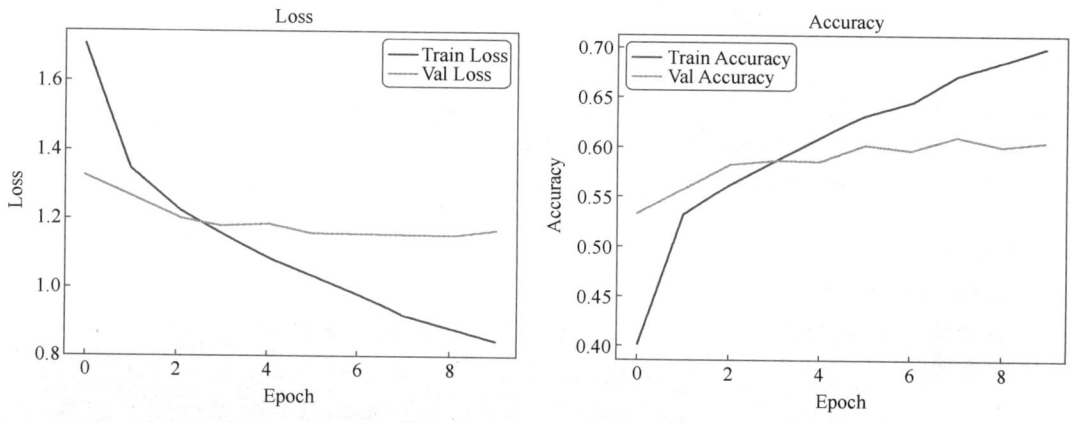

图9-4 只训练分类层过程中损失（Loss）和准确率（Accuracy）

```python
from pathlib import Path
import matplotlib.pyplot as plt
import matplotlib
import pickle
matplotlib.use('tkagg')

plt.rcParams['font.sans-serif'] = ['SimHei']

# 定义目录为当前目录
exp_path = Path()
# 找到所有的训练历史文件
history_files = list(exp_path.glob('* * /training_history.pkl'))
# 图例
exp_names = ['不使用迁移学习', '全量训练', '不训练全连接层']

# 读取文件
history_files = [pickle.load(f.open('rb')) for f in history_files]


# 遍历绘图
plt.figure(figsize=(12, 4))
plt.subplot(1, 2, 1)
for name, f in zip(exp_names, history_files):
    plt.plot(f['val_loss'], label=name)

# 设置坐标名称
plt.xlabel('Epoch')
plt.ylabel('Loss')
```

```
plt.legend()

plt.subplot(1, 2, 2)
for name, f in zip(exp_names, history_files):
    plt.plot(f['val_accuracy'], label=name)

# 设置坐标名称
plt.xlabel('Epoch')
plt.ylabel('Accuracy')
plt.legend()

plt.savefig('compare.png')
# 显示结果
plt.show()
```

三种方式的对比结果如图 9-5 所示。

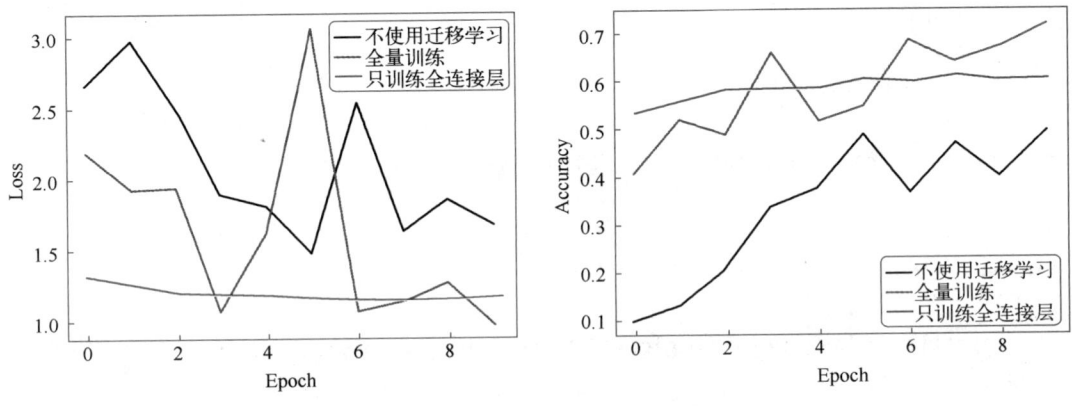

图 9-5　三种方式的损失和准确率的对比结果

从图 9-5 中可以看出，在训练结束时，全量训练的损失最小，准确率最高；而不使用迁移学习时，损失最大，准确率最低；只训练全连接层时，损失与准确率介于二者之间，指标变化最稳定。

9.2　迁移学习的应用

9.2.1　迁移学习在深度学习中的应用

迁移学习在深度学习中的应用广泛而深远，涵盖了多个领域和任务。

1. 计算机视觉

（1）图像分类

迁移学习在图像分类任务中得到了广泛应用。预训练模型（如 VGG、ResNet、Inception）在大型数据集（如 ImageNet）上进行预训练，然后通过微调适应特定的目标任务。即使在小规模数据集上，利用迁移学习也可以获得较高的分类准确率。

（2）目标检测

在目标检测任务中，预训练模型（如 Faster R-CNN、YOLO、SSD）在大规模数据集上学习到的特征可以迁移到新的检测任务中。这些模型可以检测和定位图像中的特定对象，应用于自动驾驶、安防监控等领域。

（3）图像分割

在图像分割任务中，将图像中的每个像素分类到特定类别。预训练的分割模型（如 U-Net、Mask R-CNN）可以在新的医学影像、卫星图像等任务中快速应用，显著提升分割效果。

2. 自然语言处理

迁移学习在自然语言处理领域的应用极为重要。自然语言处理领域最重要的两个模型为 BERT 与 GPT。

（1）BERT

BERT 是 Google 于 2018 年提出的一种基于 Transformer 架构的预训练语言模型。它通过在大规模文本语料上进行预训练，使得模型能够捕捉词语之间复杂的上下文关系。BERT 的核心创新在于双向性，即在预测某个词时，BERT 同时考虑了该词左侧和右侧的上下文信息，这与之前的单向语言模型有显著区别。迁移学习的一个常见方法是使用 BERT 这样的预训练模型作为基础模型，并在其基础上进行特定任务的微调（Fine-Tuning），如图 9-6 所示。

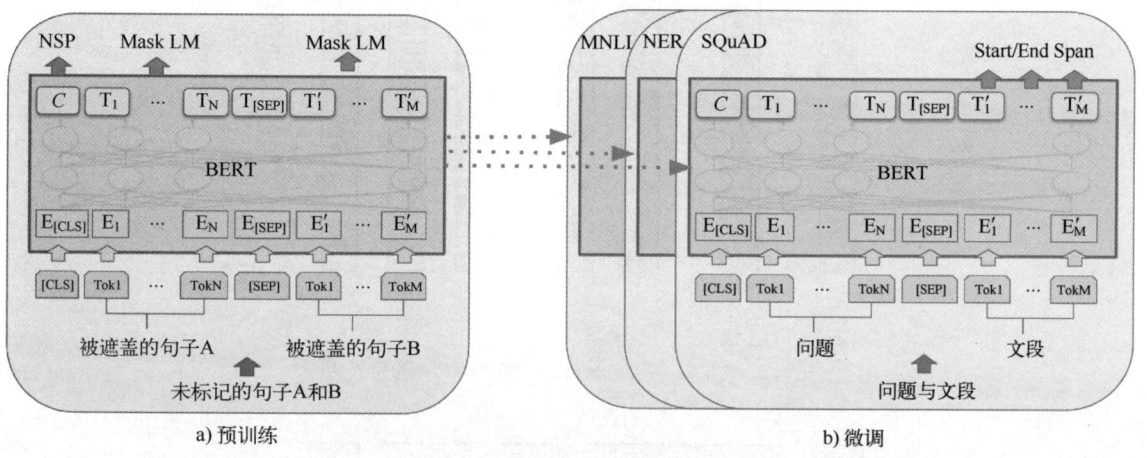

图 9-6 预训练-微调模式

（2）GPT

GPT 是 OpenAI 推出的一种基于 Transformer 架构的预训练语言模型。与 BERT 不同，GPT 是一个自回归模型，它在生成文本时，利用前面的上下文信息来预测下一个词。因此，GPT 特别擅长生成连贯且有意义的长文本。

GPT 的预训练任务是语言建模，即在大量的无监督文本数据上训练模型，通过最大化每个词出现的概率来学习词之间的依赖关系。GPT 模型结构如图 9-7 所示。

BERT 与 GPT 在自然语言处理中的迁移学习，主要应用在以下几个领域。

深度学习基础与案例教程

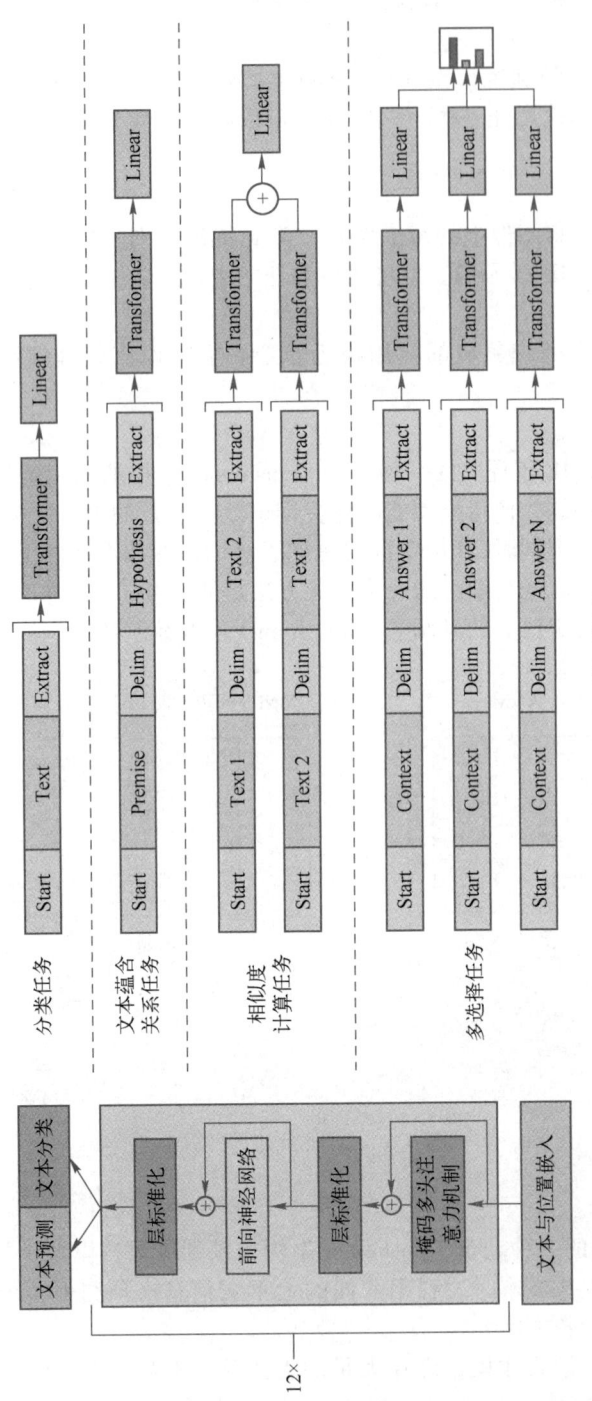

图 9-7 GPT 模型结构

1）文本分类。

预训练语言模型可以用于情感分析、垃圾邮件检测等文本分类任务。通过微调这些模型，可以在不同类型的文本数据上实现高精度的分类。

2）问答系统。

BERT、GPT 等大模型在大规模文本数据上预训练后，可以应用于问答系统中，理解并生成准确的答案。这些系统在智能客服、搜索引擎中得到广泛应用。

3）机器翻译。

BERT 等模型在大规模文本数据上预训练后，可以应用于问答系统中，理解并生成准确的答案。这些系统在智能客服、搜索引擎中得到广泛应用。

3. 语音处理

（1）语音识别

在语音识别任务中，预训练的语音模型（如 DeepSpeech、Wav2Vec）可以识别和转换多种语言和口音的语音。通过微调，这些模型可以满足特定领域的语音识别需求。

（2）语音合成

语音合成（Text-to-Speech，TTS）任务中，预训练的语音合成模型（如 Tacotron、WaveNet）可以生成自然流畅的语音。迁移学习使得这些模型能够在少量特定语料上快速适应。

4. 推荐系统

推荐系统通过迁移学习从用户的历史行为数据中学习，然后在新环境或新用户数据上进行个性化推荐。预训练的模型（如 Collaborative Filtering、Deep Learning-based Recommenders）可以显著提升推荐的准确性和用户满意度。

5. 跨领域应用

迁移学习还可以应用于跨领域的任务，如将计算机视觉领域的知识迁移到遥感图像分析，或将自然语言处理的技术迁移到法律文本分析。这种跨领域的迁移学习可以实现知识的共享和技术的融合，推动各个领域的发展和创新。

6. 小样本学习

在小样本学习中，迁移学习可以通过在大规模数据上预训练模型，然后在少量目标任务数据上进行微调，解决数据稀缺问题。这个方法在许多实际应用中都具有重要意义，如医学诊断中的罕见病检测。

9.2.2 迁移学习在强化学习中的应用

迁移学习在强化学习领域中有着广泛的应用，主要通过将先前任务中学到的知识转移到新任务中，从而加速学习过程，提升样本效率和模型性能。

1. 跨任务迁移

（1）多任务学习

多任务学习涉及训练一个单一的模型来处理多个相关任务。迁移学习可以利用一个任务中的经验帮助另一个任务，从而提高所有任务的整体性能。例如，在机器人控制中，模型可以通过学习多个不同的操控任务（如抓取、堆叠）来提高其在每个任务中的表现。

（2）零样本迁移

在零样本迁移中，模型能够在未见过的任务上应用先前学到的知识。例如，一个机器人可以在没有直接训练的情况下,利用在相似任务中的经验来完成新的任务。这种能力对于应对环境变化和新任务尤为重要。

2. 领域适应

(1) 从模拟迁移到现实

在强化学习中,模型通常在模拟环境中进行训练,因为模拟环境提供了安全、可控且廉价的训练条件。然而,模拟环境和现实环境之间存在差异,导致在模拟环境中表现良好的策略在现实环境中可能表现不佳。迁移学习可以通过领域适应技术,将在模拟环境中学到的策略有效地迁移到现实环境中。这在机器人学中尤为常见,如将机器人在模拟器中学到的导航或操作技能应用到现实世界中。

(2) 适应环境变化

迁移学习还可以帮助模型适应环境变化。例如,一台机器人可以在不同类型的地形上行走,通过将其在一种地形上学到的经验迁移到另一种地形中,可以减少在新环境中的训练时间。

3. 技能复用

在复杂任务中,强化学习模型可以通过迁移学习来复用先前学到的技能。例如,一个机器人在学习了基本的抓取、搬运和放置技能后,可以将这些技能组合应用于更复杂的组装任务。通过复用基础技能,模型能够更快地学习和适应新的复杂任务。

4. 策略初始化

在强化学习中,通过使用在相关任务中学到的策略来初始化模型,可以显著加快新任务的学习过程。这种方法被称为热启动(Warm-Starting)。例如,在视频游戏中,使用在类似关卡中学到的策略来初始化新关卡的策略,可以减少探索时间和提升样本效率。

5. 模仿学习

(1) 专家演示

模仿学习通过观察专家的演示来训练模型。在强化学习中,迁移学习可以帮助模型利用专家在不同任务中的演示,从而更快地学习新任务。例如,机器人可以通过观看人类演示的抓取动作,迅速学会如何进行类似的操作。

(2) 逆强化学习

逆强化学习是让模型从专家演示中推断奖励函数,从而学习到更符合人类期望的行为。迁移学习可以将一个任务中的奖励函数知识迁移到新的但相关的任务中,提升学习效率和表现。

9.3 思考与练习

1. 选择题

1) 迁移学习的核心思想是( )。

A. 从头开始训练模型以解决新任务

B. 使用现有模型在相同数据集上进行训练

C. 将一个领域中已经学到的知识应用到另一个领域中

D. 使用不同的模型同时训练多个任务

2) 迁移学习适用于( )的情况。

A. 数据稀缺

B. 大规模标注数据可用
C. 计算资源充足
D. 所有训练数据和测试数据分布一致

3)（　　）适用于目标任务与源任务有较大差异的情况。

A. 只训练分类层
B. 全量训练
C. 使用独立模型训练
D. 仅使用数据增强

4)（　　）更适合只训练分类层的迁移学习方法。

A. 目标任务的数据量足够大
B. 目标任务的数据量较少且与源任务高度相似
C. 源任务和目标任务之间的差异较大
D. 需要更新所有层的参数

5) 迁移学习在实际应用中面临的主要挑战是（　　）。

A. 数据稀缺和计算资源有限
B. 负迁移和数据分布差异
C. 模型训练时间过长
D. 无法提升模型性能

2. 问答题

1) 请简述迁移学习在计算机视觉领域的一个典型应用，并解释其优势。
2) 全量训练与只训练分类层的迁移学习方法有何不同？

第 10 章 综合实战——电影评论情感分析

电影评论情感分析项目旨在利用自然语言处理技术对影迷们的评论进行分析，识别其中表达的情感。通过这一项目，将学习如何从文本数据中提取有价值的信息，并应用机器学习算法来对评论的情感倾向进行分类，例如正面、负面或中性。本章在熟悉 RNN 和 LSTM 原理以及实践的基础上，使用 RNN 以及 LSTM 对电影评论进行情感分析。本实战项目中，首先对文本数据集进行处理，然后分别基于 RNN 和 LSTM 进行情感分析实验，并比较 RNN 与 LSTM 的优缺点。

第 10 章 综合实战——电影评论情感分析

10.1 文本分类综述

10.1.1 背景

随着互联网的快速发展和普及，网络上的信息资源以指数级的速度爆炸性增长。互联网已经成为一个规模庞大且复杂的信息资源库。在这些丰富多样的信息形式中，非结构化的文本信息依然是其中重要的一类资源。这些文本信息包括新闻、文章、博客、评论、论坛、电子邮件以及其他各种形式的文本数据。

在面对如此海量的文本信息时，如何高效地获取最有价值的信息资源成为信息处理的核心任务。文本分类技术应运而生，它能够帮助人们更好地组织和管理海量的文本信息，从而快速准确地获取所需信息，并且能够根据个人需求提供个性化的信息服务。文本分类在众多领域中均有应用，常见的应用包括词性标注、情感分析、意图识别、主题分类、问答任务和自然语言处理等。

10.1.2 文本分类的概念

文本分类是指按照一定的分类体系或规则，对文本进行自动划分类别的过程。这项技术在信息索引、数字化图书管理、情报过滤等领域有着广泛的应用和重要的价值。文本分类的过程通常包括几个主要步骤：文本预处理、分词、模型构建和分类。随着互联网技术的快速发展，文本和词汇的多元化，以及内容更新速度的加快，给文本分类带来了巨大的挑战。

文本分类流程可分为五步，如图 10-1 所示。

1）构建训练集。训练集是指用于训练分类模型的文本数据集合。数据集可以是开源数据集，也可以是从各种来源（如网站、数据库、社交媒体等）收集的大量文本数据，还要为每个文本数据分配相应的类别标签（例如，新闻分类中的"体育""政治""娱乐"等）。

2）文本预处理。文本预处理是指将原始文本数据转换为干净且一致的格式，以便进行进一步的分析和处理，包括去除噪声、标准化、去停用词、词干提取和词形还原等。

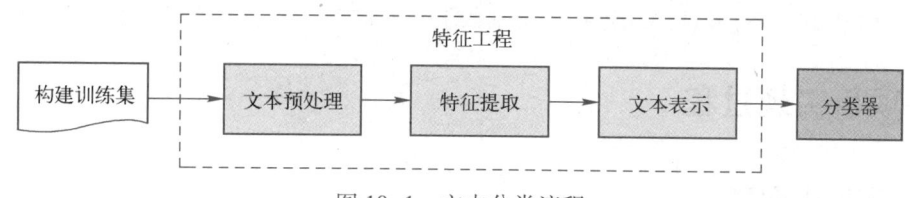

图 10-1　文本分类流程

3）特征提取。特征提取是从预处理后的文本中提取出能够反映文本内容的特征，包括分词、特征选择、降维等。常用的文本特征有 TF、IDF、n-grams 等，常用的降维方式有 PCA 或 LDA 等方式。

4）文本表示。文本表示是将提取的特征转换为模型可以处理的格式。文本表示的常用模型包括词袋模型（Bag of Words）、TF-IDF、词向量（Word Embeddings）等。

5）分类器。分类器是使用训练集进行训练后，可以对新文本进行分类的模型。模型可以按照数据的特性或任务的规模进行选择，常用的模型有朴素贝叶斯（Naive Bayes）、支持向量机（SVM）、CNN、RNN、LSTM 等。

文本分类的方法主要分为基于传统模型的文本分类方法与基于深度学习的文本分类方法。

1. 基于传统模型的文本分类方法

文本数据不同于数值、图像或信号数据，需要利用自然语言处理技术提取文本特征。传统模型通常需要通过人工方法获得好的样本特征，然后用经典的机器学习算法进行分类。因此，基于传统模型的文本分类方法的有效性在很大程度上会受到特征提取的限制。

20 世纪 60 年代，传统的文本分类模型开始出现，如朴素贝叶斯、k 近邻和支持向量机。朴素贝叶斯的参数较小，对缺失数据不太敏感，算法简单。但是，它假定特征之间是相互独立的，当特征数量较大或者特征之间相关性显著时，朴素贝叶斯的性能会下降。支持向量机可以解决高维和非线性问题，具有很高的泛化能力，但对缺失数据很敏感。k 近邻主要依靠周围有限的相邻样本，而不是区分类域来确定类别。因此，对于要用类域的交叉或重叠进行划分的数据集，它比其他方法更适合。基于传统模型的方法从数据中学习，这些数据是对预测性能很重要的预定义特征。然而，特征工程是一项艰巨的工作。在训练分类器之前，研究人员需要收集知识或经验以从原始文本中提取特征。此外，这些方法通常忽略文本数据中的自然顺序结构或上下文信息，使学习单词的语义信息具有挑战性。

2. 基于深度学习的文本分类方法

基于深度学习的文本分类方法近年来取得了显著进展，成为文本分类领域的主流技术。深度学习方法利用神经网络模型，特别是深度神经网络，能够自动从数据中学习到复杂的特征表示，从而提高文本分类的准确性和鲁棒性。在基于深度学习的文本分类过程中，首先通过词嵌入技术（如 Word2Vec、GloVe 和 FastText）将词语转换为低维稠密向量，捕捉词语之间的语义关系。这些向量表示为神经网络模型提供了基础输入。

神经网络模型是深度学习文本分类的核心，常用的模型包括 CNN、RNN 以及 Transformer。CNN 通过卷积层和池化层捕捉文本的局部特征，适用于短文本分类。RNN 则通过其循环结构捕捉文本中的上下文信息。LSTM 和门控循环单元（GRU）是 RNN 的改进版本，能够有效处理长文本。Transformer 通过自注意力机制并行处理序列数据，捕捉文本中的关键信息，代表性的 Transformer 如 BERT 通过双向编码器捕捉文本的上下文信息，大幅提升了文本分类的效果。

10.2 项目实现过程

10.2.1 词嵌入向量

在进行分类之前，要对文本数据进行预处理并进行文本表示，文本通常表现为一个由文字和标点符号组成的字符串，由字或字符组成词，再由词组成短语，进而形成句、段、节、章、篇的结构。要使计算机能够高效地处理真实文本，就必须找到一种理想的形式化表示方法，这种表示一方面要能够真实地反映文档的内容（主题、领域或结构等），另一方面要有对不同文档的区分能力。

词嵌入（Word Embedding）向量是 NLP 里面一个重要的概念，可以利用词嵌入将一个单词转换成固定长度的向量表示，从而便于进行数学处理。

1. one-hot 编码

使用数学模型处理文本语料的第一步就是把文本转换成数学表示，可以通过 one-hot 矩阵来实现。one-hot 矩阵是指每一行有且只有一个元素为 1，其他元素都是 0 的矩阵。针对字典中的每个单词，分配一个编号，对某句话进行编码时，将这句话里的每个单词转换成字典里面这个单词编号对应的位置为 1 的 one-hot 矩阵就可以了。

one-hot 矩阵的表示方式很直观，但是有两个缺点。第一，矩阵的每一维长度都是字典的长度，比如字典包含 10000 个单词，那么每个单词对应的 one-hot 向量就是 1×10000 的向量，而实际上这个向量只有一个位置为 1，其余都是 0，不仅浪费空间，还不利于计算。第二，one-hot 矩阵相当于简单地给每个单词编号，但是单词和单词之间的关系完全体现不出来。比如"cat"和"mouse"的关联性要高于"cat"和"cellphone"，这种关系在 one-hot 表示法中就没有体现出来。

2. 词嵌入编码

词嵌入（Word Embedding）是一种将词语表示为稠密向量的方法，用于捕捉词语之间的语义关系。在 NLP 任务中，词嵌入技术能够将高维的离散词语映射到低维的连续向量空间中，使得相似语义的词语在向量空间中相距较近。在传统的文本表示方法中，词语通常使用 one-hot 编码表示，这种方法虽然简单，但存在高维稀疏和无法捕捉语义关系的缺陷。词嵌入通过将词语表示为低维稠密向量，克服了这些缺陷，使得语义相似的词语在向量空间中相距较近，从而可以更好地应用于各种 NLP 任务。

常见的词嵌入方法包括 Word2Vec、GloVe 和 FastText。Word2Vec 利用神经网络模型训练词嵌入，通过大量语料库的训练，能够捕捉词语的上下文关系，其训练方法包括 CBOW（Continuous Bag of Words）和 Skip-gram，分别通过上下文词语预测中心词和通过中心词预测上下文词语。GloVe 是基于统计的方法，利用词语在全局语料中的共现矩阵进行训练，结合了词袋模型和潜在语义分析的优点，生成的词向量能够反映全局语义信息。FastText 是由 Facebook 提出的词嵌入方法，它在训练词向量时不仅考虑词语本身，还考虑词语的子词（Subword）信息，使得生成的词向量能够更好地处理未登录词（OOV）和形态学变化。

词嵌入在各种 NLP 任务中有广泛应用，包括但不限于文本分类、机器翻译、信息检索和问答系统。例如，在文本分类中，词嵌入可以将文本表示为词向量并进行分类，如情感分析、主题分类等；在机器翻译中，词嵌入可以将源语言词语表示为词向量，提高翻译质量；在信息检索中，通过词向量计算词语之间的相似度，可以提高搜索结果的相关性；在问答系统中，利用词向量表示问题和答案，可以提高问答匹配的准确性。总之，词嵌入技术通过将词语表示为低维稠密向量，显著提高了 NLP 任务的效果，成为现代自然语言处理中的基础技术之一。

10.2.2　IMDb 数据集及处理

IMDb 数据集是一个常用的情感分析数据集，广泛应用于自然语言处理和机器学习研究。该数据集由斯坦福大学的研究人员收集并整理，主要用于电影评论的情感分类任务。IMDb 数据集包含来自互联网电影数据库的 50000 条电影评论，这些评论被标注为正面或负面情感。数据集分为训练集和测试集，各包含 25000 条评论，每个集合中的正面和负面评论数量相等。这种均衡的分布确保了模型训练和评估的公平性。

IMDb 数据集的特性如下。

1）评论长度：评论的长度不固定，从几句话到几段话不等。这种多样性增加了模型训练的挑战性。

2）文本内容：评论包含多种语言现象，包括拼写错误、俚语、情感词汇等，真实地反映了用户评论的复杂性。

3）情感标签：每条评论都被标注为正面或负面情感，分别表示为 1 和 0。正面评论通常包含积极的评价和情感词汇，负面评论则包含负面的评价和负面情感词汇。

Keras 库虽然已经集成了 IMDb 数据集，但集成的 IMDb 数据集已经进行了数据处理。接下来通过更加标准的方式，从数据集的下载开始，一步步完成 IMDb 数据集的训练与预测。

1. 导入依赖库

首先导入需要使用的依赖库。

代码如下：

```
import urllib.request
import os
import tarfile
import re
import numpy as np
import matplotlib.pyplot as plt
from keras.preprocessing.text import Tokenizer
from keras.preprocessing import sequence
from keras.models import Sequential
from pathlib import Path
from keras import layers
import keras
```

2. 构建 IMDb 数据集

为了清楚地展示 IMDb 数据集的处理过程，代码从下载数据集开始，逐步对 IMDb 数据集进行处理。IMDb 数据集的下载地址为 http://ai.stanford.edu/~amaas/data/sentiment/aclImdb_v1.tar.gz。

通过 Python 程序实现数据集的下载和解压。

代码如下：

```python
# 下载 IMDb 数据集
file_name = "aclImdb_v1.tar.gz"
# 数据集下载路径
url = f"http://ai.stanford.edu/~amaas/data/sentiment/{file_name}"

# 判断是否存在路径
if not os.path.isfile(file_name):
    # 如果不存在，则下载文件
    print('downloading imdb dataset:', url)
    result = urllib.request.urlretrieve(url, file_name)

# 如果没有解压数据集，对数据集进行解压
dataset = file_name.split('_')[0]
if not os.path.exists(dataset):
    # 解压该数据集文件
    f = tarfile.open(file_name, 'r:gz')
    f.extractall()
```

解压后的目录结构如下：

```
├──test
│   ├──neg
│   └──pos
└──train
    ├──neg
    ├──pos
    └──unsup
```

test 目录下有两个子目录，neg 与 pos，分别存放负面评论与正面评论。train 目录下有三个子目录，neg、pos、unsup，分别存放负面评论、正面评论与无标签的评论，无标签的评论可以暂时忽略。

数据预处理主要包括如下步骤。

1）数据清洗：首先去除文本中的 html 标签，去除文本中的非字母字符，最后将字母转化为小写。

2）向量化：对文本进行分词，构建字典，实现向量化。

3）填充：为了方便神经网络处理，对句子填充到统一长度。

代码如下：

```python
def clean_text(content):
    # 匹配 html 标签
    tag = re.compile(r'<[^>]+>')
    # 删除 html 标签
```

```python
        content = tag.sub('', content)

        # 去除非字母字符
        tag = re.compile(r'[^a-z\s]')
        content = tag.sub('', content)

        # 转化为小写字母
        content = content.lower()
        return content


def read_file(filetype):

    # 获取所有积极评论的路径
    positive_dir = Path(dataset + '/'+ filetype + '/pos/')
    positive_path = list(positive_dir.glob('* .txt'))
    positive_labels = [1] * len(positive_path)

    # 获取所有消极评论的路径
    negative_dir = Path(dataset + '/'+ filetype + '/neg/')
    negative_path = list(negative_dir.glob('* .txt'))
    negative_labels = [0] * len(positive_path)

    # 合并数据
    files_path = positive_path + negative_path
    labels = positive_labels + negative_labels
    # 打印文件个数
    print('read', filetype, 'files:', len(files_path))

    # 读取所有文本
    contents = []
    for fp in files_path:
        with open(fp, encoding='utf8') as f:
            # 读取文件
            content = f.read()
            # 数据清洗
            content = clean_text(content)
            # 保存文本
            contents.append(content)

    return contents, labels
```

```python
# 读取训练集与测试集
train_text, y_train, = read_file("train")
test_text, y_test, = read_file("test")

# 将标签转化为 numpy 数组
y_train = np.array(y_train)
y_test = np.array(y_test)


num_words = 10000
input_length = 256
# 建立 token
token = Tokenizer(num_words=num_words)    # 词典的单词数为 num_words
# 建立 token 词典
token.fit_on_texts(train_text)            # 按单词出现次数排序，取前 num_words 个

# 对训练集与测试集进行向量化
x_train_seq = token.texts_to_sequences(train_text)
x_test_seq = token.texts_to_sequences(test_text)

# 将句子填充至统一长度
x_train = sequence.pad_sequences(x_train_seq, maxlen=input_length)
x_test = sequence.pad_sequences(x_test_seq, maxlen=input_length)
```

10.2.3 使用 RNN 进行情感分析

1. 定义 RNN 模型

为了实现对 IMDb 数据集的情感分析，需要定义一个 RNN 模型进行情感分析，可以通过 model.summary() 查看模型的基本信息。

代码如下：

```python
# RNN 模型
model = Sequential()
model.add(layers.Embedding(output_dim=32, input_dim=num_words, input_length=input_length))
model.add(layers.Dropout(0.5))
model.add(layers.SimpleRNN(16))
model.add(layers.Dropout(0.5))
model.add(layers.Dense(units=1, activation='sigmoid'))

# 模型基本信息汇总
model.summary()
```

控制台输出如下:

```
Model: "sequential"
_____
 Layer (type)                 Output Shape              Param #
=================================================================
 embedding (Embedding)        (None, 256, 32)           320000

 dropout (Dropout)            (None, 256, 32)           0

 simple_rnn (SimpleRNN)       (None, 16)                784

 dropout_1 (Dropout)          (None, 16)                0

 dense (Dense)                (None, 1)                 17

=================================================================
Total params: 320801 (1.22 MB)
Trainable params: 320801 (1.22 MB)
Non-trainable params: 0 (0.00 Byte)
_____
```

从控制台输出中可以看出,模型包含以下层次:

1)嵌入层(Embedding),将输入的整数编码转换为 32 维的嵌入向量,总参数为 320000 个。此层的作用是将高维的稀疏数据(如词汇表中的单词索引)映射到一个低维的稠密向量空间。

2)丢弃层(Dropout),在训练过程中随机丢弃一部分神经元防止过拟合。

3)循环神经网络层(SimpleRNN),包含 16 个隐藏单元,总参数为 784 个,用于捕捉序列数据中的时间依赖性。

4)全连接神经网络层(Dense),最后一层是一个全连接层,有一个输出单元,用于产生最终的预测结果,总参数为 17 个。

整个模型共有 320801 个可训练参数,主要用于嵌入层。

2. 训练模型

根据任务特性,选择合适的损失函数。由于 IMDb 数据集中的情感分析属于二分类任务,因此损失函数可以选择二元交叉熵损失函数,并选择 Adam 优化器。

代码如下:

```python
# 学习率
lr = 0.001
# 损失函数
loss = keras.losses.BinaryCrossentropy()
# 优化器
optimizer = keras.optimizers.Adam(lr)
# 编译模型
```

```
model.compile(loss=loss, optimizer=optimizer, metrics=['accuracy'])

# 训练轮数
epochs = 10
# 批次大小
batch_size = 256

# 训练
train_history = model.fit(x=x_train, y=y_train, validation_data=(x_test, y_test),
    epochs=epochs, batch_size=batch_size, verbose=1)
```

控制台输出如下：

```
Epoch 1/10
98/98 [==============================] - 5s 42ms/step - loss: 0.6744 - accuracy: 0.5664 - val_loss: 0.5536 - val_accuracy: 0.7562
Epoch 2/10
98/98 [==============================] - 4s 39ms/step - loss: 0.5201 - accuracy: 0.7682 - val_loss: 0.4467 - val_accuracy: 0.8078
Epoch 3/10
98/98 [==============================] - 4s 39ms/step - loss: 0.4176 - accuracy: 0.8377 - val_loss: 0.4012 - val_accuracy: 0.8328
Epoch 4/10
98/98 [==============================] - 4s 39ms/step - loss: 0.3721 - accuracy: 0.8624 - val_loss: 0.6137 - val_accuracy: 0.7279
Epoch 5/10
98/98 [==============================] - 4s 39ms/step - loss: 0.3483 - accuracy: 0.8722 - val_loss: 0.3745 - val_accuracy: 0.8429
Epoch 6/10
98/98 [==============================] - 4s 39ms/step - loss: 0.2950 - accuracy: 0.8944 - val_loss: 0.3793 - val_accuracy: 0.8443
Epoch 7/10
98/98 [==============================] - 4s 39ms/step - loss: 0.2693 - accuracy: 0.9073 - val_loss: 0.3789 - val_accuracy: 0.8508
Epoch 8/10
98/98 [==============================] - 4s 39ms/step - loss: 0.2525 - accuracy: 0.9128 - val_loss: 0.3823 - val_accuracy: 0.8518
Epoch 9/10
98/98 [==============================] - 4s 39ms/step - loss: 0.2268 - accuracy: 0.9214 - val_loss: 0.4441 - val_accuracy: 0.8432
Epoch 10/10
98/98 [==============================] - 4s 40ms/step - loss: 0.2059 - accuracy: 0.9289 - val_loss: 0.4105 - val_accuracy: 0.8531
```

3. 可视化

为了更加直观地展示出训练过程中的指标变化,对训练过程中的损失与准确率进行可视化分析。代码如下:

```
# 展示训练结果
def show_train_history(train_history, train, validation):
    plt.plot(train_history.history[train])
    plt.plot(train_history.history[validation])
    plt.title('Train History')
    plt.ylabel(train)
    plt.xlabel('Epoch')
    plt.legend(['train', 'validation'], loc = 'upper left')
    plt.savefig(f'{train}.png')
    plt.clf()


show_train_history(train_history, 'accuracy', 'val_accuracy')    # 准确率折线图
show_train_history(train_history, 'loss', 'val_loss')            # 损失函数折线图
```

RNN 模型训练过程中的准确率变化和损失变化分别如图 10-2、图 10-3 所示。

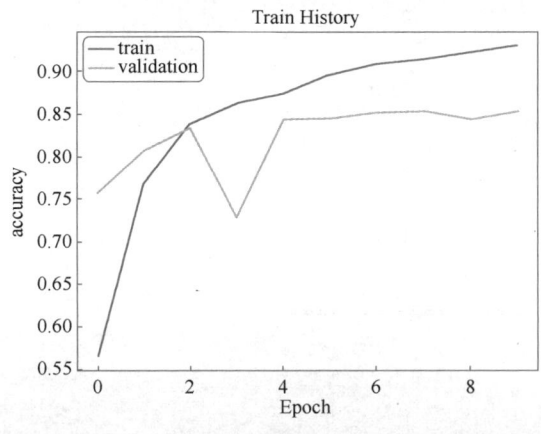

图 10-2　RNN 模型训练过程中的准确率变化

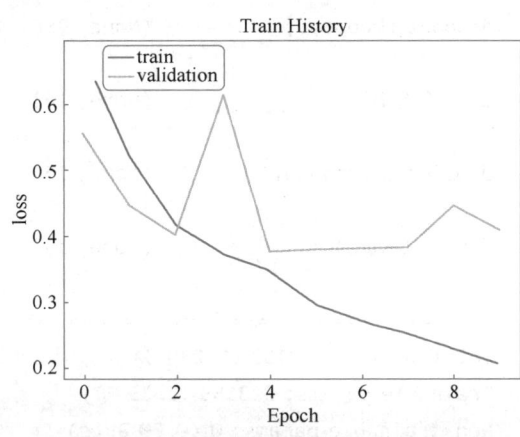

图 10-3　RNN 模型训练过程中的损失变化

RNN 模型在 IMDb 测试集上最高可以达到 0.8531 的准确率。根据训练过程中的指标变化,可以发现,训练集的损失还保持下降的趋势,准确率保持上升趋势;而在测试集中,损失与准确率已经趋于平稳,这表示模型的性能在后续的训练中也不会再产生显著的提升。

10.2.4　使用 LSTM 进行情感分析

1. 定义 LSTM 模型

不同于 RNN 模型,LSTM 模型在 RNN 的基础上引入记忆状态与门控结构,是 RNN 模型的改进,因此可以尝试通过 LSTM 模型进行情感分析。首先定义 LSTM 模型。
代码如下:

```python
# LSTM 模型
model = Sequential()
model.add(layers.Embedding(output_dim=32, input_dim=num_words, input_length=input_length))
model.add(layers.Dropout(0.5))
model.add(layers.LSTM(16))
model.add(layers.Dropout(0.5))
model.add(layers.Dense(units=1, activation='sigmoid'))

# 模型基本信息汇总
model.summary()
```

控制台输出如下:

```
Model: "sequential"
_____
Layer (type)                 Output Shape              Param #
=================================================================
embedding (Embedding)        (None, 256, 32)           320000

dropout (Dropout)            (None, 256, 32)           0

lstm (LSTM)                  (None, 16)                3136

dropout_1 (Dropout)          (None, 16)                0

dense (Dense)                (None, 1)                 17

=================================================================
Total params: 323153 (1.23 MB)
Trainable params: 323153 (1.23 MB)
Non-trainable params: 0 (0.00 Byte)
```

除循环神经网络层外，LSTM 情感分析模型与 RNN 情感分析模型的其余结构一致。LSTM 模型由于引入了门控结构，参数量略高于 RNN 模型。

2. 训练模型

LSTM 情感分析模型与 RNN 情感分析模型的训练代码一致，无须额外修改。

控制台输出如下:

```
Epoch 1/10
98/98 [==============================] - 14s 123ms/step - loss: 0.6554 - accuracy: 0.6226 - val_loss: 0.5203 - val_accuracy: 0.7793
Epoch 2/10
```

```
98/98 [==============================] - 11s 114ms/step - loss: 0.4135 - accuracy: 0.8409 - val_loss: 0.3410 - val_accuracy: 0.8595
Epoch 3/10
98/98 [==============================] - 8s 81ms/step - loss: 0.2952 - accuracy: 0.8944 - val_loss: 0.3075 - val_accuracy: 0.8736
Epoch 4/10
98/98 [==============================] - 12s 119ms/step - loss: 0.2416 - accuracy: 0.9181 - val_loss: 0.3163 - val_accuracy: 0.8729
Epoch 5/10
98/98 [==============================] - 11s 115ms/step - loss: 0.2121 - accuracy: 0.9301 - val_loss: 0.3178 - val_accuracy: 0.8720
Epoch 6/10
98/98 [==============================] - 11s 118ms/step - loss: 0.1924 - accuracy: 0.9379 - val_loss: 0.3757 - val_accuracy: 0.8618
Epoch 7/10
98/98 [==============================] - 11s 112ms/step - loss: 0.1736 - accuracy: 0.9440 - val_loss: 0.3877 - val_accuracy: 0.8597
Epoch 8/10
98/98 [==============================] - 11s 116ms/step - loss: 0.1555 - accuracy: 0.9504 - val_loss: 0.3961 - val_accuracy: 0.8638
Epoch 9/10
98/98 [==============================] - 11s 117ms/step - loss: 0.1393 - accuracy: 0.9569 - val_loss: 0.4098 - val_accuracy: 0.8630
Epoch 10/10
98/98 [==============================] - 11s 115ms/step - loss: 0.1285 - accuracy: 0.9604 - val_loss: 0.4299 - val_accuracy: 0.8568
```

3. 可视化

LSTM 模型训练过程中准确率和损失的变化分别如图 10-4、图 10-5 所示。

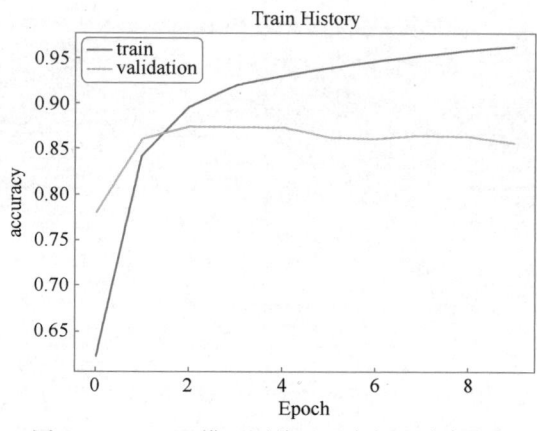

图 10-4　LSTM 模型训练过程中的准确率变化

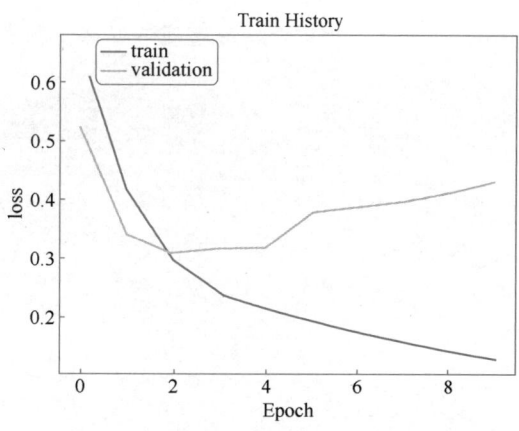

图 10-5　LSTM 模型训练过程中的损失变化

LSTM 模型在 IMDB 测试集上最高可以达到 0.8736 的准确率。根据训练过程中的指标变化，可以发现，训练集的损失还保持下降的趋势，准确率保持上升趋势；而在测试集中，损失有上升趋势，准确率有下降趋势。这是典型的过拟合表现，可以通过降低模型复杂度、提高 Dropout 概率、早停机制等方式避免过拟合。

10.3 思考与练习

1. 选择题

1）（　　）用于将词语表示为稠密向量，从而捕捉词语之间的语义关系。

A. one-hot 编码　　　　　　　B. 词嵌入
C. 词频　　　　　　　　　　　D. 逆文档频率

2）在文本分类的一般流程中，（　　）是将提取的特征转换为模型可以处理的格式。

A. 文本预处理　　　　　　　　B. 特征提取
C. 文本表示　　　　　　　　　D. 构建训练集

3）（　　）模型通过其循环结构捕捉文本中的上下文信息，并且适用于处理长文本。

A. 朴素贝叶斯　　　　　　　　B. 支持向量机
C. 卷积神经网络　　　　　　　D. 循环神经网络

4）在处理 IMDB 数据集的步骤中，（　　）用来将句子填充至统一长度。

A. 数据清洗　　　　　　　　　B. 向量化
C. 构建词典　　　　　　　　　D. 填充

2. 问答题

1）简述文本分类的一般流程。
2）解释词嵌入在自然语言处理中的重要性及其常用方法。

第 11 章 综合实战——图像分类

图像分类是计算机视觉领域中的一项关键技术，旨在将输入的图像分配到预定义的类别中。图像分类不仅提高了各行业的效率和自动化程度，还增强了安全性和用户体验，推动了人工智能技术的发展。本章利用猫狗图像数据集训练神经网络模型，通过 CNN 架构提取图像特征，实现模型对于猫狗两种动物的识别。本章基于 TensorFlow 框架搭建神经网络，从零开始一步步完成数据读取、网络构建、模型训练和模型测试等过程，最终实现一个可以进行猫狗图像分类的分类器。

第 11 章 综合实战——图像分类

11.1 项目需求和数据集

11.1.1 项目需求

图像分类是计算机视觉和深度学习领域中的核心任务之一，旨在将输入的图像归类到预定义的类别中。随着深度学习技术的发展，CNN 成为解决图像分类问题的主要方法，显著提升了分类准确率。通过大量的图像数据和强大的计算能力，CNN 能够自动学习和提取图像中的特征，从而在分类任务中表现出色。

猫狗分类任务是图像分类的经典示例之一，常用于深度学习初学者的入门项目，以及研究人员测试和展示新算法的有效性。本项目的目标是训练一个模型，能够将输入的图像准确地分类为"猫"或"狗"，模型可以根据需要扩展到网站或任何移动设备。

11.1.2 数据集

采用 Kaggle 官方 Cats VS. Dogs 比赛数据集，数据集来源为 https://www.kaggle.com/c/dogs-vs-cats/data。该数据集是由 Microsoft Research Asia 发布的猫狗大战数据集，包括 25000 张猫和狗的图像，其中 12500 张是猫的图像，另外 12500 张是狗的图像。每张图像的大小不一，颜色、角度、光线等也有所不同。

11.2 项目实现过程

11.2.1 导入数据包

1. 导入依赖库

首先，导入所需要的依赖库。

代码如下:

```python
import os
from pathlib import Path
import random
import numpy as np
import tensorflow as tf
from keras.utils import Sequence
import cv2
import keras
from keras import layers
from keras import models
import matplotlib.pyplot as plt
import matplotlib
import zipfile
```

2. 下载数据集并解压

下载数据集,将压缩包放置在项目目录下,通过 Python 程序将其解压。

代码如下:

```python
def unzip_file(zip_path, extract_to):
    """解压单个 zip 文件"""
    with zipfile.ZipFile(zip_path, 'r') as zip_ref:
        print(f'解压文件{zip_path} -> {extract_to}')
        zip_ref.extractall(extract_to)
        return zip_ref.namelist()


def recursive_unzip(zip_path, extract_to):
    """递归解压 zip 文件及其嵌套的 zip 文件"""
    # 解压压缩包
    extracted_files = unzip_file(zip_path, extract_to)

    # 遍历所有解压结果
    for extracted_file in extracted_files:
        extracted_file_path = os.path.join(extract_to, extracted_file)
        # 如果是 zip 文件
        if zipfile.is_zipfile(extracted_file_path):
            # 设置解压路径
            new_extract_to = os.path.join(extract_to, extracted_file.split('.')[0])
            os.makedirs(new_extract_to, exist_ok=True)
            # 解压
            recursive_unzip(extracted_file_path, new_extract_to)
```

```python
# 如果数据解压结果不存在
if not os.path.exists('dogs-vs-cats'):
    zip_file_path = 'dogs-vs-cats.zip'
    output_dir = 'dogs-vs-cats'
    os.makedirs(output_dir, exist_ok=True)
    recursive_unzip(zip_file_path, output_dir)
```

由于数据集中存在 zip 压缩文件嵌套的现象，因此使用递归的方式将其解压。解压得到的部分猫狗训练图像如图 11-1、图 11-2 所示。

图 11-1　猫的训练图像（部分）

图 11-2　狗的训练图像（部分）

11.2.2　处理数据

得到数据集后，需要对数据进行处理。

1. 划分数据集

下载得到的数据集分为两个部分：训练集与测试集。由于测试集是不包含标签的，无法用作评估，因此需要对训练集进行划分，按照8∶2的比例，将训练集划分为新的训练集与验证集。

代码如下：

```python
def split_data(data_dir=Path('dogs-vs-cats') / 'train'/ 'train', train_size=0.8, seed=42, show=False):
    # 设置随机数种子，保证每次分割结果不变
    random.seed(seed)

    # 获取猫狗图像路径
    cats = list(data_dir.glob('cat.*.jpg'))
    dogs = list(data_dir.glob('dog.*.jpg'))

    # 合并数据
    dataset = cats + dogs

    # 打乱数据
    random.shuffle(dataset)

    # 计算训练集数量
    train_num = int(len(dataset) * train_size)

    # 分割数据
    train_set = dataset[:train_num]
    val_set = dataset[train_num:]

    if show:
        dataset = ("train", "val",)
        train_dogs = [t for t in train_set if 'dog'in t.name]
        train_cats = [t for t in train_set if 'cat'in t.name]
        val_dogs = [v for v in val_set if 'dog'in v.name]
        val_cats = [v for v in val_set if 'cat'in v.name]
        nums = {
            'dogs': (len(train_dogs), len(val_dogs)),
            'cats': (len(train_cats), len(val_cats)),
        }

        x = np.arange(len(dataset))   # the label locations
        width = 0.25                  # the width of the bars
        multiplier = 0
```

```
        fig, ax = plt.subplots(layout='constrained')

        for attribute, measurement in nums.items():
            offset = width * multiplier
            rects = ax.bar(x + offset, measurement, width, label=attribute)
            ax.bar_label(rects, padding=3)
            multiplier += 1

        ax.set_ylabel('num')
        ax.set_xticks(x + width * 0.5, dataset)
        ax.legend(loc='upper right', ncols=3)
        plt.tight_layout()
        plt.show()

        return train_set, val_set

# 数据分割
train, val = split_data()
```

对数据集进行可视化展示，如图 11-3 所示。

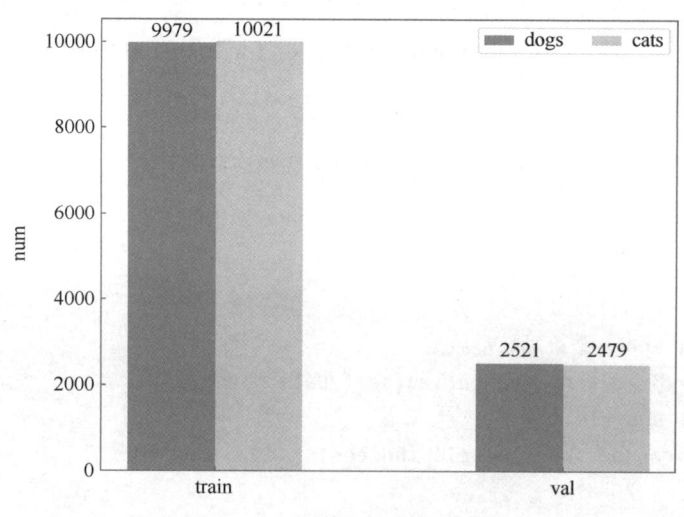

图 11-3　数据集的可视化展示

通过划分数据集，得到训练集 20000 张图像，验证集 5000 张图像。训练集中包含狗类图像 9979 张，猫类图像 10021 张；验证集包含狗类图像 2521 张，猫类图像 2479 张。

2. 数据加载器

在完成数据集划分后，还需要对数据进行进一步的预处理。数据的预处理包含数据增强、统一大小、归一化等。对数据进行预处理需要定义一个数据加载器，在读取数据的同时处理数据。

代码如下:

```python
class DataLoader(Sequence):
    def __init__(self, data_paths, batch_size, imz, shuffle=True, n_classes=2, train=True):
        self.data_paths = data_paths
        self.batch_size = batch_size
        self.imz = imz
        self.n_classes = n_classes
        self.shuffle = shuffle
        self.train = train
        self.on_epoch_end()

    def __len__(self):
        # 计算每个 epoch 的迭代次数
        return int(np.floor(len(self.data_paths) / self.batch_size))

    def __getitem__(self, index):
        # 生成每个 batch 的数据索引
        indices = self.indices[index * self.batch_size:(index+1)* self.batch_size]

        # 获取对应的数据
        data_paths_batch = [self.data_paths[k] for k in indices]

        # 生成数据
        X, y = self.__data_generation(data_paths_batch)

        return X, y

    def on_epoch_end(self):
        # 在每个 epoch 结束后打乱数据
        self.indices = np.arange(len(self.data_paths))
        if self.shuffle:
            np.random.shuffle(self.indices)

    def __data_generation(self, data_paths_batch):
        # 初始化数据存储
        X = np.empty((self.batch_size, * self.imz, 3))
        y = np.empty((self.batch_size), dtype=int)

        # 生成数据
        for i, data_path in enumerate(data_paths_batch):
```

```python
            # 这里根据数据路径加载数据
            X[i,] = self.load_data(data_path)

            label = 0 if 'dog' in data_path.name else 1
            y[i] = label

        # 将标签转换为 one-hot 编码
        y = tf.keras.utils.to_categorical(y, num_classes=self.n_classes)

        return X, y

    def load_data(self, path):
        im = cv2.imread(str(path))

        # 对训练集进行数据增强
        if self.train:
            # 以 0.5 的概率对图像进行左右翻转
            r = random.random()
            if r < 0.5:
                im = im[:, ::-1, :]

            # 以 0.5 的概率对图像进行上下翻转
            r = random.random()
            if r < 0.5:
                im = im[::-1, :, :]

            # 以 0.5 的概率对图像进行随机中心裁剪
            r = random.random()
            if r < 0.5:
                h, w, c = im.shape
                scale = [0.3, 0.8]
                rw = int(random.uniform(*scale) * w)
                rh = int(random.uniform(*scale) * h)
                center = (h // 2, w // 2)
                im = im[center[0] - rh // 2: center[0] + rh // 2, center[1] - rw // 2: center[1] + rw // 2, :]

        im = cv2.resize(im, self.imz)
        # cv2.imshow('im', im)
        # cv2.waitKey()
        im = im / 255.
```

```
            return im
# 定义数据加载器
data_loader = DataLoader(train, batch_size=64, imz=(64, 64), train=True)
val_data_loader = DataLoader(val, batch_size=64, imz=(64, 64), train=False)
```

数据加载器将数据以批次的形式加载。在读取数据的同时，对数据进行随机增强，数据增强包括左右翻转、上下翻转和随机中心裁剪，如图11-4~图11-6所示，可以根据任务需求扩展更多的数据增强方式。

图 11-4　图像的左右翻转

 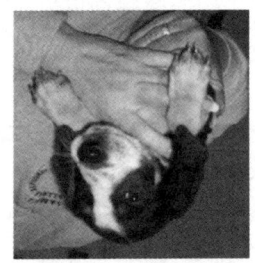

图 11-5　图像的上下翻转

图 11-6　图像的随机中心裁剪

在完成数据增强后，需要将图像修改至统一大小，并对图像进行最大最小归一化，将数据映射至[0,1]区间内。

11.2.3　搭建神经网络

搭建一个简易的卷积神经网络，用于猫狗图像的分类，并使用summary函数输出模型信息。

代码如下:

```python
def conv(out_channel, kernel_size, strides):
    conv_bn_act = models.Sequential()
    conv_bn_act.add(layers.Conv2D(out_channel, (kernel_size, kernel_size), strides = strides))
    conv_bn_act.add(layers.BatchNormalization())
    conv_bn_act.add(layers.LeakyReLU())
    return conv_bn_act


class CustomCNN(tf.keras.Model):
    def __init__(self, num_classes):
        super(CustomCNN, self).__init__()
        self.conv1 = conv(32, 3, 1)
        self.conv2 = conv(64, 3, 1)
        self.conv3 = conv(128, 3, 1)
        self.conv4 = conv(256, 3, 1)
        self.pool = layers.GlobalAveragePooling2D()
        self.flatten = layers.Flatten()
        self.maxpool = layers.MaxPooling2D((2, 2))
        self.fc2 = layers.Dense(num_classes, activation = 'softmax')

    def call(self, inputs):
        x = self.conv1(inputs)
        x = self.maxpool(x)
        x = self.conv2(x)
        x = self.maxpool(x)
        x = self.conv3(x)
        x = self.maxpool(x)
        x = self.conv4(x)
        x = self.maxpool(x)

        x = self.pool(x)
        x = self.flatten(x)
        return self.fc2(x)

# 创建模型实例
model = CustomCNN(2)
model.build((None, 64, 64, 3))
model.summary(expand_nested=True, show_trainable=True)
```

控制台输出如下:

```
Model: "custom_cnn"
_____
 Layer (type)                Output Shape              Param #   Trainable
=================================================================
 sequential (Sequential)     (None, 62, 62, 32)        1024      Y
|---------------------------------------------------------------|
| conv2d (Conv2D)            (None, 62, 62, 32)        896       Y       |
|                                                                        |
| batch_normalization (Batc  (None, 62, 62, 32)        128       Y       |
| hNormalization)                                                        |
|                                                                        |
| leaky_re_lu (LeakyReLU)    (None, 62, 62, 32)        0         Y       |
|_____|

 sequential_1 (Sequential)   (None, 29, 29, 64)        18752     Y
|---------------------------------------------------------------|
| conv2d_1 (Conv2D)          (None, 29, 29, 64)        18496     Y       |
|                                                                        |
| batch_normalization_1 (Ba  (None, 29, 29, 64)        256       Y       |
| tchNormalization)                                                      |
|                                                                        |
| leaky_re_lu_1 (LeakyReLU)  (None, 29, 29, 64)        0         Y       |
|_____|

 sequential_2 (Sequential)   (None, 12, 12, 128)       74368     Y
|---------------------------------------------------------------|
| conv2d_2 (Conv2D)          (None, 12, 12, 128)       73856     Y       |
|                                                                        |
| batch_normalization_2 (Ba  (None, 12, 12, 128)       512       Y       |
| tchNormalization)                                                      |
|                                                                        |
| leaky_re_lu_2 (LeakyReLU)  (None, 12, 12, 128)       0         Y       |
|_____|

 sequential_3 (Sequential)   (None, 4, 4, 256)         296192    Y
|---------------------------------------------------------------|
| conv2d_3 (Conv2D)          (None, 4, 4, 256)         295168    Y       |
|                                                                        |
| batch_normalization_3 (Ba  (None, 4, 4, 256)         1024      Y       |
| tchNormalization)                                                      |
|                                                                        |
| leaky_re_lu_3 (LeakyReLU)  (None, 4, 4, 256)         0         Y       |
|_____|

 global_average_pooling2d (  multiple                  0         Y
```

```
GlobalAveragePooling2D)

flatten (Flatten)              multiple              0              Y

max_pooling2d (MaxPooling2D)   multiple              0              Y

dense (Dense)                  multiple              514            Y

=================================================================
Total params: 390850 (1.49 MB)
Trainable params: 389890 (1.49 MB)
Non-trainable params: 960 (3.75 KB)
```

11.2.4 设置优化器、损失函数

选择 Adam 优化器，初始学习率设为 0.001，使用多类别交叉熵损失函数，最后编译模型。代码如下：

```
# 编译模型
optimizer = keras.optimizers.Adam(learning_rate=1e-3)  # 使用 Adam 优化器
loss = keras.losses.CategoricalCrossentropy()  # 使用多类别交叉熵损失函数
model.compile(optimizer=optimizer, loss=loss, metrics=['accuracy'])  # 编译模型，训练指标设置为准确率
```

11.2.5 存取模型、断点续训

完成优化器与损失函数的设置后，可以开始对模型进行训练。由于训练图像较多，训练时间较长，因此需要对模型每轮的权重进行保存，以便于训练异常结束时，能够在下一次运行程序时继续上一次的训练。

代码如下：

```
# 检查是否存在检查点
latest = tf.train.latest_checkpoint(checkpoint_dir)
initial_epoch = 0
if latest:
    model.load_weights(latest)
    initial_epoch = int(latest.split('-')[-1].split('.')[0])
    print(f"Loaded weights from {latest}, resuming from epoch {initial_epoch}")

# 训练循环
epochs = 11
train_acc, train_loss, val_acc, val_loss = [], [], [], []
```

```python
best_acc = 0.
for epoch in range(initial_epoch, epochs):
    # 训练
    history = model.fit(data_loader, validation_data=val_data_loader, epochs=1)
    # 保存检查点
    model.save_weights(checkpoint_path.format(epoch=epoch + 1))
```

11.2.6 保存参数

在训练过程中，最后一轮的准确率往往不是最高的，为了保证模型效果，需要记录每一轮的模型指标，并保存准确率最高的模型参数。

代码如下：

```python
# 记录训练集和验证集的准确率和损失
train_acc.append(history.history['accuracy'][0])
train_loss.append(history.history['loss'][0])
val_acc.append(history.history['val_accuracy'][0])
val_loss.append(history.history['val_loss'][0])

# 保留验证集准确率最高的权重
acc = history.history['val_accuracy'][0]
if acc >= best_acc:
    model.save_weights('best.h5')
    best_acc = acc

print(f'Epoch {epoch + 1}/{epochs}')
print(
    f'- loss: {train_loss[-1]:.4f}'
    f'- accuracy: {train_acc[-1]:.4f}'
    f'- val_loss: {val_loss[-1]:.4f}'
    f'- val_accuracy: {val_acc[-1]:.4f}')
```

11.2.7 可视化

1. 训练指标的可视化

在完成前面所有步骤后，即可开始训练，训练过程中的控制台输出如下：

```
312/312 [==============================] - 57s 181ms/step - loss: 0.6591 - accuracy: 0.6343 - val_loss: 0.8681 - val_accuracy: 0.4956
Epoch 1/11
- loss: 0.6591 - accuracy: 0.6343 - val_loss: 0.8681 - val_accuracy: 0.4956
312/312 [==============================] - 56s 179ms/step - loss: 0.5825 - accuracy: 0.6945 - val_loss: 0.5417 - val_accuracy: 0.7312
```

```
Epoch 2/11
- loss: 0.5825 - accuracy: 0.6945 - val_loss: 0.5417 - val_accuracy: 0.7312
312/312 [==============================] - 57s 181ms/step - loss: 0.5524 - accuracy: 0.7189 - val_loss: 0.5442 - val_accuracy: 0.7292
Epoch 3/11
- loss: 0.5524 - accuracy: 0.7189 - val_loss: 0.5442 - val_accuracy: 0.7292
312/312 [==============================] - 56s 181ms/step - loss: 0.5291 - accuracy: 0.7387 - val_loss: 1.7253 - val_accuracy: 0.5288
Epoch 4/11
- loss: 0.5291 - accuracy: 0.7387 - val_loss: 1.7253 - val_accuracy: 0.5288
312/312 [==============================] - 56s 180ms/step - loss: 0.5071 - accuracy: 0.7540 - val_loss: 0.5282 - val_accuracy: 0.7446
Epoch 5/11
- loss: 0.5071 - accuracy: 0.7540 - val_loss: 0.5282 - val_accuracy: 0.7446
312/312 [==============================] - 56s 179ms/step - loss: 0.4955 - accuracy: 0.7597 - val_loss: 0.5279 - val_accuracy: 0.7332
Epoch 6/11
- loss: 0.4955 - accuracy: 0.7597 - val_loss: 0.5279 - val_accuracy: 0.7332
312/312 [==============================] - 56s 179ms/step - loss: 0.4766 - accuracy: 0.7703 - val_loss: 0.6494 - val_accuracy: 0.6993
Epoch 7/11
- loss: 0.4766 - accuracy: 0.7703 - val_loss: 0.6494 - val_accuracy: 0.6993
312/312 [==============================] - 56s 180ms/step - loss: 0.4752 - accuracy: 0.7721 - val_loss: 0.9078 - val_accuracy: 0.6294
Epoch 8/11
- loss: 0.4752 - accuracy: 0.7721 - val_loss: 0.9078 - val_accuracy: 0.6294
312/312 [==============================] - 56s 179ms/step - loss: 0.4566 - accuracy: 0.7821 - val_loss: 0.7676 - val_accuracy: 0.6695
Epoch 9/11
- loss: 0.4566 - accuracy: 0.7821 - val_loss: 0.7676 - val_accuracy: 0.6695
312/312 [==============================] - 56s 181ms/step - loss: 0.4411 - accuracy: 0.7930 - val_loss: 0.4716 - val_accuracy: 0.7770
Epoch 10/11
- loss: 0.4411 - accuracy: 0.7930 - val_loss: 0.4716 - val_accuracy: 0.7770
312/312 [==============================] - 56s 180ms/step - loss: 0.4378 - accuracy: 0.7913 - val_loss: 0.4306 - val_accuracy: 0.7967
Epoch 11/11
- loss: 0.4378 - accuracy: 0.7913 - val_loss: 0.4306 - val_accuracy: 0.7967
```

通过控制台输出可以看到，验证集准确率最终达到 0.7967，接下来通过代码将迭代过程中的指标变化进行可视化展示。

代码如下：

```
# 可视化训练过程
epochs_range = range(initial_epoch, epochs)

plt.figure(figsize=(12, 8))
plt.subplot(1, 2, 1)
plt.plot(epochs_range, train_acc, label='Training Accuracy')
plt.plot(epochs_range, val_acc, label='Validation Accuracy')
plt.legend(loc='lower right')
plt.grid()
plt.title('Training and Validation Accuracy')

plt.subplot(1, 2, 2)
plt.plot(epochs_range, train_loss, label='Training Loss')
plt.plot(epochs_range, val_loss, label='Validation Loss')
plt.legend(loc='upper right')
plt.title('Training and Validation Loss')
plt.grid()
plt.show()
```

训练过程的可视化图像如图 11-7 所示。

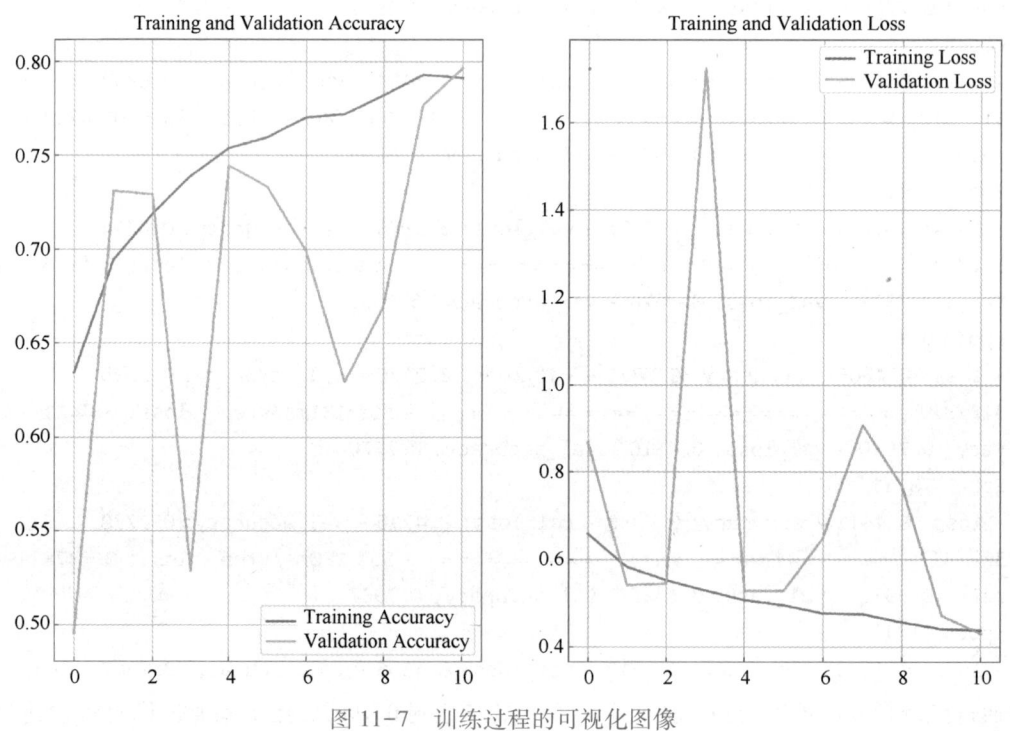

图 11-7　训练过程的可视化图像

可以发现，训练集的准确率持续上升，损失持续下降；验证集指标虽然不稳定，但准确率整体呈上升趋势，损失整体呈下降趋势。

2. 模型的可视化部署

为了能够更加直观地展示出猫狗图像分类在实际中的应用场景，使用 Python 中的 tkinter 库设计一个可视化界面，用于模型的部署。

代码如下：

```python
import tkinter as tk
from tkinter import filedialog, Label
from PIL import Image, ImageTk
import cv2
import numpy as np
from keras.models import load_model
from keras import models, layers
import tensorflow as tf


def conv(out_channel, kernel_size, strides):
    conv_bn_act = models.Sequential()
    conv_bn_act.add(layers.Conv2D(out_channel, (kernel_size, kernel_size), strides=strides))
    conv_bn_act.add(layers.BatchNormalization())
    conv_bn_act.add(layers.LeakyReLU())
    return conv_bn_act


class CustomCNN(tf.keras.Model):
    def __init__(self, num_classes):
        super(CustomCNN, self).__init__()
        self.conv1 = conv(32, 3, 1)
        self.conv2 = conv(64, 3, 1)
        self.conv3 = conv(128, 3, 1)
        self.conv4 = conv(256, 3, 1)
        self.pool = layers.GlobalAveragePooling2D()
        self.flatten = layers.Flatten()
        self.maxpool = layers.MaxPooling2D((2, 2))
        self.fc2 = layers.Dense(num_classes, activation='softmax')

    def call(self, inputs):
        x = self.conv1(inputs)
        x = self.maxpool(x)
        x = self.conv2(x)
        x = self.maxpool(x)
```

```python
        x = self.conv3(x)
        x = self.maxpool(x)
        x = self.conv4(x)
        x = self.maxpool(x)

        x = self.pool(x)
        x = self.flatten(x)
        return self.fc2(x)


# 加载预训练的模型
model = CustomCNN(2)
model.build((1, 64, 64, 3))
model.load_weights('best.h5')


def load_image():
    global img_path
    img_path = filedialog.askopenfilename(initialdir='dogs-vs-cats/test1/test1')
    img = Image.open(img_path)
    img = img.resize((350, 350))
    img_tk = ImageTk.PhotoImage(img)
    img_display.config(image=img_tk)
    img_display.image = img_tk
    result_label.config(text="")


def predict_image():
    # 使用 cv2 读取图像
    img = cv2.imread(img_path)
    img = cv2.resize(img, (64, 64))
    img = np.expand_dims(img, axis=0)
    img = img / 255.0                                    # 归一化

    # 将图像转化为张量
    img_tensor = tf.convert_to_tensor(img, dtype=tf.float32)

    # 使用模型进行预测
    prediction = model.predict(img_tensor)

    class_index = np.argmax(prediction, axis=1)[0]       # 获取预测的类别索引
```

```python
        conf = prediction[0, class_index]
        class_labels = ["狗", "猫"]  # 根据多分类模型定义类别

        result_label.config(text=f"识别结果: {class_labels[class_index]}    置信度: {conf:.4f}")


# 创建主窗口
window = tk.Tk()
window.title("猫狗分类识别")
window.geometry("800x600")

# 创建左侧按钮框架
button_frame = tk.Frame(window)
button_frame.pack(side=tk.LEFT, fill=tk.Y, padx=10, pady=120)

# 创建选择图像按钮
select_button = tk.Button(button_frame, text="选择图像", command=load_image, width=15, height=3)
select_button.pack(pady=20, padx=10)

# 创建模型识别按钮
predict_button = tk.Button(button_frame, text="模型识别", command=predict_image, width=15, height=3)
predict_button.pack(pady=20, padx=10)

# 创建退出按钮
exit_button = tk.Button(button_frame, text="退出系统", command=window.quit, width=15, height=3)
exit_button.pack(pady=20, padx=10)

# 创建右侧显示框架
display_frame = tk.Frame(window)
display_frame.pack(side=tk.RIGHT, fill=tk.BOTH, expand=True, padx=10, pady=100)

# 创建图像显示区域
img_display = Label(display_frame)
img_display.pack(pady=10)
img = Image.fromarray(np.zeros((100, 100, 3), dtype='uint8') + 255)
img = img.resize((350, 350))
img_tk = ImageTk.PhotoImage(img)
```

```
img_display.config(image=img_tk)
img_display.image = img_tk

# 创建识别结果显示区域
result_label = Label(window, text="", font=("Arial", 16))
result_label.place(x=330, y=70)

# 运行主循环
window.mainloop()
```

运行程序，得到猫狗图像分类识别可视化界面如图11-8所示。

单击"选择图像"按钮，选择想要识别的图像，随后单击"模型识别"按钮，即可得到识别结果，如图11-9所示。

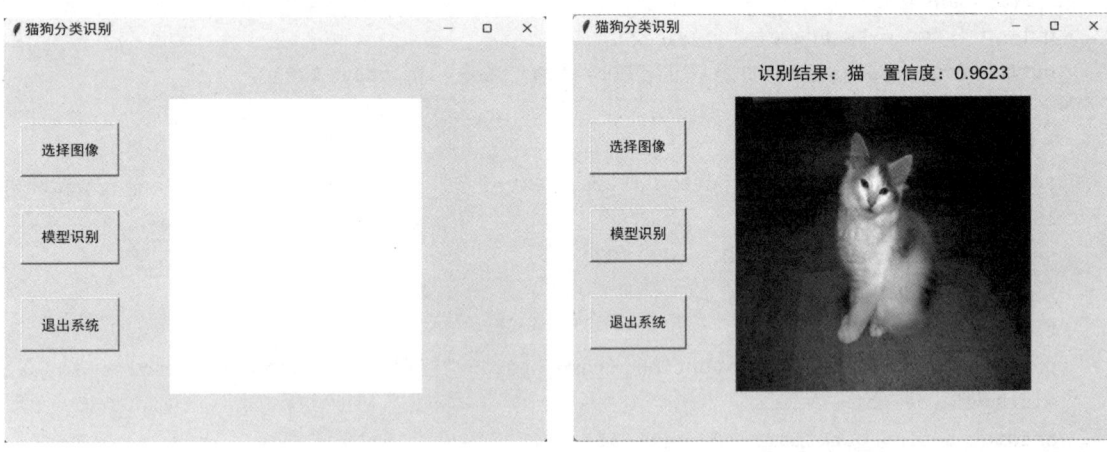

图 11-8　猫狗图像分类识别可视化界面　　　　图 11-9　可视化界面识别结果

11.2.8　预测测试集

接下来可以对无标签的测试集进行预测。

代码如下：

```
# 预测测试集
test_dir = Path('dogs-vs-cats/test1/test1')
test_images = list(test_dir.glob('*.jpg'))

# 测试集迭代器
test_data_loader = DataLoader(test_images, batch_size=64, imz=(64, 64), train=False, shuffle=False)
cls = {0: 'dog', 1: 'cat'}
results = []
```

```python
# 预测测试集
for images, _ in test_data_loader:
    predicts = model(images)
    class_index = np.argmax(predicts, axis=1)
    for c in class_index:
        results.append(cls[c])

# 将预测结果转化为字典
results = dict(zip(map(str, test_images), results))
print(results)
```

控制台部分输出如下：

```
'dogs-vs-cats\\test1\\test1\\1.jpg': 'dog',
'dogs-vs-cats\\test1\\test1\\10.jpg': 'cat',
'dogs-vs-cats\\test1\\test1\\100.jpg': 'cat',
'dogs-vs-cats\\test1\\test1\\1000.jpg': 'dog',
```

对照实际图像，可以发现大多数图像均能预测正确。

11.2.9 打包程序

为了方便程序在其他终端上运行，可以将程序打包成exe文件，以便程序能够直接双击运行。

首先，安装PyInstaller库，命令如下。

```
D:\Projects\Python\DeepLearningBook>pip install PyInstaller
```

接下来，将工作目录切换到代码根目录下，命令如下。

```
D:\Projects\Python\DeepLearningBook>cd chapter11
```

运行打包指令，对图形用户界面进行打包，命令如下。

```
D:\Projects\Python\DeepLearningBook\chapter11>pyinstaller -D  gui.py
```

等待命令执行完毕，会生成一个名为dist的目录，打开即可找到打包好的exe文件。需要注意的是，要将训练好的权重文件best.h5放置在exe文件的同级目录下，如图11-10所示，避免程序找不到模型权重。

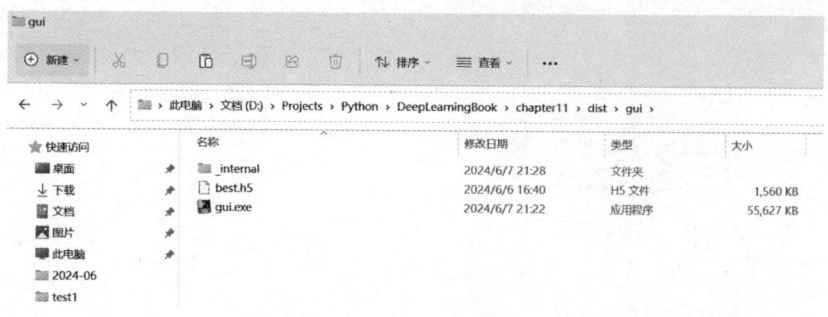

图11-10　将权重文件放置在exe文件的同级目录下

11.3 思考与练习

1. 选择题

1) 图像分类任务的目标是（　　）。
   A. 增加图像分辨率　　　　　　　　B. 将输入的图像归类到预定义的类别中
   C. 压缩图像大小　　　　　　　　　D. 改变图像颜色

2) 在数据增强过程中，（　　）不包括在内。
   A. 左右翻转　　　　　　　　　　　B. 上下翻转
   C. 随机中心裁剪　　　　　　　　　D. 改变图像格式

3) （　　）优化器用于本章所介绍的神经网络模型训练。
   A. Adam　　　　　　　　　　　　　B. SGD
   C. RMSProp　　　　　　　　　　　 D. Adagrad

4) 在本章的模型编译过程中使用了（　　）损失函数。
   A. 均方误差　　　　　　　　　　　B. 二元交叉熵
   C. 多类别交叉熵　　　　　　　　　D. Hinge 损失

2. 问答题

1) 为什么在训练过程中需要对数据进行随机增强？

2) 请简述本章使用的卷积神经网络模型的结构和各层的功能。

参 考 文 献

[1] 周志华. 机器学习 [M]. 北京：清华大学出版社，2016.
[2] 张，李沐，立顿，等. 动手学深度学习 [M]. 北京：人民邮电出版社，2019.
[3] KRIZHEVSKY A, SUTSKEVER I, HINTON G E. ImageNet classification with deep convolutional neural networks [J]. ACM, 2017, 60 (6)：84-90.
[4] SIMONYAN K, ZISSERMAN A. Very deep convolutional networks for large-scale image recognition [J]. Computer Science, 2014. DOI：10.48550/arXiv.1409.1556.
[5] HE K, ZHANG X, REN S, et al. Deep residual learning for image recognition [C]//Proceedings of the IEEE Conference on Computer Vision and Pattern Recognition. Las Vegas：IEEE, 2016：770-778.
[6] HUANG G, LIU Z, VAN DER MAATEN L, et al. Densely connected convolutional networks [C]//Proceedings of the IEEE Conference On Computer Vision and Pattern Recognition. Honolulu：IEEE, 2017：4700-4708.
[7] HOCHREITER S, SCHMIDHUBER J. Long short-term memory [J]. Neural Computation, 1997, 9 (8)：1735-1780.
[8] VASWANI A, SHAZEER N, PARMAR N, et al. Attention is all you need [J]. Advances in Neural Information Processing Systems, 2017, 30.
[9] DEVLIN J, CHANG M W, LEE K, et al. BERT：pre-training of deep bidirectional transformers for language understanding [J]. 2018. DOI：10.48550/arXiv.1810.04805.
[10] RADFORD A, NARASIMHAN K, SALIMANS T, et al. Improving language understanding by generative pre-training [C]//Proceedings of the Conference on Neural Information Processing Systems (NIPS). 2018.
[11] ZHUANG F, QI Z, DUAN K, et al. A comprehensive survey on transfer learning [J]. Proceedings of the IEEE, 2020, 109 (1)：43-76.
[12] GOODFELLOW I, POUGET-ABADIE J, MIRZA M, et al. Generative adversarial nets [J]. Advances In Neural Information Processing Systems, 2014, 2：2672-2680.
[13] RADFORD A, METZ L, CHINTALA S. Unsupervised representation learning with deep convolutional generative adversarial networks [J]. Computer Science, 2015. DOI：10.48550/arXiv.1511.06434.
[14] MIRZA M, OSINDERO S. Conditional generative adversarial nets [J]. Computer Science, 2014, 2672-2680. DOI：10.48550/arXiv.1411.1784.